高端阅读·爱生活

美家健康花草

Meijia Jiankang Huacao

《高端阅读》编写委员会 主编

高等教育出版社·北京
HIGHER EDUCATION PRESS BEIJING

图书在版编目（CIP）数据

美家健康花草／《高端阅读》编写委员会主编．—北京：高等教育出版社，2012.5

（高端阅读．爱生活）

ISBN 978-7-04-035649-6

Ⅰ.①美… Ⅱ.①高… Ⅲ.①观赏园艺 Ⅳ.①S68

中国版本图书馆CIP数据核字（2012）第099927号

高端阅读·爱生活

美家健康花草

出　　品	唐码书业	封面设计	许　悦
主　　编	《高端阅读》编写委员会	版式设计	张　宾　许　悦
策划编辑	龙　杰	图片摄影	姜　琦　赵佳赫
责任编辑	梁　洁	图片编辑	姜　琦　黎　丽
责任印制	朱学忠	排版制作	张　宾　许　悦

出版发行	高等教育出版社	网　　址	http://www.hep.edu.cn
社　　址	北京市西城区德外大街4号		http://www.hep.com.cn
邮政编码	100120	网上订购	http://www.landraco.com
购书热线	010-58581118		http://www.landraco.com.cn
咨询电话	400-810-0598	印　　刷	北京海纳百川旭彩印务有限公司

开　　本	889×1080　1/16	版　　次	2013年1月第1版
印　　张	19.5	印　　次	2013年1月第1次印刷
字　　数	400千字	定　　价	68.00元

物料号　35649-00

前　言 PREFACE

你知道吗？室内环境污染已成了危及人类健康的第八个危险因素，其所导致的总疾病数已经超过室外环境污染所造成疾病数的5倍。

迄今为止，家庭居室中已被检测出的污染物有500多种，包括空气污染物300多种，其中20多种为致癌物或致突变物。也就是说，居室内的空气污染有时比一般情况下的室外污染还要高！粉尘、毒气密度最高的地方可能不是工厂，而是我们居住的房屋！

世界卫生组织宣布，继“煤烟型污染”、“光化学烟雾型污染”后，人类已进入到以“室内空气污染”为标志的第三污染期。

据相关资料显示，在第三污染期中，导致人体癌症发病率居高不下的主要原因，除了工厂废气外，还有家中的建筑、装饰材料以及家具和日用化学品所释放的甲醛、苯、乙醛等致癌物质；导致人们呼吸系统出现问题、中枢神经受到伤害、造血功能遭到破坏的主要原因，除了吸烟、酗酒等不良的生活习惯外，还有家中的烹调油烟所含的大量有毒物质，电脑、电视机、电灯等家用电器所散播的病毒、细菌、过敏原以及无所不在的电磁辐射；而导致人们感冒、易受感染的主要原因，除了接触性传染外，还有各种致病微生物久留居室内不易消散这一事实。

对此，专家提出，在室内种植花草是改善室内环境、提高人体健康的有效途径。实验证明，对于甲醛、苯、电磁辐射等室内污染元凶，在24小时照明的条件下，芦荟可消灭1立方米空气中所含90%的甲醛，常春藤可消灭90%的苯，就连一盆小小的仙人掌也能够大大减少电磁辐射带来的伤害。这些具有去污能力的花草，被专家们亲切地称为“便宜有效的室内空气净化器”和“家居卫士”。

然而，同样是这些鲜艳、美丽的“家居卫士”，如果人们对其选择或摆放不当，它们就有可能变成严重危害身体健康的“家居杀手”。此时，它们不但不能保护室内环境，还会成为室内污染的元凶，引发各种疾病。如在某些情况下，郁金香可使人昏倒，月季可使人过敏，含羞草可使人须眉脱落，而虎刺梅更是含有促癌物质。调查显示，近几年来越来越多的观赏花草正在走进人们的家庭，而与之相对应的，则是越来越严重的由花草导致的室内环境污染。

由此可见，想要真正达到保护家居环境、清除室内污染的目的，人

们不仅要在室内种植花草，更要种植安全、适宜的花草，只有这样，才能让室内环境真正地回归健康。而如何正确选择室内花草，如何将其放置在恰当之处，这些正是《美家健康花草》这本书要为您解答的问题。

本书从方便、实用的角度出发，针对室内花草种植的具体情况，为您推荐了100多种有效监测室内空气污染、净化室内空气的强力去污花草。在书中，我们对各种花草的去污功用、所除污染物、适合的环境、适宜的房间、宜用的人群以及习性和栽培技术等方面都作了详细介绍，以便您在选择室内花草时，能根据自己的实际情况，快速作出正确的判断。如马路边的房子，其污染物主要是汽车尾气，因此可将吸收汽车尾气能力较强的万年青放置其中；刚装修完的房子，其主要污染物为甲醛，因此可将能强效吸收甲醛的吊兰放置其中；客厅中悬浮颗粒物较多，因此可将擅长吸滞粉尘的紫露草放置其中……

此外，为了提高您的阅读兴趣，在介绍各种花草时，我们还添加了小贴士，为您讲述关于花草的有趣故事。我们还会透露给您一些妙招，教您如何将“有毒”的花草化毒为宝。

本书图文并茂、内容全面、语言通俗易懂，相信可以对读者在室内花草的选择和摆放方面起到一定的指导作用。

由于编者水平有限，书中难免出现一些错误、疏漏及不足之处，敬请广大读者批评指正。

目录 CONTENTS

●PART1 健康花草是家居最好的“消毒剂” 1

室内环境污染——危害人体健康的“隐形杀手” 2
破坏家居环境的六大“元凶” 3
致癌、致畸毒气——甲醛 3
神经系统和造血系统的破坏者——苯 4
降低人体抗病能力的刺激性气体——氨 5
阵容庞大的毒气组合——TVOC 6
诱发肺癌的放射性气体——氡 7
穿透力极强的多种致病诱因——电磁辐射 8
正确选用花草可有效去除污染 9
通过花草监测家居环境 9
用健康花草净化空气 10

●PART2 健康家居，从种一盆好花开始 13

针对污染特点选择花草 14
刚装修好的房子 14
街道两侧的住宅 15
门窗密闭的居室 16
针对不同房间选择花草 17
人来人往的客厅 17
养精蓄锐的卧室 18
安静幽雅的书房 19
烹制美味的厨房 20
储蓄能量的餐厅 21
阴暗潮湿的卫生间 22
针对特殊人群选择花草 23
处于特殊生理期的孕妇 23
处于生长发育期的幼儿 25
体质逐渐衰弱的老人 26
体质虚弱易过敏的病人 27

●PART3
25种敏感监测空气污染的健康花草 29

虞美人 30
秋海棠 32
芍药 34
梅花 36
牵牛花 38
八仙花 40
牡丹 42
连翘 44
鸢尾 46
萱草 48
碧桃 50
木槿 52
唐菖蒲 54
矢车菊 56
万寿菊 58
三色堇 60
百日草 62
金鱼草 64
彩叶草 66
向日葵 68
香豌豆 70
美人蕉 72
合欢花 74
紫花苜蓿 76
榆叶梅 78

●PART4
83种有效净化空气的健康花草 81

吊兰 82
芦荟 84
仙人掌 86
仙人球 88
金琥 90
黄毛掌 92
常春藤 94
蔷薇 96
月季 98
玫瑰 100
菊花 102
紫藤 104
紫薇 106
杜鹃 108
茶花 110
桂花 112
石榴 114
晚香玉 116
栀子花 118
丁香花 120

金银花	122	万年青	164	橡皮树	206
非洲菊	124	花叶万年青	166	绿宝石	208
小叶女贞	126	鸾凤玉	168	八宝景天	210
含笑	128	大丽花	170	翡翠景天	212
薄荷	130	紫露草	172	玉吊钟	214
太阳花	132	紫叶鸭跖草	174	褐斑伽蓝	216
紫罗兰	134	文竹	176	天门冬	218
米兰	136	金橘	178	花烛	220
一叶兰	138	垂叶榕	180	石竹	222
君子兰	140	无花果	182	龟背竹	224
蟹爪兰	142	孔雀竹芋	184	绿萝	226
龙舌兰	144	合果芋	186	袖珍椰子	228
虎尾兰	146	花叶芋	188	彩苞凤梨	230
令箭荷花	148	蜀葵	190	胡颓子	232
昙花	150	棕竹	192	海桐	234
扶桑花	152	蒲葵	194	发财树	236
冷水花	154	鱼尾葵	196	香龙血树	238
吊竹梅	156	散尾葵	198	黄杨	240
绿帝王	158	元宝枫	200	枸骨	242
白鹤芋	160	波士顿蕨	202	贴梗海棠	244
绿巨人	162	鸭脚木	204	风信子	246

●PART5　20种化毒为宝的“毒花毒草”　249

醉鱼草	250	郁金香	264	一品红	278
水仙花	252	滴水观音	266	紫茉莉	280
马蹄莲	254	紫荆花	268	使君子	282
百合花	256	霸王鞭	270	苏铁	284
夹竹桃	258	五色梅	272	石蒜	286
长春花	260	虎刺梅	274	曼陀罗	288
凤仙花	262	含羞草	276		

● PART6 养护花草必知的5大关键词 291

土壤 292
花盆 293
水分 294
怎样判断盆花是否缺水 294
浇花用什么样的水好 294
家中无人给花草浇水怎么办 295
光照 296
如何判断花草是否缺少光照 296
家庭养花应怎样调节光照 296
肥料 297
家庭养花常用什么肥 297
花肥的施用原则 297
怎样判断花草营养不良 298

PART 1

Flowers & Plants 健康花草是家居最好的“消毒剂”

随着生活品质的提高，人们用大量精美的家具及高档的电器布置自己的家。然而在这些看上去气派美观的现代家居装饰后面，可能潜藏着一个令人恐惧的“隐形杀手”——室内环境污染。

所以，最大限度地减少室内污染应成为居家生活的一项重要内容，而在房间里栽植或摆放一些绿色植物就是一个既有效又简便的方法，因为许多绿色植物都有监测空气污染、净化室内空气的作用，堪称保卫家人的“绿色守护神”。

室内环境污染——危害人体健康的“隐形杀手”

有关调查表明，当今家居环境里的污染物已达几百种之多，主要可分成三大类：一是物理污染，包含噪声、振动、红外线、微波、电磁场和放射线等；二是化学污染，包含甲醛和苯、一氧化碳、二氧化碳、二氧化硫和TVOC（总挥发性有机化合物）等；三是生物污染，包含霉菌、细菌、病毒、花粉和尘螨等。

上述三大类污染物可谓防不胜防，随时可能以各种方式潜藏于我们的家中。在这些污染物中，人造板材中的甲醛有3～15年之久的挥发期，油漆、黏合剂和各种内墙涂料里皆含有苯及苯系物，各种板材、胶合物里都含有TVOC（总会发出生有机化学物），北方建筑施工时采用的混凝土防冻剂是居室内氨的主要来源，而陶瓷、大理石里则含有放射性物质。人们若长时间处于这些污染物的环境之中，便会出现“亚健康”状态，可表现为情绪不佳、心烦意乱、局促紧张、忧愁苦闷、焦急忧虑、疲乏无力、注意力不集中、胸口憋闷、呼吸短促、失眠多梦、腰膝酸软和周身不适等。这样长期下去，人们极易患上呼吸道、心脑血管等疾病，甚至罹患癌症，身心健康遭受严重的威胁，以至危及生命。

世界卫生组织于2005年宣布了题为《室内空气污染与健康》的报告，其中指出，全世界每年有160万人死于因肺炎、慢性气管炎、肺癌及有害气体中毒等引发的病症，平均每隔20秒便有一人死亡，其中很大一部分病症就是室内环境污染所导致的。在通风不畅的居所，室内环境污染与室外环境污染的情况相比要高出100倍。现在，室内环境污染已成了危及人类健康的第八个危险因素，其所导致的总疾病数已经超过室外环境污染所造成疾病数的5倍。全球每年因慢性阻塞性肺病而死亡的病患多达270万人，其中大约有70万人的病因是室内环境污染。

在室内环境污染的受害者中，受到危害最严重的就是儿童。全世界每年由室内环境污染所导致的死亡者里，大概有56%是5岁以下的儿童。而中国儿童卫生保健疾病防治指导中心的统计数据则更令人吃惊：我国每年由于装修污染引致呼吸道感染的儿童竟多达210万！每年新增加的4万～5万白血病患者中，大约一半为儿童。

国内外大批量的调查材料及统计数据都表明了一个的事实：居室内的污染程度，远比室外污染更严重，很多疾病由此产生，健康的警报正在每个人的家里响起！

小贴士

我国《民用建筑工程室内环境污染控制规范》规定，医院、幼儿园等Ⅰ类民用建筑工程的甲醛含量应≤0.08毫克/立方米，办公楼、商店等Ⅱ类民用建筑工程的甲醛含量应≤0.12毫克/立方米。

破坏家居环境的六大“元凶”

有关调查显示，现代人平均有90%的时间都待在室内生活及工作，其中有65%的时间在家中，而老年人、儿童及婴幼儿在居室里度过的时间则更久。由此可以看出，室内环境的好坏对人们的健康有多么重要的影响。

然而，人们往往极易忽略居室内的污染状况，使得这个小环境里对身体健康的潜伏性威胁比比皆是。造成室内污染的有害物质有许多，其中甲醛、苯、氨、TVOC（总挥发性有机化合物）、氡、电磁辐射六类物质被专家们视为室内污染的六大“元凶”。

致癌、致畸毒气——甲醛

在现代家居中，甲醛是存在最广泛的一种污染物。它是一种没有颜色却有着强烈刺激性气味的气体，其35%～40%的水溶液通常被称做福尔马林。甲醛有着比较强的黏合性，所以是各种黏合剂的重要成分。装修或摆放新家具一年内的房间里非常容易出现甲醛污染。如果时常能闻到刺激性化学气味，或者身体出现不良反应，就应该马上检测室内环境并进行整治。

●甲醛的来源

❶ 装潢材料，比如墙砖、涂料、油漆等；家具板材，比如胶合板、大芯板、中纤板、刨花板等。

❷ 各式各样的纺织品，比如床上用品、墙布、化纤地毯、窗帘及布艺家具等。

❸ 香烟。

❹ 多种类别的化工产品，比如化妆品、清洁剂、杀虫剂、消毒剂、防腐剂、印刷油墨和纸张等。

●甲醛的危害

❶ 甲醛为原型质毒物，可与蛋白质相结合并使其凝固，人们吸进高浓度的甲醛之后，就会出现呼吸道的严重刺激、水肿、眼刺痛、头痛等症状，还可能患上支气管哮喘。

❷ 如果甲醛直接触及人的皮肤，会导致皮炎、色斑，甚至皮肤坏死。

室内甲醛浓度对人体的影响

甲醛浓度/（毫克/立方米）	人体可能受到的影响
0.1～2.0	刺激眼睛，刺激鼻子
0.1～2.5	眼睛和鼻子有强烈刺激感，打喷嚏，咳嗽
5.0～30	难以呼吸
50以上	肺水肿，肺炎
100以上	死亡

神经系统和造血系统的破坏者——苯

苯是一种没有颜色却有着特殊芳香气味的液体，能够与乙醇、乙醚、丙酮及四氯化碳等相溶，在水中微溶，其沸点是80℃。苯的同系物还有甲苯、二甲苯等，皆是煤焦油分馏或者石油的裂解产物。苯有三个重要特点，即易挥发、易燃、蒸气有爆炸性。

如今，室内装修过程中通常用甲苯、二甲苯来替代纯苯，作为各种类别的胶、油漆、涂料及防水材料的有机溶剂或者稀释剂。现在，苯已经成了现代家居中除甲醛之外存在最广泛的一种污染物质。

●苯的来源

❶ 室内装潢材料，比如油漆、涂料及各种类别的添加剂与稀释剂（比如天那水、稀料）等。

❷ 装潢过程中使用的各式各样的胶黏剂及防水材料。尤其是某些以原粉和稀料配制而成的防水涂料，在施工完结15小时之后进行检测，室内空气里的苯含量竟然超出国家允许最高浓度的14.7倍。

❸ 冒充的、伪造的或质量低劣的涂料。

❹ 大芯板、复合木地板、化纤地毯及日用化学品（比如杀虫剂）等。

●苯的危害

❶ 短时间内吸进高浓度的苯或者其同系物，可对人的中枢神经系统造成麻醉。麻醉程度较轻的会出现头晕、头疼、恶心、胸口憋闷、身体乏力和意识模糊等症状，麻醉程度较重的则会昏迷，甚至因呼吸、循环衰竭而死亡。

❷ 人如果长时间接触苯，可出现皮肤干燥、脱屑等症状，或者发生过敏性湿疹，还有可能因慢性中毒表现出头疼、失眠、精神不振、记忆力衰退等神经衰弱症状。

❸ 人如果长时间吸进苯，会使机体的造血功能受到抑制，导致再生障碍性贫血。假如造血功能彻底被破坏，那么人就可能会患白血病。现在，世界卫生组织已经将苯化合物定为强致癌物质。

❹ 女性对苯和它的同系物的吸入反应比男性要更加敏感。如果女性在怀孕期间接触到甲苯、二甲苯或苯系混合物，妊娠高血压综合征、妊娠呕吐和妊娠贫血等妊娠并发症的发病率就会明显提高，自然流产率也会显著提高。

❺ 苯会造成胎儿出现先天性缺陷。在妊娠期间吸进大量甲苯的妇女所生的婴儿通常会存在小头畸形、中枢神经系统功能障碍和生长发育迟缓等缺陷。

降低人体抗病能力的刺激性气体——氨

氨是一种没有颜色却有着强烈刺激性气味的气体，经常被称为氨气，较空气轻，易溶于水，也容易液化，液态氨能做制冷剂。通常来讲，氨污染的释放较快，在空气中不会长时间积聚，室内含有高浓度氨的时间相对来说也比较短，所以对人体的危害也较小，但是也不应当忽略。

小贴士

我国《民用建筑工程室内环境污染控制规范》规定，住宅、医院、教室、幼儿园等Ⅰ类民用建筑工程的氨气浓度应当≤0.2毫克/立方米，办公楼、商店等Ⅱ类民用建筑工程的氨气浓度应当≤0.5毫克/立方米。

●氨的来源

❶ 建筑施工过程中使用的混凝土外加剂，尤其是在冬季施工时加进的以尿素与氨水为重要原料的混凝土防冻剂，还有为了提高混凝土的凝固速度而特意使用的高碱混凝土膨胀剂及早强剂。上述含有很多氨类物质的混凝土外加剂，在墙体里随着温度、湿度等环境因素的改变而恢复到原来的气体状态，并由墙体内慢慢释放出来，导致室内空气里氨的浓度连续增高，从而造成了氨污染。

❷ 室内装修材料，比如家具涂料的添加剂与增白剂。

❸ 防火板内的阻燃剂，厕所里的臭气，以及生活异味等。

●氨的危害

❶ 氨对人的眼睛、咽喉、上呼吸道都具有很强的刺激作用，能经由皮肤和呼吸道而造成中毒。中毒较轻的会出现皮下充血、呼吸道分泌物增多、肺水肿、支气管炎、皮炎等；中毒较重的则会出现喉头水肿、喉痉挛等症状，也可能出现难以呼吸、失去知觉、休克等症状。

❷ 作为一种碱性物质，氨对人的皮肤组织具有腐蚀及刺激作用。它能吸收皮肤里的水分，令组织蛋白变性，且令组织脂肪发生皂化反应，损坏细胞膜的结构。

❸ 氨的溶解度非常高，能腐蚀动物或者人体的上呼吸道，降低人体对疾病的抵抗能力。若居室内的氨浓度特别高，除了会产生腐蚀作用以外，还会经由三叉神经末梢的反射作用导致心脏停搏及呼吸停止。

❹ 当氨气被吸进肺里之后，很容易通过肺泡进入血液，同血红蛋白相结合，损坏其运氧功能。如果在短时间内吸进大量的氨气，则会出现流眼泪、咽喉疼痛、恶心、呕吐、身体乏力等症状。

阵容庞大的毒气组合——TVOC

TVOC指的是在室温下饱和蒸气压超过133.32帕的挥发性有机物，包括氟利昂、有机氯化物、苯系物等。VOC（Votatile Organic Compound）是“挥发性有机化合物”的英文简写，而TVOC（Total Votatile Organic Compound）则是“总挥发性有机化合物”的英文简写。

在空气里的三种有机污染物（即多环芳烃、挥发性有机物及醛类化合物）之中，TVOC算是影响最严重的。如今，它已被世界卫生组织视为一种主要的空气污染物质。

●TVOC的来源

1 有机溶液，比如油漆、含水涂料、化妆品、洗涤剂、黏合剂及灌缝胶等。

2 各式各样的人造材料，比如人造板、泡沫隔热材料、橡胶地板、塑料板材及PVC地板等。

3 室内装潢材料，比如壁纸、地毯、挂毯及化纤窗帘等。

4 家庭使用的燃煤与天然气等燃烧的产物，烟叶的不彻底燃烧，采暖与烹饪等造成的烟雾，家具、家电、清洁剂及人体排泄物等。

●TVOC的危害

1 当TVOC高于一定浓度的时候，可造成机体免疫水平下降，使中枢神经系统功能受到影响，产生眼睛不舒服、头晕、头疼、注意力分散、嗜睡、乏力和心情烦躁等症状，还有可能使消化系统受到影响，造成缺乏食欲、恶心、呕吐等不良结果。

2 如果人长时间处于高浓度TVOC的环境之中，则会导致中枢神经系统、肝、肾及血液中毒，严重者会出现呼吸短促、胸口憋闷、支气管哮喘、失去知觉、记忆力减退等症状。TVOC甚至会全面损害肝、肾、神经系统及造血系统，使人罹患白血病等严重的疾病。

3 由于婴幼儿、儿童的大部分时间皆处于室内，因此有毒涂料里的有毒物质对孩童的危害时间最长，造成的伤害也最大，其后果也比成人更严重。

诱发肺癌的放射性气体——氡

氡是由放射性元素镭衰变而来的，是一种没有颜色、没有气味的放射性惰性气体。氡在衰变过程中会释放出α、β、γ等射线，对人体造成辐射。氡易溶于脂肪，能经由呼吸过程进入人的体内。它较空气重，时常悬浮在室内高度1米以下的空气中。在人们日常生活中能够接触到的室内污染物质之中，氡是唯一一种放射性气体污染物。

●氡的来源

1 建筑材料与室内装修材料。比如砖石、混凝土、泥土、石材、地砖及陶瓷制品等材料里皆含有一定量的放射性元素镭，它能衰变出氡气，潜入室内。

2 房屋地基下面的岩石与土壤。有关检测显示，接近地表的土壤里氡的浓度比接近大气中氡的浓度竟高出10倍以上。土壤里的裂缝和岩石内的断裂构造，会令房屋地基下面的岩石与土壤里的氡通过地表与墙体裂缝向室内扩散。

3 房间外面的大气。

4 地下水。有关研究表明，地下水里的氡浓度高达10^4贝可／立方米（氡的放射性活度以贝可为单位）的时候，地下水就成了室内氡的主要来源。

5 天然气与石油液化气在燃烧的时候，如果房间里通风不良，就会增加房间里氡的释放量。

●氡的危害

1 氡释放出来的α射线能导致癌症。又因为氡和人体内的脂肪具有较强的亲和力，所以它能普遍分布于脂肪组织、神经系统、网状内皮系统及血液里，进而伤害细胞，最后使正常细胞变成癌细胞。

2 超过一定限量的氡污染最容易诱发肺癌。居室中的氡对肺癌发病率的影响已接近甚至超过了采矿业，哪怕居室内氡的浓度较低，也会增加罹患肺癌的风险。

3 氡和它的子体在衰变的时候还会释放出穿透力非常强的γ射线，它会对人体的基质细胞造成损害，还会对其第二代甚至第三代造成潜在的伤害。如果长时间在氡浓度较高的环境中生活，就可能损伤到人的血液循环系统及免疫系统，如造成白细胞及血小板的减少，甚至导致白血病、免疫力缺陷、遗传基因损伤等。

4 因为氡没有颜色、没有气味，人体吸进后也不会感到明显的不舒服，因此难以觉察。而且氡有较长的潜伏期，很难彻底消除。

小贴士

我国《民用建筑工程室内环境污染控制规范》规定，Ⅰ类民用建筑工程的氡含量应≤100贝可/立方米（新建成的住宅）或≤200贝可/立方米（已建成的住宅），Ⅱ类民用建筑工程的氡含量应≤400贝可/立方米。

穿透力极强的多种致病诱因——电磁辐射

电磁辐射其实是一种复合电磁波通过空间传递能量的物理现象，因而电磁辐射污染也被称做电磁波污染。电磁辐射包含电离辐射（X射线、γ射线）及非电离辐射（无线电波、微波、红外线、可见光、紫外线）两大类。人体的生命活动包括很多生物电活动，这些生物电对环境中电磁波的反应异常敏感。所以，电磁辐射会影响甚至伤害人体。

电磁辐射的来源

1 大气中的一些自然现象会产生天然的电磁辐射污染，比如大气因为电荷的累积而产生的放电现象。此外，天然的电磁辐射污染也可能来源于太阳热辐射、地球热辐射及宇宙射线等。

2 人工的电磁辐射污染有着普遍的来源，可能来源于高压线、变电站、雷达、电台、电子仪器、医疗设备、激光照排设备及办公自动化设备周而复始的运转，也可能来源于微波炉、电视机、电冰箱、电脑、空调、收音机、音响、手机、电热毯、无绳电话和低压电源等家电的使用。

电磁辐射的危害

1 电磁辐射污染已经成为导致心血管疾病、糖尿病、白血病、癌症的重要原因之一。如果人长时间在高电磁辐射的环境中生活，人体的循环、免疫及代谢功能都会受到影响，使血液、淋巴液及细胞原生质产生变化，甚至会导致癌症。

2 电磁辐射会直接损伤人体的神经系统，尤其是中枢神经系统。若人的头部长时间受到电磁辐射的影响，就会表现出失眠多梦、头晕头疼、身体乏力、记忆力衰退、易怒和抑郁等神经衰弱症状。

3 电磁辐射会对人体的生殖系统造成影响，可表现为男子精子质量下降、孕妇自然流产及胎儿畸形等。

4 电磁辐射会造成儿童智力发育障碍，还会损害儿童肝的造血功能。

5 电磁辐射会给人们的视觉系统带来不好的影响。过高的电磁辐射能让人视力下降、罹患白内障等，甚至还可能造成视网膜脱落。

小贴士

环境电磁波卫生标准（GB9175—88）

波长	单位	容许场强	
		一级（安全区）	二级（中间区）
长、中、短波	伏/米	＜10	＜25
超短波	伏/米	＜5	＜12
微波	微伏/平方厘米	＜10	＜40
混合	伏/米	由主要波段场强确定；若各波段场强分散，就按复合场强加权确定。普通居民居住的环境按一级安全区处理。	

正确选用花草可有效去除污染

我们知道，室内环境污染对健康危害巨大，因此我们应努力发现污染，然后减少或消除污染。然而，该怎样检测家居环境呢？怎样除去室内的环境污染物呢？请专业机构来检测室内环境或消除污染物当然是一种办法，可是实际操作起来比较复杂，而且价格不菲。

既然如此，那么是否有更加经济合算、简单方便的办法呢？有。

近些年来，伴随着环境科学的进步，人们发现某些植物能对环境污染起到“监测报警”及“净化”的作用。这个发现对保护环境和维护健康都具有重大的意义，健康花草已经成为优化家居环境的“卫士”。

通过花草监测家居环境

因为植物会对污染物质产生反应，而有些植物对某种室内污染物质又特别敏感，所以，倘若房间内有“毒”，它们便可马上“报警”，让你尽快发现。

●二氧化碳

二氧化碳是大气中最常见的污染物质之一。下列花草对二氧化碳的反应比较灵敏：牵牛花、美人蕉、紫菀花、秋海棠、矢车菊、彩叶草、非洲菊、万寿菊、三色堇及百日草等。在二氧化碳超出标准的环境中，如其浓度为1 ppm（浓度单位，1 ppm是百万分之一）经过一个小时后，或者浓度为300 ppb（浓度单位，1 ppb是十亿分之一）经过八个小时后，上述花草便会出现急性症状，表现为叶片呈现出暗绿色水渍状斑点，干后变为灰白色，叶脉间出现形状不一的斑点，绿色褪去，变为黄色等。

●含氮化合物

除了二氧化碳以外，含氮化合物也是空气中的一种主要污染物。它包含两类，一类是氮的氧化物，比如二氧化氮、一氧化氮等；另一类则是过氧乙酰基硝酸酯。

矮牵牛、扶桑等花草对二氧化氮的反应比较灵敏。在二氧化氮超标的环境中，花草就会出现相应症状。

凤仙草、大丽花等对过氧乙酰硝酸酯的反应都比较灵敏。在超出标准的环境中，上述花草便会表现为幼叶背面呈现古铜色，叶片朝下方弯曲，上部叶片的尖端干枯而死，枯死的地方为白色或黄褐色，用显微镜仔细察看时，能看见接近气室的叶肉细胞原生质已经皱缩了。

臭氧

大气里另一种主要污染物是臭氧，它是化学燃料急速燃烧时产生的。下列花草对臭氧的反应比较灵敏：矮牵牛、秋海棠、菊花、万寿菊、三色堇及紫菀等。在臭氧超标的环境中，如果其浓度为1 ppm经过两个小时，或者浓度为30 ppb经过四个小时后，上述花草就会出现以下症状：叶片表面呈蜡状，有坏死的斑点，干后变成白色或褐色，叶片出现红、紫、黑、褐等颜色变化，并提前凋落。

氟化氢

氟化氢对植物有着较大的毒性，美人蕉、仙客来、萱草、唐菖蒲、郁金香、风信子、鸢尾、杜鹃及枫叶等花草对其反应最为灵敏。当氟化氢的浓度为3～4 ppb经过一个小时，或者浓度为0.1 ppb经过五周后，上述花草的叶的尖端就会变焦，然后叶的边缘部分会枯死，叶片凋落、褪绿，部分变为褐色或黄褐色。

氯气

能监测氯气的花草有秋海棠、百日草、郁金香、蔷薇及枫叶等。在氯气超出标准的环境中，若其浓度为100～800 ppb经过四个小时后，这些花草就会产生同二氧化氮和过氧化酰基硝酸酯中毒相似的症状，即叶脉间呈现白色或黄褐色斑点，叶片迅速凋落。

氨气

对氨气的反应较灵敏的花草有矮牵牛、向日葵等。当氨气浓度为17 ppm经过四个小时后，上述花草的叶片两面就会变成白色，叶片边缘部分则呈现黑色斑点和紫色条纹，且叶片会提前凋落。

如果我们能利用上述花草对有毒气体灵敏的反应，通过察看花草的生长情况，就能监测空气中的污染物，并采取有效的措施，来保护我们的健康。

用健康花草 净化空气

在日常生活中，许多绿色植物皆有净化室内空气的功能。那么，它们到底能从哪些方面发挥作用呢？

第一 绿色植物对毒素有着较强的吸收、积聚、分解及转化的功能。因为植物体是一个复杂的“化工厂”，体内有许多进行生理性催化、转化作用的酶系统。如果植物吸纳了污染物，就能经由酶系统来催化、分解，生成可以被利用的小分子物质；如果植物吸纳的污染物无法经由酶系统作用分解，便会形成一些大分子络合物，借以减轻污染物的毒性。

第二 绿色植物能够吸收二氧化碳，释放出氧气。绿色植物通过在阳光下吸收二氧化碳及水来进行光合作用，同时释放出氧气，从而使空气变得更加洁净。需要注意的是，到了晚上，绿色植物便无法进行光合作用，只会进行呼吸作用，释放出二氧化碳。所以卧室里不宜摆放太多的盆栽植物。

第三 绿色植物能吸滞粉尘。大部分植物皆有吸滞粉尘的功能，但能力不尽相同。通常来说，植物吸滞粉尘的能力同叶片的大小、叶片表面的粗糙程度、叶面着生角度及冠形有关系。针叶树因其针状叶密集着生，而且可以分泌出油脂，所以其吸滞粉尘的能力比较强。

第四 绿色植物还有杀灭细菌、抑制细菌的作用。有关研究显示，许多植物能够分泌出杀菌素，有的还能抑制细菌的生长和繁殖，因而能够起到很好的净化空气的作用。

我们以金边虎尾兰为例。金边虎尾兰被称做“负离子制造机”。美国科学家们研究发现，金边虎尾兰能在释放氧气的同时增加空气里的负离子浓度。如果房间内打开了电视机或电脑，那么对人体健康有利的负离子就会急速减少，而金边虎尾兰肉质茎上的气孔在白天紧闭、夜间打开，可以释放出很多负离子。在一个面积为15平方米的房间里，放置2～3盆金边虎尾兰，便可以吸收房间内超过80%的有害气体。

我们对吊兰这种植物比较熟悉，它有非常强的净化空气的能力，被誉为“绿色净化器”。它可以在新陈代谢过程中把甲醛转化为糖或者氨基酸等物质，也能分解由复印机、打印机排放出来的苯，还能吸收尼古丁。有关测试显示，在24个小时之内，一盆吊兰在一个面积为8～10平方米的房间里便能将80%的有害物质消灭，还能吸收86%的甲醛，真可以称得上是净化空气的能手！

绿宝石在植物学上的专门名称为绿宝石喜林芋，为多年生的常绿藤本植物。有关研究表明，通过绿宝石微微张开的叶片气孔，每小时就能吸收4～6微克对人体有害的气体，尤其对苯有着很强的吸收能力。另外，绿宝石还能吸收三氯乙烯及甲醛，并将其转化为对人体没有危害的气体排出。

下列我们常见的这些绿色植物，也都有较强的净化空气的功能。在24小时照明的环境中，芦荟能吸收1立方米空气里所含有的90%的甲醛；在一个8～10平方米的室内，一盆常春藤可吸收90%的苯；在一个约10平方米大小的室内，一盆龙舌兰就能吸收70%的苯、50%的甲醛及24%的三氯乙烯；月季可吸收较多的氯化氢、硫化氢、苯酚及乙醚等有害气体；白鹤芋则对氨气、丙酮、苯及甲醛皆有一定的吸收能力，可以说是过滤室内废气的强手。

植物能净化空气，令我们的生活不受污染的侵扰，是我们“绿色”家居环境的保护神。另外，若植物的摆放和家居环境能相互映衬、自然完美地结合在一起，还可令人心情愉快，利于身心健康，使我们的生活越来越美好。

PART 2

Flowers & Plants

健康家居，从种一盆好花开始

种一盆合适的花草不但能让人们享受到视觉的美，还对人们的身心健康十分有益，可以说是一举多得。

在花草的世界里，有些花草能对空气污染进行监测，有些花草能使空气得到净化，然而，也有一部分花草是有毒的，可能会损伤人们的健康。因此，在种养花草的时候必须格外谨慎，切不可选错。

在日常生活中，我们应当依照房间的污染特点、房间的功用和面积大小、居住群体的特点以及花草本身的功效等来选用适宜的花草。

针对污染特点选择花草

如果房间内的污染源不一样，那么所选用的花草也会不一样。在新装潢完的房间内，甲醛、苯、氨及放射性物质等是主要的污染物；对于建在马路旁边的房子来说，其主要污染有汽车尾气污染、粉尘污染及噪声污染等；而在门窗长期紧闭的房间内，甲醛、苯及氡等有害气体则是重要的污染物。

知道了房间不一样的污染特点，人们便能针对房间各自的特点去选择那些可以减轻或消除相应污染物的花草来栽植或摆放，以达到优化室内环境的目的。

刚装修好的房子

只要对房子进行装修，那么就必定会有污染产生。我国有关监测数据显示，有超过90%的装修过的房子的污染物超出标准，而甲醛、苯、氨及放射性物质则是主要的污染物。在上述污染物中，甲醛主要来自于人造板材、胶黏剂及墙纸等材料中，是公认的潜在致癌物质，还会导致胎儿畸形；苯主要来自于胶、漆、涂料及黏合剂中，也是一种较强的致癌物质；氨则来源于北方建筑施工过程中用的混凝土防冻剂，若氨超出标准，就会降低人体对疾病的抵御能力；放射性元素氡来源于质量较差的混凝土、水泥及花岗岩等建筑材料，我国每年会有5万多人由于氡而罹患肺癌。

有关专家建议，在装修新房子时，第一要控制污染源，使用与国家标准相符的、污染较少的装修材料；第二，房子在装修结束后应每日通风换气，最好在空置两个月后再进去居住；最后，尽量在进去居住前在房间内摆放一些能净化空气，或能对污染进行监测的绿色植物。

根据装修房子的不同污染源，最适合摆放下面几类植物。

1. **能强效吸收甲醛的植物：** 吊兰、仙人掌、龙舌兰、常春藤、非洲菊、菊花、绿萝、秋海棠、鸭跖草、一叶兰、绿巨人、绿帝王、散尾葵、吊竹梅、接骨树、印度橡皮树、紫露草和发财树等。

2. **能强效吸收苯的植物：** 虎尾兰、常春藤、苏铁、菊花、米兰、吊兰、芦荟、龙舌兰、天南星、花叶万年青、冷水花和香龙血树等。

3. **能强效吸收氨的植物：** 女贞、无花果、绿萝、紫薇和腊梅等。

4. **能强效吸收氡的植物：** 冰岛罂粟等。

5. **能对空气污染状况进行监测的植物：** 梅花能对甲醛及苯污染进行监测；矮牵牛、杜鹃、向日葵能对氨污染进行监测；虞美人则可对硫化氢污染进行监测。

街道两侧的住宅

建在街道两侧的房子，污染更为严重。很多城市的大街小巷到处都可以见到行人随手丢弃的垃圾，但事实上更为严重的污染源还不只这些。建在街道两侧的住宅，其房间内的污染物主要来源于汽车尾气（主要污染物为一氧化碳、碳氢化合物、氮氧化物、含铅化合物、醛、苯丙芘及固体颗粒物等），大气里的二氧化碳、二氧化硫，路旁的粉尘，另外还有噪声污染等。所以，应当栽植或摆放可以吸收汽车尾气、二氧化碳、二氧化硫，吸滞粉尘及降低噪声的植物。

❶ **能较强吸收汽车尾气（一氧化碳、碳氢化合物、氮氧化物、含铅化合物、醛、苯丙芘及固体颗粒物等）的植物：** 吊兰、万年青、常春藤、菊花、石榴、半支莲、月季花、山茶花、米兰、雏菊、腊梅、万寿菊和黄金葛等。

❷ **能较强吸收二氧化碳的植物：** 仙人掌、吊兰、虎尾兰、龟背竹、芦荟、景天、花叶万年青、观音莲、冷水花、大岩桐、山苏花和鹿角蕨等。另外，植物接受的光照越强烈，其光合作用所需要的二氧化碳也越多，房间内的空气质量就越高。所以，在植物能够承受的光线条件下，应当使房间里的光线越明亮越好。

❸ **能较强吸收二氧化硫的植物：** 常春藤、吊兰、苏铁、鸭跖草、金橘、菊花、石榴、半支莲、万寿菊、米兰、腊梅、雏菊和美人蕉等。

❹ **能强效吸收氨的植物：** 女贞、无花果、绿萝、紫薇和腊梅等。

❺ **能强效吸滞粉尘的植物：** 大岩桐、单药花、盆菊、金叶女贞、波士顿蕨、冷水花、观音莲和桂花等。

❻ **能较好降低噪声的植物：** 龟背竹、绿萝、常春藤、龙柏、水杉、悬铃木、梧桐、垂柳、云杉、香樟、桂花、女贞、文竹、紫藤、吊兰、菊花和秋海棠等。

◎噪声对人体的影响

噪声量/分贝	对人体的影响	范例
0～50	感觉舒适	低声说话
50～90	造成失眠，令人烦躁焦虑	高声说话
90～130	使耳朵发痒，感觉疼痛	摇滚乐
130以上	导致耳膜破裂、失聪	枪声

门窗密闭的居室

科技创造了空前繁荣的当今社会，使得日常生活得到了一步步的改善，人们得以使用各种各样的建筑和装饰材料美化居室，并配置各种现代化的家具、家电以及办公用品。但它们在为居室带来舒适、美观与便捷的同时，也给家居环境带来了严重的污染。另外，人们在室内进行的一些活动，如呼吸、排泄、说话、吸烟、做饭和使用电脑等，也会给家居环境带来严重的污染。在门窗长期紧闭的房间里，会积聚大量甲醛、苯及氡等有害气体。很多经常使用的家居用品，尤其是装修未满三年的居室家具、地板及其他装修材料会释放出甲醛、苯等有害气体。所以，应当在房间内栽植或摆放一些可以有效吸收这些有害气体的植物。与此同时，要尽量选用耐阴的观叶植物，如龟背竹、一叶兰、绿萝、花叶万年青和虎尾兰；或者选用半阴生植物，如文竹、棕竹、橡皮树等。

1 能强效吸收甲醛的植物：吊兰、仙人掌、龙舌兰、常春藤、绿萝、非洲菊、菊花、秋海棠、鸭跖草、一叶兰、绿巨人、绿帝王、散尾葵、吊竹梅、紫露草、接骨树、橡皮树及发财树等。

2 能强效吸收苯的植物：虎尾兰、常春藤、苏铁、米兰、芦荟、吊兰、龙舌兰、菊花、天南星、冷水花、香龙血树及花叶万年青等。

3 能强效吸收氡的植物：能强效吸收氡的植物非常少，目前只发现冰岛罂粟在这方面有一定的作用。

4 适宜东西向房间的植物：若房间是东西向的，可以选用的植物有文竹、旱伞、万年青等。

5 适宜北面房间的植物：位于北面的房间，可以选用的植物有龟背竹、虎尾兰、棕竹及橡皮树等。

需要注意的是，并不是所有的植物都对人体有益，有一些植物自身带毒素，或散发的气味含有毒素。这些植物是不宜放在房间里的，应当避免栽植或摆放。例如，久闻玉丁香会造成憋闷、气喘、记忆力下降等；夜来香在晚上排放出的废气会令高血压、心脏病患者心情不快；郁金香含有毒碱，人们持续接触超过两个小时后就会导致头晕；含羞草的植株内有含羞草碱，若时常碰触会导致毛发脱落等。

针对不同房间选择花草

在选用花草的时候，应当注意顾及到房间的功用。客厅、卧室、书房和厨房的功用各不相同，在花草选用上也需要有所侧重，而餐厅与卫生间所摆设的花草更应该有所不同。

另外，居室面积的大小也决定着选择花草的品种与数量。通常来说，植物体的大小与数量应当和房间内空间的大小相对应。在空间比较大的居室里，若摆设小型植物或者植物数量太少，就会令人觉得稀疏、乏味、不大气；而在空间比较狭小的房间中，则不适宜摆设高大的或者数量过多的植物，否则会令人感觉拥挤、憋闷、堆积。在植物摆设上，一般讲究重质不重量，摆设植物的数量最好不要超出房间面积的1/10。

人来人往的客厅

客厅是一家人休息放松及招待客人的重要地方，也是经常摆设植物的场所。如果要在客厅内摆设植物，不能只简单考虑其装饰功能，还应更多地顾及家庭成员及客人的身体健康。通常来说，在为客厅摆设花草的时候应依从下列几条原则：

1. 通常客厅的面积比较大，选择植物时应当以大型盆栽花草为主，然后再适当搭配中小型盆栽花草，才可以起到装点房间、净化空气的双重效果。

2. 客厅是家庭环境的重要场所，应当随着季节的变迁相应地更换植物，为居室营造出一个清新、温馨、舒心的环境。

3. 客厅经常是人们聚集的地方，会有很多悬浮颗粒物及微生物，因此应当选择那些可以吸滞粉尘及分泌杀菌素的盆栽花草，比如兰花、铃兰、常春藤、紫罗兰及花叶芋等。

4. 客厅是家电设备摆放最集中的场所，所以在电器旁边摆设一些有抗辐射功能的植物较为合适，比如仙人掌、景天、宝石花等多肉植物。特别是金琥，在全部仙人掌科植物里，它具有最强的抗电磁辐射的能力。

5. 如果客厅有阳台，可在阳台多放置一些喜阳的植物，通过植物的光合作用来减少二氧化碳、增加室内氧气的含量，从而使室内的空气更加新鲜。

推荐花草组合

常春藤+吊兰

常春藤对烟草中的尼古丁及多种致癌物质有着很好的抵制作用；吊兰则被誉为“绿色净化器”，可以在新陈代谢过程中把甲醛转化成糖或氨基酸等物质。两者搭配组合，可使室内环境变得更洁净。

养精蓄锐的卧室

人们每天处在卧室里的时间最久，它是每个人夜间休息和放松的地方，是惬意的港湾，应当给人以恬淡、宁静、舒服的感觉。与此同时，卧室也应当是我们最注重空气质量的场所。所以在卧室里摆设的植物，不仅要考虑到植物的装点功能，还要兼顾到其对健康的影响。通常应依从下列几条原则：

❶ 卧室的空间通常较小，摆设的植物不应太多。同时，绿色植物夜间会进行呼吸作用并释放二氧化碳，所以如果卧室里摆放绿色植物太多，而人们在夜间又关上门窗睡觉，则会引起卧室空气流通不够，二氧化碳浓度过高，从而影响人的睡眠。因此，在卧室中应当主要摆设中、小型盆栽植物。在茶几、案头可以摆设小型的盆栽植物，比如茉莉、含笑等色香都较淡的花草；在光线较好的窗台可以摆设海棠、天竺葵等植物；在较低的橱柜上可以摆设蝴蝶花、鸭跖草等；在较高的橱柜上则可以摆设文竹等小型的观叶植物。

❷ 为了营造宁静、舒服、温馨的居室环境，可以选用某些观叶植物，比如多肉多浆类植物、水苔类植物或色泽较淡的小型盆景。当然，这些植物的花盆最好也要具有一定的观赏性，一般以陶瓷盆为好。

❸ 依照卧室主人的年龄及爱好的不同来摆设适宜的花草。卧室里如果住的是年轻人，就可以摆设一些色彩对比较强的鲜切花或盆栽花；如果住的是老年人，那么就不应该在窗台上摆设大型盆花，否则会影响室内采光。而花色过艳、香气过浓的花草易令人兴奋，难以入眠，不适宜摆设在卧室里。

❹ 卧室里摆设的花型通常都比较小，植株的培养基最好以水苔来替代土壤，以使居室保持洁净；摆设植物的器皿造型不要过于怪异，以免破坏卧室内宁静、祥和的氛围；此外，也不适宜悬垂花篮或花盆，免得往下滴水。

推荐花草组合

芦荟+虎尾兰

芦荟和虎尾兰与大多数植物不同，它们在夜间也能吸收二氧化碳，并释放出氧气，特别适宜摆设在卧室里。然而卧室里最好不要摆设太多植物，否则会占去室内较大空间。因而可以在芦荟与虎尾兰中任意选用一个；如果两者皆要摆放，则无需再放置其他植物。当然，如果卧室非常宽敞，则可多放几盆植物。

❹ 可以摆设一些插花，但花的颜色不要太艳，最好用简洁明快的东方式插花，也可摆设一两盆盆景。

❺ 书房的窗台和书架是最为重要的地方，一定要摆放一两盆植物。可以在窗台上摆放稍大一点儿的虎尾兰、君子兰等花草，显得质朴典雅；还可以在窗台上点缀几小盆外形奇特、比较耐旱的仙人掌类植物，来调节和活跃书房的气氛；在书架上，可放置两盆精致玲珑的松树盆景或枝条柔软下垂的观叶植物，如常春藤、吊兰、吊竹梅等，这样可以使环境看起来更有动感和活力。

❻ 从植物的功用上看，书房里所栽种或摆放的花草应具有“旺气”、“吸纳”、“观赏”三大功效。“旺气”类的植物常年都是绿色的，叶茂茎粗，生命力强，给人以生机勃勃的感觉，它们可以起到调节气氛、增强气场的作用，如大叶万年青、棕竹等；“吸纳”类的植物也是绿色的，其最大的功用是可以吸收空气中对人体有害的物质，如山茶花、紫薇花、石榴、小叶黄杨等；“观赏”类的植物则不仅能使室内富有生机，还可起到赏心悦目的功用，如蝴蝶兰、姜茶花等。

安静幽雅的书房

书房是人们看书、习字、制图、绘画的场所，因此在绿化安排上应当努力追求“静”的效果，以益于学习、钻研、制作及创造。可以选择如梅、兰、竹、菊等古人较为推崇的名花贵草，也可以种栽或摆放一些清新淡雅的植物，有益于调节神经系统，减轻工作和学习带来的压力。在书房养花草，通常应当依从下列几条原则：

❶ 从整体来说，书房的绿化宗旨是宜少宜小，不宜过多过大。所以，书房中摆放的花草不宜超过三盆。

❷ 在面积较大的书房内可以安放博古架，将书册、小摆件及盆栽君子兰、山水盆景等摆放其上，能使房间内充满典雅的艺术气息。在面积较小的书房内可以摆放大小较适宜的盆栽花草或小山石盆景，注意花的颜色、树的形状应该充满朝气，米兰、茉莉、水仙等雅致的花草皆是较好的选择。

❸ 适宜摆设观叶植物或色淡的盆栽花草。例如，在书桌上面可以摆一盆文竹或万年青，也可摆设五针松、凤尾竹等，在书架上方靠近墙的地方可摆设悬垂花草，如吊兰等。

推荐花草组合

文竹+吊兰

这一组合会令书房显得清新、雅静，充满文化气息，不仅益于房间主人聚精会神、减轻疲乏，还能彰显出主人恬静、淡泊、雅致的气质；同时吊兰又是极好的空气净化剂，可以使书房里的空气清新怡然。

烹制美味的厨房

植物出现在厨房的比率应仅次于客厅，这是因为人们每天都会做饭、吃饭，会有一大部分时间花在厨房里。同时，厨房里的环境湿度也非常适合大部分植物的生长。在厨房摆放花草时应当讲求功用，以便于进行炊事，比如可以在壁面上悬挂花盆等。厨房一般是在窗户比较少的北面房间，摆设几盆植物能除去寒冷感。通常来讲，在厨房摆放的植物应当依从下列几条原则：

1 厨房摆放花草的总体原则就是“无花不行，花太多也不行”。因为厨房一般面积较小，同时又设有炊具、橱柜、餐桌等，因此摆设布置宜简不宜繁，宜小不宜大。

2 主要摆设小型的盆栽植物，最简单的方法就是栽种葱、蒜等食用植物作装点，也可以选择悬挂盆栽，比如吊兰。同时，吊兰还是很好的净化空气的植物，它可以在24小时内可将厨房里的一氧化碳、二氧化硫、氮氧化物等有害气体吸收干净，此外它还具有养阴清热、消肿解毒的作用。

3 在窗台上可以摆设蝴蝶花、龙舌兰之类的小型花草，也能将短时间内不食用的菜蔬放进造型新颖独特的花篮里作悬垂装饰。另外，在临近窗台的台面上也可以摆放一瓶插花，以减少油烟味。如果厨房的窗户较大，还可以在窗前悬挂吊盆花草。

4 厨房里面的温度、湿度会有比较大的变化，宜选用一些适应性较强的小型盆栽花草，如三色堇等。

5 花色以白色、冷色、淡色为宜，以给人清凉、洁净、宽敞之感。

6 虽然天然气、油烟和电磁波还不至于伤到植物，但对于一些生性娇弱的植物最好还是不要摆放在厨房里。

7 值得注意的是，为了保证厨房的清洁，摆放的植物最好用无菌的培养土来种植，一些有毒的花草或能散发出有毒气体的花草则不要摆放，以免危害身体健康。

推荐花草组合

绿萝+白鹤芋

绿萝和白鹤芋均能净化空气，很适合摆放在厨房。家庭使用的清洁剂、洗涤剂及油烟的气味对人们的身体健康危害很大，绿萝能将其中70%的有害气体有效地消除，在厨房里摆设或吊挂一盆绿萝，就能很好地将空气里的有害化学物质吸收掉。白鹤芋能强效抑制人体排放的废气，比如氨气、丙酮，还能对空气里的苯、三氯乙烯及甲醛进行过滤，令厨房内的空气保持新鲜、洁净。

储蓄能量的餐厅

餐厅是一家人每日聚在一起吃饭的重要地方，所以应当选用一些能够令人心情愉悦、有利于增强食欲、不危害身体健康的绿色植物来装点。餐厅植物一般应当依从下列几条原则来选择和摆放：

1 对花草的颜色变化和对比应适当给予关注，以增强食欲、增加欢乐的气氛，春兰、秋菊、秋海棠及一品红等都是比较适宜的花草。

2 由于餐厅受面积、光照、通风条件等各方面条件的限制，因此摆放植物时首先要考虑哪些植物能够在餐厅环境里找到适合它的空间。其次，人们还要考虑自己能为植物付出的劳动强度有多大，如果家中其他地方已经放置了很多植物，那么餐厅摆放一盆植物即可。

3 现在，很多房间的布局是客厅和餐厅连在一起，可以摆放一些植物将其分隔开，比如悬挂绿萝、吊兰及常春藤等。

4 根据季节变化，餐厅的中央部分可以相应摆设春兰、夏洋（洋紫苏）、秋菊、冬红（一品红）等植物。

5 餐厅植物最好以耐阴植物为主。因为餐厅一般是封闭的，通风性也不好，适宜摆放文竹、万年青、虎尾兰等植物。

6 色泽比较明亮的绿色盆栽植物，以摆设在餐厅周围为宜。

7 餐桌是餐厅摆放植物的重点地方，餐桌上的花草固然应以视觉美感为考虑，但更要注意一些问题：尽量不摆放易落叶的花草，如羊齿类；尽量不摆放花粉多的植物，如百合等。

8 餐厅跟厨房一样，需要保持清洁，因此在这里摆放的植物最好也用无菌的培养土来种植，有毒的花草或能散发出有毒气体的花草则不要摆放，如郁金香、含羞草等，以免伤害身体。

推荐花草组合

春兰+一品红

《植物名实图考》里记载道："春兰叶如瓯兰，直劲不欹，一枝数花，有淡红、淡绿者，皆有红缕，瓣薄而肥，异于他处，亦具香味。"春兰形姿优美、芳香淡雅，令人赏之闻之都神清气爽。而颜色鲜艳的一品红则会令人心情愉快，食欲增加。这两者是餐厅摆放花草的首选，可共同摆放。

阴暗潮湿的卫生间

卫生间同样是我们不应该忽略的场所。在我国，大部分卫生间的面积都不大，而且光照情况不好，所以，应当选用那些对光照要求不甚严格的冷水花、猪笼草、小羊齿类等花草，或有较强抵抗力同时又耐阴的蕨类植物，或占用空间较小的细长形绿色植物。在摆放植物的时候应当注意下列几个方面：

1. 摆放的植物不要太多，而且最好摆放小型的盆栽植物。同时要注意的是，植物摆放的位置要避免被肥皂泡沫溅到，导致植株腐烂。因此，卫生间采用吊盆式植物较为理想，悬吊的高度以淋浴时不会被水冲到或溅到为好。

2. 不可摆放香气过浓或有异味的花草，以生机盎然、淡雅清新的观叶植物为宜。

3. 卫生间内有窗台的，在其上面摆设一盆藤蔓植物也十分美观。

4. 卫生间湿气较重，又比较阴暗，因此要选择一些喜阴的植物，如虎尾兰。虎尾兰的叶子可以吸收空气中的水蒸气为自身保湿所用，是厕所和浴室植物的最佳选择之一。另外，蕨类和椒草类植物也都很喜欢潮湿，同样可以摆放在这里，如肾蕨、铁线蕨等。

5. 卫生间是细菌较多的地方，所以放置在卫生间的植物最好具有一定的杀菌功能。比如常春藤可以净化空气杀灭细菌，同时又是耐阴植物，放置在卫生间非常合适。

6. 卫生间里的异味是最令人烦恼的，而一些绿色植物又恰恰是最好的除味剂，如薄荷。将它放在马桶水箱上，既环保美观，又香气怡人。

7. 卫生间是氯气最容易产生的地方，因为自来水里都含有氯。人们如果长期吸入氯气则容易出现咳嗽、咳痰、气短、胸闷或胸痛等症状，患上支气管炎，严重时可发生窒息或猝死。因此放置一盆能消除氯气的植物是非常有必要的，如米兰、木槿、石榴等。

推荐花草组合

虎尾兰+白鹤芋

虎尾兰不但能吸收异味，而且耐半荫蔽环境，在光线比较昏暗的卫生间里，应当每半个月让其见光一段时间。卫生间里的温度和湿度比较大，很适合白鹤芋生长。白鹤芋可以吸收人体呼出的废气和甲醛、苯等有害气体，使卫生间的空气清新、自然。

针对特殊人群选择花草

在选用花草的时候，我们还应顾及到住在房间里的人群的不同之处，依照各类人群的生理特点及身体状况来选用与之相适宜的花草品种。

假如房间内住着孕妇，那么在选用花草的时候就不仅要顾及孕妇的身体健康，还应顾及胎儿的健康；假如家里有幼儿，由于幼儿的免疫力较低，神经系统及内分泌系统容易遭受有毒气体的伤害，且他们的皮肤十分柔嫩，故在选用花草时也应当多加留心；老年人及病人的身体都较为虚弱，在选用花草时更需要多加留意，避免给其身体带来损伤或危害。

处于特殊生理期的孕妇

妇女在怀孕之后，不仅应该保证自己的身体健康，还应当关注胎儿的健康，这就需要孕妇对许多事情多加留心。家里栽植或摆放一些花草，尽管可以美化环境、陶冶情操，但某些花草也会威胁人体的健康，特别是孕妇在接触某些植物后所产生的生理反应会比一般人更突出、更强烈。所以，孕妇在选用房间内摆设的花草时必须格外留意，避免因选错了花草而影响自己和胎儿的身心健康。

孕妇室内不宜摆放的花草

1 松柏类、接骨木：这些花木所散发出来的香气会刺激人体的肠胃，影响人的食欲，同时也会令孕妇心情烦乱、恶心、呕吐、头昏和眼花等。

2 洋绣球花、天竺葵：这类花散发出来的微粒接触到孕妇的皮肤会造成皮肤过敏，进而诱发瘙痒症。

3 夜来香：它在夜间停止光合作用，排出大量废气，而孕妇新陈代谢旺盛，需要有充分的氧气供应。同时，夜来香还会在夜间散发出很多刺激嗅觉的微粒，孕妇过多吸入这种颗粒会产生心情烦闷、头昏眼花等症状。

4 玉丁香、月季花：这类花散发出来的气味会使人气喘烦闷。如果孕妇闻到这种气味导致情绪低落，会影响胎儿的性格发育。

5 紫荆花：它散发出来的花粉会引发哮喘症，也会诱发或者加重咳嗽的症状。孕妇应尽量避免接触这类花草。

6 兰花、百合花：这两种花的香味过于浓烈，会令人异常兴奋，从而难以入眠。如果孕妇的睡眠质量难以得到保障，其情绪会波动起伏，从而使身体内环境紊乱、各种激素分泌失衡，不利于胎儿的生长发育。

7 黄杜鹃：它的植株及花朵里都含有毒素，万一不慎误食，轻的会造成中毒，重的则会导致休克，严重危及孕妇的健康。

8 郁金香、含羞草：这一类植物内含有一种毒碱，如果长期接触，会导致人体毛发脱落、眉毛稀疏。在孕

妇室内摆放这种花草，不但会危及孕妇自身的健康，还会对胎儿的发育造成不良影响。

9 夹竹桃： 这种植物会分泌出一种乳白色的有毒汁液，若孕妇长期接触会导致中毒，表现为昏昏沉沉、嗜睡、智力降低等。

10 五色梅： 其花和叶均有毒，不适宜摆放在体质较敏感的孕妇室内，若不慎误食则会出现腹泻、发热等症状。

11 水仙： 接触到其叶片及花的汁液会令皮肤红肿，若孕妇不小心误食其鳞茎则会导致肠炎、呕吐。

12 石蒜： 它的鳞茎内含有石蒜碱等有毒物质，孕妇不慎接触到石蒜碱后会出现皮肤红肿、瘙痒等症状。孕妇长期吸入含有被石蒜碱污染的空气，会导致鼻腔出血。若孕妇不慎误食石蒜的鳞茎，则会出现呕吐、腹泻、手脚冰凉、休克等症状，严重时甚至会由于中枢神经麻痹而死亡。

13 万年青： 其花、叶皆含有草酸及有毒的酶类，若孕妇不慎误食，则会使口腔、咽喉、食道、肠胃发生肿痛，严重时还会损伤声带，使人的声音变得嘶哑。

14 仙人掌类植物： 这类植物的刺里含有毒汁，如果孕妇被其刺到，则容易出现一些过敏症状，如皮肤红肿、疼痛、瘙痒等。

孕妇室内适宜摆放的花草

1 吊兰： 它形姿似兰、终年常绿，使人观之心情愉悦。同时，吊兰还有很强的吸污能力，它可以通过叶片将房间里家用电器、炉子、塑料制品及涂料等所释放出来的一氧化碳、过氧化氮等有害气体吸收进去并输送至根部，然后再利用土壤中的微生物将其分解为无害物质，最后把它们作为养料吸收进植物体内。吊兰在新陈代谢过程中，还可以把空气里致癌的甲醛转化成糖及氨基酸等物质，同时还能将某些电器所排出的苯分解掉，并能吸收香烟中的尼古丁等。在孕妇室内摆放一盆吊兰，既可以美化环境，又可以净化空气，可谓一举两得。

2 绿萝： 它能消除房间内70%的有害气体，还可以吸收装潢后残余下的气味，适合摆放在孕妇室内。

3 常春藤： 凭借其叶片上微小的气孔，常春藤可以吸收空气中的有害物质，同时将其转化成没有危害的糖分和氨基酸。另外，它还可以强效抑制香烟的致癌物质，为孕妇提供清新的空气。

4 白鹤芋： 它可以有效除去房间里的氨气、丙酮、甲醛、苯及三氯乙烯。其较高的蒸腾速率使室内空气保持一定的湿度，可避免孕妇鼻黏膜干燥，在很大程度上降低了孕妇生病的概率。

5 菊花、雏菊、万寿菊及金橘： 这类植物能有效地吸收居室内的家电、塑料制品等释放出来的有害气体，适合摆放在孕妇室内。

6 虎尾兰、龟背竹、一叶兰： 这些植物吸收室内甲醛的功能都非常强，能为孕妇提供较安全的呼吸环境。

处于生长发育期的幼儿

除了家里有孕妇之外，家里有幼儿的，在栽植或摆放花草的时候也应当格外留心。

幼儿的免疫系统比较脆弱，呼吸系统的肺泡也比成年人要大很多。在生长发育期内，幼儿的呼吸量根据体重来计算几乎要比成年人高出一倍。此外，幼儿的神经系统及内分泌系统也非常易遭受有毒气体的侵害。倘若房间里的有害气体持续保持较高的浓度，那么很可能会对幼儿的神经系统和免疫系统等造成终身伤害。与此同时，由于幼儿的皮肤十分柔嫩，有些花茎上长着刺，可能会将幼儿刺伤；一些幼儿生来便是过敏性体质，而花粉会引发过敏，严重的还会导致哮喘；还有一些花草含有毒素，其发出的气味会危害幼儿的身体健康。因此，在栽植或摆放花草时，应当多加关注下列几个方面：

幼儿室内不宜摆放的花草

❶ **郁金香、丁香及夹竹桃：**这类花木含有毒素，如果长时间将其置于幼儿的房间里，其所发出的气味会使幼儿产生头晕、气喘等中毒症状。

❷ **夜来香、百合花：**这类有着过浓香味的花草也不适宜长时间置于幼儿室内，否则会影响幼儿的神经系统，使之出现注意力分散等症状。

❸ **水仙花、杜鹃花、五色梅、一品红及马蹄莲：**其花或叶内的汁液含有毒素，倘若幼儿不慎触碰或误食皆会造成中毒。

❹ **松柏类花木：**这类植物的香气会刺激人体的肠胃，使幼儿的食欲受到影响，对幼儿的健康发育不利。

❺ **仙人掌科植物：**这类植物的刺里含有毒液，幼儿不小心被刺后易出现一些过敏性症状，如皮肤红肿、疼痛、瘙痒等。

❻ **洋绣球花与天竺葵：**如果幼儿触及其散发出来的微粒，皮肤就会过敏，产生瘙痒症。

幼儿室内适宜摆放的花草

❶ **绿色植物：**绿色植物可以让幼儿产生很好的视觉体验，使其对大自然产生浓厚的兴趣。与此同时，许多绿色植物还具有减轻或消除污染、净化空气的作用，比如在幼儿室内摆设一盆吊兰，可及时将房间里的一氧化碳、二氧化碳、甲醛等有害气体吸收掉。

❷ **盆栽的赏叶植物：**无花的植物不会因传播花粉和香气而损伤幼儿的呼吸道，无刺的植物不会刺伤幼儿的皮肤，它们都比较合适摆放在幼儿室内，比如绿萝、彩叶草、常春藤等。

体质逐渐衰弱的老人

众所周知，种养花草不仅能使环境变得更加优美、空气变得更加新鲜，还能让人们的心情变得轻松舒适、性情得到培养。尤其是对于老年人来说，在房间里栽植或摆设一些适宜的花草，除了能够调养身体和心情之外，还能预防疾病，在保持精神愉悦及身心健康方面受益很多。同时，还有一部分花草是不适合老年人栽植或培养的，应当多加留心。

老人室内不宜摆放的花草

❶ **夜来香：**它在夜间会散发出很多微粒，刺激嗅觉，长期生活在这样的环境中会使老人头昏眼花、身体不适，情况严重时还会加重患有高血压和心脏病者的病情。

❷ **玉丁香、月季花：**这两种花草所散发出来的气味易使老人感到胸闷气喘、心情不快。

❸ **滴水观音：**这是一种有毒的植物，也叫做法国滴水莲、海芋。其汁液接触到人的皮肤会使人产生瘙痒或强烈的刺激感，若不慎进入眼睛则会造成严重的结膜炎甚至导致失明。若不小心误食其茎叶，会造成人的咽部、口腔不适，同时胃里会产生灼痛感，并出现恶心、疼痛等症状，严重时会窒息，甚至因心脏麻痹而死亡。所以，老人不宜栽植这种植物。

❹ **百合花、兰花：**这类花具有浓烈香味，也不适宜老人栽植。

❺ **郁金香、水仙花、石蒜、一品红、夹竹桃、黄杜鹃、光棍树、万年青、虎刺梅、五色梅、含羞草及仙人掌类：**对于这些有毒的植物，老人以不栽植为好。

❻ **茉莉花、米兰：**这类花香味浓烈，可用来熏制香茶，所以对芳香过敏的老人应当慎重选择。

老人室内适宜摆放的花草

❶ **文竹、棕竹、蒲葵等赏叶植物：**这类植物恬淡、雅致，比较适合老人栽种。

❷ **人参：**气虚体弱、有慢性病的老人可以栽种人参。人参在春、夏、秋三个季节都可观赏。春季，人参会生出柔嫩的新芽；夏季，它会开满白绿色的美丽花朵；秋季，绿色的叶子衬托着一颗颗红果，让人更加神清气爽。此外，人参的根、叶、花和种子都能入药，具有强身健体、调养机能的奇特功效。

❸ **五色椒：**它色彩亮丽，观赏性强。其根、果及茎皆有药性，适合有风湿病或脾胃虚寒的老人栽种。

❹ **金银花、小菊花：**有高血压或小便不畅的老人可以栽种金银花和小菊花。用这两种花草的花朵填塞香枕或冲泡饮用，能起到清热解毒、降压醒脑、平肝明目的作用。

❺ **康乃馨：**康乃馨所散发出来的香味能唤醒老年人对孩童时代纯真的、快乐的记忆，具有“返老还童”的功效。

体质虚弱易过敏的病人

病人是格外需要我们关注的一个群体，我们应当尽力给他们营造出一个温暖、舒心、宁静、优美的生活环境。除了要使房间里的空气保持流通并有充足的光照外，还可适当摆放一些花草，以陶冶病人的性情、提高治病的疗效，对病人的身心健康都十分有益。然而，尽管许多花草能净化空气、益于健康，可是一些花草如果栽种在家里，却会成为致病的源头，或造成病人旧病复发甚至加重。因此，病人在选用栽植或摆放花草时更需要特别留意。

病人室内不宜摆放的花草

❶ **夜来香、兰花、百合花、丁香、五色梅、天竺葵及接骨木：**这些气味浓烈或特别的花草最好不要长期摆放在病人房间里，否则其气味易危害到病人的健康。

❷ **水仙花、米兰、兰花、月季及金橘：**这类花草气味芬芳，会向空气中传播细小的粉质，不适宜送给呼吸科、五官科、皮肤科、烧伤科、妇产科及进行器官移植的病人。

❸ **郁金香、一品红、黄杜鹃、夹竹桃、马蹄莲、万年青、含羞草、紫荆花、虞美人及仙人掌：**这类花草自身含有毒性汁液，不适合摆放在免疫力低下病人的房间。

❹ **盆栽花：**病人室内不适宜摆放盆栽花，因为花盆里的泥土中易产生真菌孢子。真菌孢子扩散到空气里后，易造成人体表面或深部的感染，还有可能进入到人的皮肤、呼吸道、外耳道、脑膜和大脑等部位，这会给原来便有病、体质欠佳的患者带来非常大的伤害，尤其是对白血病患者及器官移植者来说，其伤害更加严重。

病人室内适宜摆放的花草

❶ **不开花的常绿植物：**过敏体质的病人和体质较差的病人以种养一些不开花的常绿植物为宜。这样可以避免因花粉传播导致的病人过敏反应。

❷ **文竹、龟背竹、菊花、秋海棠、蒲葵及鱼尾葵：**这类花草不含毒性，不会散发浓烈的香气，适宜在病人的房间里栽植或摆放。

❸ 有些花草不仅美观，而且还是很好的中草药，因此病人可以针对不同病症来选择栽种或摆放。比如，白菊花具有平肝明目的作用；黄菊花具有散风清热的作用，可以治疗感冒、风热、头痛、目赤等症；丁香花对牙痛具有镇静止痛的作用；薄荷、紫苏等花散发出来的香味能有效抑制病毒性感冒的复发，还能减轻头昏头痛、鼻塞流涕等症状。

值得注意的是：由于绿色植物除进行光合作用之外，还会进行呼吸作用，因此若室内植物太多也会造成二氧化碳超标。所以，病人或体质虚弱的人的房间里的植物最好不要多于三盆。

PART 3

Flowers & Plants

25种 敏感监测空气污染的健康花草

许多植物不仅能使环境变得绿意盎然，还能对空气污染进行监测。当这些植物接触到某一种空气污染物时，便会产生相应的反应，从而表现出某些形态上的变化。我们利用植物的这一敏感性，便能对环境里的特定污染物是否存在及其浓度高低进行监测，从而及时采取相应的方法进行处理，尽早除掉潜藏的祸患，维护身体健康。如果我们弄清楚了各种植物相应的检测功能，就能更有针对性地依照住所的环境和污染状况来选用适宜的花草。

Y 虞美人 U MEI REN

【花草名片】

◎学名：*Papaver rhoeas*

◎别名：赛牡丹、丽春花、蝴蝶满园春、小种罂粟花。

◎科属：罂粟科罂粟属，为一二年生草本植物。

◎原产地：最初产自欧亚大陆温带地区，现美洲和大洋洲亦有分布。比利时把它定为国花。

◎习性：虞美人喜阳光充足、温暖、通风的环境，耐寒冷，畏酷暑。对土壤适应性强，最适宜在有肥力、土质松散且排水通畅的沙壤土中生长。

◎花期：5-6月。

◎花色：红、粉、紫、白等色，有的一朵花兼具两种颜色。

花言草语

据说，虞美人这种美丽的花卉是项羽的爱姬虞姬死后变的。另据《广群芳谱》记载，当人们击掌唱《虞美人曲》时，虞美人的叶片就会跟随掌声微微摆动，就像在跳舞一样，因此虞美人也叫“舞草”。

虞美人的植株葱绿俊秀，随风而舞时犹如振翅欲飞的彩蝶，令人遐想万千。虞美人集淡雅和浓丽于一体，似是中国古典艺术里的佳人神韵，可以称得上是花卉里的绝妙精品。

监检功能

虞美人对有毒气体硫化氢的反应异常敏感，能够对硫化氢进行监测。当虞美人遭受硫化氢的侵害后，叶片就会变焦或出现斑点。

选盆

家庭种植虞美人需准备两个盆，一个普通盆或营养钵用于育苗，一个排水效果较好的深盆用于移栽。

新手提示：由于虞美人的根系较长而柔软，所以移栽时要选用深一点的花盆。

择土

最好选择有肥力、土质松散且排水通畅的沙壤土。

栽培

❶ 将花土过细筛后放入普通盆或营养钵内。

❷ 在花土表层均匀撒播虞美人的种子，然后将花盆或营养钵置于20℃的环境里。

❸ 7～10天长出幼苗后，挑选1～2株较茁壮的苗留下，将其余弱小的花苗拔除。

❹ 待幼苗长出3～4片真叶后将其连根带泥掘出。

❺ 在深盆内铺一层花土，将幼苗摆入其中扶正。

❻ 向花盆内填土、压紧，期间轻提幼苗一次，以便其根系伸展开。再将幼苗放在荫蔽处养护即可。

新手提示：撒播种子无须覆土。移栽幼苗时最好选择在阴天，移栽前先浇透水，以免挖掘幼苗时伤到根系。移栽时应浅栽，以使幼苗的长根向下生长。

浇水

❶ 盆栽虞美人平时浇水不宜过多，通常每隔3～5天浇一次水。

❷ 立春前后是虞美人的生长期，应适当增加浇水的次数，保持土壤湿润，但应避免水涝。

❸ 冬天是虞美人的休眠期，浇水不宜过多过勤，以土壤不过分干燥为宜。

光照

虞美人喜欢充足的光照，一般将其摆放在光线良好的室内。但刚刚移栽的虞美人需遮荫，待其成活之后才可稍见阳光，以后再逐渐延长光照时间。

温度

虞美人畏酷暑，可耐寒冷，喜欢温暖的环境，生长温度以15～28℃为宜。冬季是虞美人的休眠期，可稍耐低温。

施肥

虞美人喜欢肥沃的土壤，在生长期内每2～3周施用一次5倍水的腐熟尿液，在开花之前宜再追施一次肥料，以保证花朵硕大、鲜艳。

病虫防治

在栽植过密、通风不良、土壤过湿、氮肥过多的情况下，虞美人容易受到霜霉病的侵害，这种病可导致幼苗枯死，成株则表现为叶片上产生色斑和霜霉层、花茎扭曲、不开花。发病初期应及时剪除病叶，并喷50%代森锰锌可湿性粉剂600倍液，或20%瑞毒素可湿性粉剂4 000倍液，或50%代森铵可湿性粉剂1 000倍液杀毒。

修剪

虞美人幼苗长出6～7片叶时，开始摘心，以促进幼苗分枝。对于不打算留种的虞美人，在其开花期间应及时剪掉未落尽的残花，以利于聚集营养，使之后开放的花朵更大、更鲜艳，进而延长花期。

繁殖

一般来说，虞美人适合采用播种法繁殖，春、秋两季都可播种。

摆放建议

虞美人姿态优美、花朵鲜艳，家庭种植的盆栽虞美人适合摆放在阳台、窗台、客厅等光线充足、通风的地方。也可以制成瓶插摆放在书房、客厅、餐厅等处。

秋海棠

QIU HAI TANG

【花草名片】

◎学名：*Begonia evansiana*

◎别名：八月春、相思草、岩丸子。

◎科属：秋海棠科秋海棠属，为多年生常绿草本花木。

◎原产地：最初产自中国，在山东、河北、河南、江苏、四川、陕西秦岭及云南等地区皆有分布。

◎习性：喜欢温暖、半荫蔽、潮湿润泽的环境，不能忍受寒冷，畏强光直射，怕酷热与水涝，在有肥力、土质松散、排水通畅的沙壤土中生长最好。

◎花期：4-11月。

◎花色：红、粉、白色等。

监检功能

秋海棠能够对二氧化硫、氟化氢和氮氧化合物进行监测。秋海棠对这些有毒气体反应较为灵敏，一旦遭受这些气体的侵袭，其叶脉间就会出现白色或黄褐色的斑点，叶片的顶端先变焦，之后周围部位逐渐干枯，导致叶片枯萎脱落。

选盆

选择普通花盆即可。

择土

最好选用高温消毒的腐叶土、培养土及细沙混合成的土壤。

栽培

1. 将混合好的花土过细筛后放入盆内。
2. 把秋海棠的种子均匀撒播在盆内，无须盖土。
3. 用一块木板轻压盆土，使种子嵌入土壤。
4. 在盆口盖一块玻璃，以保持培养土的温度。
5. 把盆放在温度为18～22℃的半阴的地方，20天左右后便可萌芽。
6. 约2个月后，幼株可长出2～3片真叶，这时可将幼株移栽到稍大一点的花盆中。

新手提示：家庭采用播种法培育秋海棠一般选择在4-5月或8-9月进行，因为这两个时期是秋海棠的生长开花期，种子比较容易萌芽成活。

浇水

1. 秋海棠喜欢潮湿润泽的环境，但忌积水。
2. 给秋海棠浇水应遵循“不干不浇，干则浇透”的原则。
3. 春秋两季是秋海棠生长开花期，需要较多水分，这时的盆土应稍微湿润一些，可每天浇一次水。
4. 夏季是秋海棠的半休眠期，可适当减少浇水次数，浇水时间应选择在早晨或傍晚。
5. 冬季是秋海棠的休眠期，应保持盆土稍微干燥，可3~5天浇一次水，浇水时间最好选在中午前后阳光充足时。

新手提示：给秋海棠浇水可记住“二多二少”要诀，即春秋多、夏冬少。秋海棠开花前可适当增大浇水量，开花后要相对减少浇水量。

花言草语

根据《采兰杂志》上记载：古时候有一位妇女非常思念她的心上人，但始终无法与其相见。于是，这位妇人经常在一面墙下悲伤啼哭。她的眼泪落进土里，日久天长竟从土里长出一棵形姿柔媚的花来。这种花的颜色颇似妇人的面庞，叶片的正面为绿色、背面为红色，而且常在秋天盛开，被人们叫做“断肠草”。断肠草就是我们所说的秋海棠。

在《本草纲目拾遗》里亦有记载说：“相传昔人有以思而喷血阶下，遂生此草，故亦名‘相思草’。”

光照

秋海棠喜欢半荫蔽的环境，光照时间不足容易导致叶片纤小变薄，光照时间过长或光线过强容易导致植株长不高、叶片变紫偏厚、花苞不开放。因此，夏天应注意避免阳光直射秋海棠，冬天要保证给秋海棠提供足够的光照时间。此外，还需要经常变动花盆的摆放方向，使整个植株均匀接受光照。

温度

秋海棠喜欢温暖的环境，15～25℃的环境最利于它生长。秋海棠怕酷暑，当环境温度超过32℃时，秋海棠的生长会受到严重影响，所以夏季应将秋海棠置于半荫蔽处养护。此外，秋海棠不耐寒冷，冬季环境温度不能低于10℃。

施肥

在秋海棠生长季节应每半个月施用一次腐熟液肥，在开花之前需追施一次肥料，可以让花朵更加艳丽。

病虫防治

如栽培管理不当，秋海棠在高温、高湿的季节容易感染叶斑病。这种病害可导致植株萎蔫、叶片大量掉落。一旦发现叶片上有病斑，应立即剪掉病叶，并加强室内通风、降低环境湿度。

新手提示：修剪病叶的剪子应事先用70%的酒精溶液消毒，避免细菌从创口侵入植株体内，造成二次感染。

修剪

为了防止植株长得过高，在苗期需进行1～2次摘心，促使植株分枝。在生长期内应及时剪掉纤弱枝和杂乱枝。

繁殖

秋海棠可以采用播种法或扦插法进行繁殖。

摆放建议

家庭种植秋海棠适合盆栽，小型盆栽可摆放在餐厅、客厅、书房的桌案、茶几、花架上欣赏，大型盆栽可用于装饰阳台、客厅等处。

S 芍药
SHAO YAO

【花草名片】

◎学名：*Paeonia lactiflora*

◎别名：余容、将离、殿春花、婪尾春。

◎科属：芍药科芍药属，为多年生宿根草本植物。

◎原产地：最初产自我国北部地区，朝鲜、日本、西伯利亚等地也有栽植。

◎习性：芍药喜欢冷凉荫蔽的环境，耐旱、耐寒、耐阴。适宜在排水通畅的沙壤土中生长，特别喜欢肥沃的土壤。

◎花期：4-5月。

◎花色：白、红、粉、黄、紫、紫黑及浅绿色等。

花言草语

芍药为我国著名传统花卉，有着3 000多年的栽植历史。《本草纲目》载道：“芍药……处处有之，扬州为上”。宋代以后，栽植芍药的盛况已不局限在扬州。《析津日记》载：“芍药之盛，旧数扬州……今扬州遗种绝少，而京师丰台，连畦接畛……”可以看出那时栽植的盛况。古代人在评花时把牡丹列为第一，芍药列为第二，将牡丹称做花王，芍药称做花相。由于花开得较晚，因此芍药也叫做“殿春”。古时候男女往来，为表结情之意或不舍离别之情，经常互赠芍药，所以它也叫“将离草”。

监检功能

芍药能够对二氧化硫与烟雾进行监测。当芍药遭受到二氧化硫与烟雾的侵害时，其叶片尖端或叶片边缘就会呈现出深浅不一的斑点。

选盆

可选择排水、透气性良好的泥瓦盆或陶盆，栽种芍药的土壤层越厚越好，所以最好选择高盆。

择土

可以选择肥沃、排水通畅、透气性好的沙质土壤、中性土壤或弱碱性土壤。

栽培

1. 挖出3年以上的芍药株丛，抖掉根上的泥土。
2. 将母株移至阴凉干燥处放置片刻。
3. 母株稍微蔫软后，用刀将根株剖成几丛，确保每丛根株上有3～5个芽。
4. 将小根株放置在阴凉干燥处阴干。
5. 在盆底铺一层花土，土层约为盆高的2/5。
6. 将阴干略软的小根株栽入盆中扶正，向盆中填土、压实。

新手提示：芍药的分株栽培时间最好选在9月下旬到10月上旬，也就是白露到寒露期间，这期间的气候温度适合芍药的生长，可使新株有充足的时间在冬天到来之前长出新根。

浇水

1. 芍药比较耐干旱，怕水涝，浇水不可太多，不然容易导致肉质根烂掉。
2. 在芍药开花之前的一个月和开花之后的半个月应分别浇一次水。
3. 每次给芍药浇完水后，都要立即翻松土壤，以防止有水积存。

光照

芍药对光照要求不严，但在阳光充足的地方生长得更加旺盛。春秋季节可多照阳光，夏天忌烈日曝晒，可放置于半阴处。

温度

芍药喜欢温和凉爽的环境，比较耐寒，温度应该控制在15～20℃间，冬季温度不宜低于零下20℃。冬季上冻之前可以为芍药根部壅土，以保护新芽。

施肥

在花蕾形成后应施一次速效性磷肥，可以令芍药花硕大色艳。秋冬季可以施一次追肥，能够促使其翌年开花。

新手提示：在每一次施肥之后都要立即疏松土壤，使芍药生长得更顺利。

病虫防治

芍药的常见病为褐斑病，发病初期新叶背面出现绿色小点，之后扩大成紫褐色圆斑，最后整个叶片枯焦。预防方法为春季喷施一次石硫合剂，展叶期每半个月喷施一次50%的多菌灵可湿性粉剂800倍液。

修剪

花朵凋谢后应马上把花梗剪掉，勿让其产生种子，以避免耗费太多营养成分，使花卉的生长发育及开花受到影响。

繁殖

芍药可以采用播种法、扦插法及分株法进行繁殖，主要采用的是分株繁殖法。

摆放建议

家庭种植芍药适合盆栽，小型盆栽可摆放在桌案、茶几、花架上欣赏，大型盆栽可用于装饰阳台、客厅等处。

梅花

MEI HUA

【花草名片】

◎学名：*Prunus mume*

◎别名：红梅、绿梅、春梅、干枝梅。

◎科属：蔷薇科李属，为落叶乔木。

◎原产地：最初产自中国，主要生长于长江流域和西南地区。

◎习性：喜欢温暖、略潮湿，以及光照充足、通风性好的环境。比较能忍受寒冷，可以短时间忍受-15℃的低温，当温度达5~10℃时便能开花。

◎花期：12月-翌年3月。

◎花色：红、紫、浅黄及彩色斑纹等色。

花言草语

传说隋朝赵师雄游览罗浮山的时候，曾晚上梦到和一名衣装淡雅的女子把酒同饮，那名女子香气撩人，身边还有一个绿装童子在欢快地歌舞。天将亮的时候，赵师雄由梦里醒过来，见自己睡在一棵梅树之下，树上有只翠鸟在欢快地鸣唱，并无那素装女子与绿装童子。其实，梦里的那名女子便是梅花树，绿装童子便是那只翠鸟。当时，赵师雄看到月亮已悄悄落下，星斗已经横斜，更感到孤独寂寞、惆怅迷惘。此后，这个传说便被用做梅花的典故。

监检功能

梅花能够对甲醛、苯、二氧化硫、硫化氢、氟化氢及乙烯进行监测，尤其对硫化物、氟化物的反应更为灵敏。受到硫化物侵害时其叶片上面就会呈现斑纹，严重时还会变枯、发黄、凋落。

选盆

种梅花最好选用透水透气性好的泥瓦盆，也可用紫砂盆，一定不要用瓷盆和塑料盆。

择土

栽植梅花时以排水通畅、有机质丰富的沙质土壤为宜。

新手提示：盆栽时宜选用园田土、煤渣、腐殖土混合而成的土壤。

栽培

❶ 在盆底平铺一层碎盆片，以方便排水和避免养分流失。

❷ 修剪掉过长的主根和少量的侧根，多留须根。

❸ 先在盆中倒入少量的土，然后将母株放入盆内，添土。

❹ 添土后轻轻摇动花盆，使疏松的土壤下沉，与根部结紧。

❺ 最后浇足水，放置在阳光充足的地方。

新手提示：每年11月到翌年3月是最适宜梅花栽培的时期。

浇水

❶ 梅花不耐水湿，浇水要根据盆土的干湿情况来确定，应以“不干不浇，浇就浇透”为浇水原则，防止盆中积聚过多水分。

❷ 大约在6月，花芽分化期内，要减少浇水量，同时使其接受充足的光照，使植株开花繁茂。

❸ 夏天应浇足水，不然会导致梅花叶片凋落，影响花芽形成。

❹ 在梅花生长鼎盛期内要每日浇一次水，秋季天凉后要渐渐减少浇水次数，以促使枝条生长健壮。

新手提示：如果发现梅花叶片严重枯萎，可将整株梅花放入水中，浸40分钟后取出，即可恢复正常。在梅雨季节，放置在露台或庭院里的梅花一般不用浇水，需将花盆倾斜放置，避免盆中积水。

光照

梅花喜欢有充足光照、通风性好的生长环境，不适宜长时间遮蔽。

温度

梅花在环境温度为5~10℃时就可开花，虽然耐寒，在-15℃的条件下也可短暂生长，但不宜长时间放置于阴冷处。

施肥

梅花在冬天施一次磷、钾肥，在春天开花之后和初秋分别追施一次稀薄的液肥即可。每次施肥后都要立即浇水和翻土，以使盆内土壤保持松散。

病虫防治

梅花易受蚜虫、红蜘蛛、卷叶蛾等害虫侵扰，应喷洒50%的辛硫磷乳油或50%的杀螟松乳油，不能使用乐果、敌敌畏等。

修剪

❶ 当幼株长到25～30厘米高的时候要将顶端截掉。

❷ 花芽萌发后，只保留顶端的3～5个枝条作主枝。

❸ 翌年花朵凋谢后要尽快把稠密枝、重叠枝减去，等到保留下来的枝条有25厘米长的时候再进行摘心。

❹ 第三年之后，为使梅花株形美观，每年花朵凋谢后，皆要进行一次整枝修剪。

繁殖

梅花经常采用嫁接法进行繁殖，也可采用扦插法，通常于早春或深秋进行。另外，还能用压条法进行繁殖，这样比较容易成活。

摆放建议

梅花适合摆放在宽敞的客厅、门厅、书房，也可以单枝插瓶摆放在案几、书架、窗台上，但不宜摆放在卧室内。

牵牛花

QIAN NIU HUA

【花草名片】

◎学名：*Pharbitis nil*

◎别名：牵牛子、喇叭花、朝颜。

◎科属：旋花科，为一年生攀缘草本植物。

◎原产地：最初产自热带、亚热带地区，中国中部和西南地区都有栽植。

◎习性：喜欢温暖、朝阳、通风适宜的环境，可耐较高的温度，但不畏炎热。

◎花期：6–10月。

◎花色：鲜红、桃红、紫、蓝或混合色。

花言草语

相传河南的金牛山上曾住着一对双胞胎姐妹。她们在耕地时刨出一个银喇叭，一位神仙对她们说：“金牛山上有个山洞，里面有一百头金牛。银喇叭就是打开洞门的钥匙，你们可以把金牛抱出来，但不能吹响喇叭。否则，金牛就会变成活牛。”但姐妹俩却吹响了喇叭，好让活牛们为穷苦的乡亲们干活。这些牛纷纷向外冲，最后一头却被卡在渐渐闭合的山洞口。姐妹俩用力把牛推了出来，但她俩却被困在山洞里，并变成了一朵喇叭花。人们为了纪念她们，就把喇叭花称为牵牛花。

监检功能

牵牛花能够对二氧化硫与过氧化酰基硝酸酯进行监测。当它受到二氧化硫污染的时候，其叶片就会呈现出斑点或干枯萎蔫；当空气里含有过氧化酰基硝酸酯的时候，其叶片便会皱缩、发黄。

选盆

种牵牛花宜选用透气性较好的泥盆，避免使用瓷盆或塑料盆。

择土

牵牛花对土壤没有严格要求，比较能耐干旱和盐碱，但栽植时最好可以选用潮湿、润泽、有肥力的沙质土壤，这有利于它的生长。

栽培

❶ 先将种子浸温水4～6小时，然后取出。

❷ 选择一个器皿，置入一层土，将种子置入其中，然后覆土约1厘米，保持土壤温湿。5～6天后，牵牛花的幼苗即可慢慢长出。

❸ 当幼苗长出两三片叶后，此时根系已发展好，即可定植在盆中。

新手提示：将植株移入盆中后应搭设支柱或支架来支撑植株，这样有利于牵牛花日后的生长。

浇水

❶ 牵牛花在生长期内盆土表层稍干的时候应及时补充水分，要浇足水。

❷ 但浇水也不可太勤，盆土始终潮湿会影响根系的生长，根系生长不良就会影响其长势。

新手提示：梅雨季节雨水过多，盆土不宜过湿，因此要少浇水。如果盆内长期积水，根部易腐烂。

光照

牵牛花喜欢照射阳光，全日照才能保证其花量繁茂，但也不宜曝晒。

温度

牵牛花喜欢温暖，其萌芽的适宜温度为20~25℃，生长的适宜温度为22~34℃。

施肥

牵牛花不怕重肥，可以用马掌、熟麻渣等作底肥。在牵牛花的生长季节可以每隔15天施用一次稀薄液肥，氮肥不要施用过多，否则会导致茎叶太过繁茂，不利于开花。

病虫防治

牵牛花易患褐斑病，发病时叶上病斑散生于叶脉间及叶缘，病斑表面生淡黑色霉层，严重时病斑布满全叶，叶片早枯。治疗时应喷洒75%百菌清可湿性粉剂1 000倍液加70%甲基硫菌可湿性粉剂1 000倍液，每隔7~10天用药1次，连续防治2~3次即可。病害严重时，叶片应及时摘除。

修剪

可以常对牵牛花的植株摘心，以促其分枝，令花朵更加繁茂。

新手提示：摘心后至少还需要留2~3个叶芽，这样才能使植株变得丰满。

繁殖

牵牛花采用播种或扦插法进行繁殖。我国南方通常在4–5月栽种，北方则要提早在温室里进行播种。

摆放建议

牵牛花是一种优良的垂直绿化植物，喜欢阳光照射，一般可放在阳台处，也可用于庭院或者窗台前的遮阳和美化。

B 八仙花

BA XIAN HUA

【花草名片】

◎学名：*Hydrangea macrophylla*

◎别名：斗球、绣球、紫阳花、粉团花。

◎科属：虎耳草科绣球属，为落叶灌木或小乔木。

◎原产地：最初产自中国华中及西南地区，现在全国各个地区都广为栽植。

◎习性：喜欢温暖、潮湿、润泽的半荫蔽环境，光照充足也可以，忌干旱和水涝，不能忍受寒冷。

◎花期：6–7月。

◎花色：粉红、蓝、白色。

监检功能

八仙花能够对二氧化硫进行监测。空气里的二氧化硫浓度达到0.05～0.5 ppm后8小时，八仙花便会受到侵害，受侵害部位的叶脉会失绿，叶脉之间的叶片表面会变为白色，损伤的叶组织会使叶片表面出现褐色斑点或斑块，同正常的叶面有清晰的分界线。八仙花长时间处在二氧化硫浓度较高的环境中，叶片表面会褪绿，叶组织甚至会渐渐坏死。

选盆

最好选用透气性良好的泥盆，也可使用瓷盆，最好不要用塑料盆栽种。

择土

宜选用排水通畅的酸性土壤。在酸碱度不一样的土壤中，八仙花的颜色也会有显著的不同，在酸性土壤中为蓝色，在碱性土壤中则主要是粉红色。

栽培

1. 把植株移栽到新花盆中后，先将土压好。
2. 浇充足水分，再将盆放置在荫蔽的地方。
3. 大约10天后，可将盆移至室外正常料理。

浇水

1. 八仙花喜欢潮湿，怕旱怕涝。所以在春、夏、秋三个生长期内，每日应浇一次水。
2. 在炎热的夏天，花盆中的水分蒸发量较大，更要为其提供足够的水分，从5月到8月末，除浇水外，还要每日或每隔一日朝叶片表面洒一次水。
3. 冬天则要以“不干不浇”为浇水原则。

光照

八仙花喜欢温暖、潮湿的半荫蔽环境，耐阴，阳光直射会造成日灼，因此需遮阴。

温度

冬季，要把盆花移入室内，室内温度控制在5℃上下，令其休眠。12月中旬后，应把盆花搬至朝阳的地方，室温保持在18℃左右，以促进枝叶生长发育。

施肥

八仙花嗜肥，在生长季节通常需每隔15天左右施用一次腐熟的稀薄饼肥水。如果将1%～3%的硫酸亚铁加到肥液里施用，就能够很好地维持土壤的酸性。

新手提示：勿在炎热的伏天施饼肥，否则会导致发生病虫害及使花卉的根系受到损伤。

病虫防治

八仙花不易受虫害，常见病害多为叶部病害，如白腐病、灰霉病、叶斑病等。所以要定期喷施药剂预防，发现病情后需及时喷施65%代森锌可湿性粉剂600倍液，病重叶片可摘除烧毁。

修剪

1. 幼株长到10～15厘米时可进行摘心；再挑选4个中上部萌生好的枝条，摘除下部所有的腋芽。
2. 等到新枝条有8～10厘米长的时候，再施行第二次摘心，促进新枝条上的芽健壮成长。
3. 花朵凋谢后应马上把老枝截短，仅留下2～3个芽，以促使其萌生新枝，防止植株长得太高。

新手提示：每年初春3月，都要从基部把瘦弱枝、病虫枝剪掉，留下健壮枝并对其短截，每枝留下2～3个芽。

繁殖

八仙花可采用扦插法、分株法或压条法进行繁殖。

摆放建议

八仙花株形丰满，花朵大而鲜艳，适宜摆放在客厅、书房的窗台、桌案上。

牡丹

MU DAN

【花草名片】

◎学名：*Paeonia suffruticosa*

◎别名：洛阳花、谷雨花、富贵花、木芍药。

◎科属：芍药科芍药属，为多年生落叶小灌木。

◎原产地：最初产自中国。

◎习性：喜欢冷凉、干燥，怕酷热、潮湿，喜欢阳光，略耐荫蔽。

◎花期：4–5月。

◎花色：红、黄、紫、粉、白和复色等。

花言草语

牡丹是中国独有的传统珍贵花卉，华丽典雅、仪态万千，向来有“国色天香”、“花中之王”的美誉，象征着兴旺发达、吉祥如意。

据记载，牡丹在很早之前的魏晋南北朝时就有人栽植了，至唐宋时，牡丹的栽植技术已经取得了较大进步。特别是唐朝的人们更爱牡丹，曾经在牡丹开花的时节举办牡丹盛会，长安城的人们全都纵情欢乐。我国河南洛阳更是具有“牡丹之都”的赞誉。另外，牡丹根加工品是珍贵的中药“丹皮”，具有清热凉血、活血散淤等功用。

监检功能

牡丹能够对臭氧进行监测。如果大气里的臭氧含量高于1％，牡丹的叶片上便会出现斑点。叶片会由于遭受污染程度的不一样，而出现不一样的颜色，比如红褐色、浅黄色及灰白色等。

选盆

栽种牡丹多用立筒盆，一般以素烧泥盆、瓦缸为宜。

择土

适宜选用有肥力、土质松散、排水通畅的中性土壤或沙壤土。

新手提示：盆栽时可以用园土和1/3～1/2的黄沙来配制。

栽培

1. 将选好的植株放置于阴凉处，晾1～2天。
2. 栽植时，先用瓦片盖住盆孔，垫上3～5厘米厚的碎砖块、木炭或其他透气透水物，再盖上一层3～5厘米厚的土壤。
3. 放进植株，使根系均匀伸展在盆中，再填入土壤，并将土壤塞入根缝间。

新手提示：种好植株后应马上浇透水一次，最好还能施一些豆饼等肥料。

浇水

1. 牡丹无法忍受土壤过湿，怕水涝，具有一些抗旱性。因此要视盆土干湿情况浇水，要做到不干不浇、干透浇透，水勤、水多则烂根。
2. 栽植后浇透水，之后等盆土干燥时再浇一次少量的水，直到开花，然后令盆土保持略湿就可以。

光照

牡丹喜欢光照充足，但不喜欢曝晒。所以盆花宜放在向东的阳台上，如果放在南面，应在西面做一些遮阳的设置。

温度

牡丹喜欢冷凉的环境，怕较高的温度，畏酷热，具有一定的耐寒能力。适宜温度为16~20℃，低于16℃不开花。

新手提示：夏季高温时，牡丹会呈半休眠状态，最好将其移至阴凉处。

施肥

牡丹的生长需要较多肥料，且喜欢高效优良的肥料，新栽培的植株半年内不必施肥，半年后再施用即可。

病虫防治

牡丹的常见病有叶斑病和紫纹羽病。

1. 叶斑病主要浸染叶片，发病初期叶的背面有较小的褐色斑点，边缘色略深，最终叶片会枯焦凋落。防治时可喷洒500~800倍的50%甲基托布津、多菌灵可湿性粉剂液，7~10天喷一次，连续3~4次。
2. 紫纹羽病主要浸染根颈处，受害处有紫色或白色棉絮状菌丝，初呈黄褐色，后为黑褐色，重者整个根颈和根系腐烂，植株死亡。防治时可用500倍五氯硝基苯药液涂于患处。

修剪

1. 在牡丹栽植2~3年后，要依照栽植年数控制花朵的数量，在萌生花蕾的早期要留下一些发育良好的花芽，并及时把多余的芽及瘦弱的芽去掉。
2. 通常对5~6年生的植株，要留下3~5个花芽；对新栽植的植株，翌年春季要把全部花芽去掉，以积聚养分、促使植株生长。
3. 花朵凋谢后应尽快把未落尽的花除去，暮秋落叶后要把徒长枝、病弱枝、干枯枝等剪去，以降低营养损耗，对第二年的植株生长十分有利。

繁殖

牡丹可以采用播种、分株、嫁接、扦插和压条等方法来繁殖，其中分株法较为简单方便，适宜家庭种养花卉时采用。

摆放建议

牡丹花朵雍容华贵，是装点家居的上选花卉。牡丹可摆放在阳台、客厅、书房等处，但要注意夏天时避免强光直射。

连翘

LIAN QIAO

【花草名片】

◎学名：*Forsythia suspensa*

◎别名：黄金条、黄花杆、女儿茶、千层楼。

◎科属：木犀科连翘属，为落叶灌木。

◎原产地：最初产自中国，朝鲜等地。

◎习性：喜欢温暖、潮湿且润泽的环境，喜欢阳光，较耐寒冷和干旱，稍耐荫蔽，忌积水。

◎花期：3-5月。

◎花色：金黄色。

监检功能

连翘能够对二氧化氮、臭氧及氨气进行监测。当连翘遭受二氧化氮侵袭时，其叶脉之间或叶片边缘会出现条状或斑状纹，新生的嫩叶早落；当臭氧进入连翘的叶片，同叶肉细胞接触后会先损坏其细胞膜，进而导致细胞死亡。伤斑多数在叶片表面上，叶脉之间较少，还有可能呈现出黄色斑点和白色斑纹，或叶片表面全部变白；当空气里存在氨气时，连翘的叶片便会很快发黄。

选盆

最好选用紫砂陶盆或釉陶盆，不宜用塑料盆，因为它的透气性很差。

择土

连翘适宜在有肥力且排水通畅的钙质土壤里生长，以较有肥力的园土为最佳。

栽培

1 连翘的栽植一般在春季进行。首先选取1～2年生的连翘幼枝，剪为长约30厘米的小段。

2 在盆中放置2/3的土壤，松软度要适中。

3 把幼枝斜向插进土里，深度为18～20厘米即可，并让上面露出土壤表面一点儿。

4 最后再埋土并镇压结实，然后浇足水，要让土壤保持略潮湿状态，但勿积聚太多的水。

新手提示：每1至2年要将连翘翻盆一次，盆土要求疏松肥沃，排水透气性良好，并结合换盆进行一次修剪。

浇水

1 连翘比较能忍受干旱，也喜欢潮湿且润泽的环境，因此每周浇水一次即可保证其生长。

2 春天应及时给连翘补充水分，特别是在开花之后，要让土壤保持略湿的状态，不可太干，否则不利于植株分化花芽。

新手提示：连翘成活后浇水应掌握“不干不浇，浇则浇透”的原则，盆土积水和过于干旱都不利于植株生长。

光照

连翘喜欢阳光充足的环境，平日要为其提供良好的光照，但也不要长期曝晒。

温度

连翘对气候无严格要求，喜欢温暖的环境，同时也较耐寒冷，可忍受半荫蔽的环境。

施肥

在春季和秋季每15～20天要对连翘施一次腐熟的稀薄液肥或复合肥，夏季则停止施肥，秋季还可向叶面喷施磷酸二氢钾等含磷量较高的肥料，以促使花芽的形成。

病虫防治

1 发现蜗牛时，可人工捕杀，或用石灰粉触杀。

2 发现钻心虫时可用紫光灯诱杀，并用棉球蘸50%的辛硫磷或40%的乐果原液堵塞虫孔。

修剪

1 在每年花朵凋谢后应尽早把干枯枝、病弱枝剪掉，对稠密老枝要进行疏剪，对疯长枝要进行短剪，以促其萌发更多的新枝条。

2 立秋以后应再进行一次修剪，可让植株翌年枝繁叶茂、花多色艳。

繁殖

连翘采用播种、扦插、分株或压条的方法进行繁殖都可以，其中扦插法经常被采用。

摆放建议

连翘的萌生能力强，同时喜欢阳光，可以摆放在客厅、阳台和书房等处。

花言草语

连翘花与迎春花乍看起来非常相似，但连翘的植株比较高，叶片也比迎春花大，仔细观察下还可发现连翘的枝干是褐色的，而迎春的枝干为绿色。

连翘果实的药用价值很高，具有清热解毒、消肿散结的功效，连翘是中国临床常用传统中药之一，常用来治疗急性风热感冒、痈肿疮毒、淋巴结核、尿路感染等症；其种子油还可以制成化妆品。

鸢尾 YUAN WEI

【花草名片】

◎学名：*Iris tectorum*

◎别名：屋顶鸢尾、扁竹花、蓝蝴蝶。

◎科属：鸢尾科鸢尾属，为多年生宿根草本植物。

◎原产地：中国和日本。

◎习性：喜欢温暖、潮湿、润泽和半荫蔽的环境，无法忍受较高的湿度和过度潮湿，怕积水，不能忍受寒冷。喜欢湿润度适宜且排水通畅的土壤。

◎花期：4-6月。

◎花色：紫、蓝、黄、白色等。

花言草语

鸢尾的花瓣形似鸢鸟的尾巴，故而得名。它已被法国定为国花。传说，法兰西王国首个王朝的国王克洛维在接受洗礼的时候，上帝将鸢尾馈赠给他作为礼物。在法国，鸢尾象征着光明与自由。

鸢尾花的属名iris在希腊语中是"彩虹"的意思，人们据音译把它叫做"爱丽丝"。在希腊神话里爱丽丝是彩虹女神，为诸神与人世间的使者，其职责是把善良之人死后的灵魂，通过天地之间的彩虹桥带往天国。

监检功能

鸢尾能够对二氧化硫、甲醛、氮氧化物和氯化氢等进行监测。鸢尾可以吸收空气里一定浓度的有毒气体，它的叶片能将二氧化硫吸收，并将其氧化成没有毒或毒性较小的硫酸盐等物质。

选盆

最好选用素烧陶盆或塑料盆，以多孔盆为好。为了保持良好的透气性，宜用浅盆，盆高最好小于盆的直径。

择土

鸢尾对于土壤并不挑剔，但以种植在深厚肥沃疏松的中性沙质壤土中生长最佳。同时，在土壤中建议加入泥炭、蛭石或粗沙。

栽培

1 选择一个饱满、颜色鲜润的鸢尾球茎。

2 种植前先要松土，并使其稍微湿润，同时施入足够的底肥，主要是施入磷、钾肥。

3 接着，用拇指轻轻压球茎，直到球茎大部分都没入土中。

4 栽完后要浇足水分。

新手提示：种植时间最好选在9-10月，应将植株种植在排水通畅、朝阳且风吹不到的地方。

浇水

❶ 栽种后浇一次透水，之后不宜频繁浇水，但在生长期内，土壤要保持湿润。

❷ 长成后的鸢尾不能忍受过度潮湿的环境，怕积水，在浇水时应视土壤的实际干湿情况供给水分。

❸ 一般以土壤稍干燥为原则，不可长时间太湿或积聚太多水，否则会导致植株根系腐烂或引发病害。

新手提示：鸢尾耐旱性较强，即使一个月不浇一次水也不会枯萎，但前提条件是空气的湿度要比较高。

光照

鸢尾是光敏植物，无需长时间接受日照，适宜在半荫蔽的环境下生存。

温度

鸢尾喜欢温暖、半荫蔽的环境，既不能忍受炎热，又不能忍受寒冷，在北方地区栽植时要采取保护措施才能安全过冬。

施肥

从春天发芽生长期到开花之前，应对鸢尾施用腐熟的稀薄饼肥水或复合花肥1～2次；在花朵凋谢后，应再增施一次液肥。

病虫防治

鸢尾的虫害主要是豆金龟子，成虫咬食叶片及花瓣，不利于植株的生长，影响其观赏性。豆金龟子的成虫可以人工捕捉、灭杀，幼虫可以使用敌百虫800～1 000倍液浇灌植株根部进行毒杀；如果有很多成虫，则可以喷洒敌百虫、西维因、杀螟松等1 000倍液，喷洒2～3次便可有效防治。

繁殖

鸢尾可以采用播种法或分株法进行繁殖。播种繁殖可以在春天直接点播，采用分株法进行繁殖时在春天或秋天进行都可以。

摆放建议

鸢尾花形飘逸，极具观赏价值。盆栽鸢尾可摆放在客厅、门厅，但由于其花香会使喉头充血并使人感觉麻痹，所以不宜摆放在卧室内。

萱草

XUAN CAO

【花草名片】

◎学名：*Hemerocallis fulva*

◎别名：忘忧草、川草花、金针花、丹棘。

◎科属：百合科萱草属，为多年生宿根草本植物。

◎原产地：最初产自中国的南部，如今全国各个地区都广泛栽植。

◎习性：喜欢温暖、湿润的环境，能忍受寒冷。具有较强的适应性，喜欢潮湿也较耐干旱，喜欢光照充足也能忍受半荫蔽，对环境没有严格的要求。

◎花期：5–8月。

◎花色：橘黄到橘红色。

花言草语

萱草在我国已经有几千年的栽植历史，也叫做谖草，"谖"即"忘"之意。有关文字记载最早出于《诗经·卫风·伯兮》："焉得谖草，言树之背。"朱熹注释道："谖草，令人忘忧；背，北堂也。"

萱草的别名为忘忧草。在古时候，游子远行往往会在北堂栽植萱草，期望母亲忘掉忧愁，减少对孩子的挂念。比如唐朝诗人孟郊的《游子诗》里写道："萱草生堂阶，游子行天涯；慈母倚堂门，不见萱草花。"我国的萱草在康乃馨作为母爱的象征以前，就早已经是母亲之花了。

监检功能

萱草对氟特别敏感，当它受氟侵害时，其叶片尖端便会变为褐红色。所以，萱草常被用来监测空气中是否有氟污染。

选盆

种萱草宜选用透气性较好的泥盆，避免使用瓷盆或塑料盆，选盆时一定要选大盆。

择土

萱草适宜种在腐殖质丰富、潮湿且排水通畅的土壤里。

栽培

1. 先在盆中施入足够的底肥，然后埋入种子。
2. 将土壤轻轻压实，浇透水。
3. 将花盆放置在阴凉处，大约经过20天就可长出幼苗了。

新手提示：如果在春季播种栽种，则要在前一年秋季把种子沙藏，这样播种后萌芽快且齐整；如果在秋季播种，等到种子成熟并采收后要马上播种。

浇水

1. 春秋两季萱草长势较强，应每周浇一次水。
2. 夏天气温高，蒸发量大，应每隔1～2天给萱草浇一次水，但浇水量不宜过多。
3. 在萱草的花蕾期，必须经常保持土壤湿润，防止花蕾因干旱而脱落，要多浇水。浇水要浇足、浇匀，以早晨和傍晚为好。

新手提示：植株长大后，可每日给它的叶子喷洒一些水，使它更加健康地生长。

光照

萱草喜欢充足的日照，因此应放置在阳光充足的地方。

温度

萱草喜欢温暖，也可以忍受半荫蔽的环境，可以忍受寒冷。

施肥

从种植的第二年时要施一次肥料，以后每年追施3次液肥为好。此外，在进入冬天之前宜再施用一次腐熟的有机肥，以促进萱草第二年的生长发育。

病虫防治

锈病、叶斑病和叶枯病是萱草极易发生的病害。

1. 锈病可危害其叶片、花薹。叶片初产生少量黄色粉状斑点，后逐渐扩展到全叶，以致全株枯死。防治主要以喷施粉锈宁、敌锈钠等杀菌剂为主。

2. 叶斑病常发生在叶片主脉两侧的中部，穿孔后造成水分与养分运输中断，叶片尖端先行枯黄，最后全叶萎黄枯死。发病时可喷洒波尔多液或石硫合剂。

3. 叶枯病主要危害叶片，也危害花薹，严重时全叶枯死。防治时可用50%多菌灵可湿性粉剂600至800倍液喷洒。

修剪

由于萱草的根系生长得比较旺盛，有一年接一年朝地表上移的动向，因此每年秋、冬交替之际皆要在根际垒土，厚约10厘米即可，并注意及时除去杂草。

繁殖

萱草可以采用播种法或分株法进行繁殖。播种繁殖在春秋季都可进行，分株繁殖可以在秋季植株叶片干枯后或春季萌芽前进行。

摆放建议

萱草适应性强，但喜好阳光照射，因此可栽种在庭院里，也可以盆栽或插瓶摆放在客厅、书房等处。

碧桃

BI TAO

【花草名片】

◎学名：*Prunus persica var.duplex*

◎别名：粉红碧桃、花桃、千叶桃花、观赏桃花。

◎科属：蔷薇科李亚科桃属，为落叶小乔木。

◎原产地：最初产自中国，生长在西北、华北、华东及西南等地。如今世界各个国家都已经引种栽植。

◎习性：喜欢光照充足、通风性好的环境，可以忍受干旱和较高的温度，忌水涝，畏碱。

◎花期：3-5月。

◎花色：粉红、白、深红、洒金（杂色）等。

花言草语

在我国，碧桃是传统的园林观赏树木。早春时，它的花朵先于叶绽放，灿烂娇媚，甚是可人。在园林中一般成片种植碧桃，以形成“桃花园”、“桃花林”、“桃花山”及“桃花坞”等景致。花朵盛开的时候，犹如漫天色彩绚丽的云霞，使人流连忘返。

古代人经常用桃、李来比喻学生弟子，叫做“桃李满天下”，所以校园里常种植桃李。在庭院的一处，分散栽植几棵碧桃，也比较合适。碧桃与翠竹混在一起栽种，构成“竹外桃花三两枝，春江水暖鸭先知”的风景，更是使人如入诗画中描摹的美好境界。

监检功能

碧桃能够对硫化物和氯气进行监测。当碧桃遭受到硫化物或氯气侵袭的时候，其叶片便会呈现出大片的斑点，并渐渐干枯死亡。

选盆

碧桃对花盆的要求较高，在植株生长期间多用泥瓦盆，长成后则最好选用釉陶盆。

择土

碧桃喜欢排水通畅、腐殖质丰富的沙质壤土，不能在碱土中生长，也不喜欢太黏重的土壤。

栽培

❶ 在盆中栽种碧桃通常采用嫁接法。先用桃、李、杏的实生苗做砧木，于8月份进行芽接。

❷ 将嫁接成活的碧桃苗，于第二年3月前后，从接芽以上1.5厘米至2厘米处剪去，促使接芽生长。

❸ 接着便可将芽植入盆中，置入土壤，并将土壤轻轻压实。

❹ 入盆后浇足水分，此后精心照料即可。

新手提示：上盆时可先在盆底放置腐熟的豆饼屑等作为基肥。

浇水

1 碧桃忌积水，如果遭受水涝3～5天就会使叶片凋落，甚至导致植株死亡。

2 浇水量要适中，应掌握“不干不浇”的原则。

3 碧桃的开花坐果期要适当多浇些水，7–8月份花芽分化期要适当扣水，以促进花芽分化。

4 冬季休眠期要减少浇水的次数。

光照

碧桃喜欢光照充足的环境，因此要多见阳光，但切忌摆放在风口处。

温度

碧桃可忍受较高的温度，较能忍受寒冷，但室内温度需保持在5℃以上。

施肥

碧桃对肥料无严格要求。种植时施少量底肥，开花前后分别施1～2次肥料即可。

新手提示：冬季或碧桃开花后一直到坐果期间，不宜施肥，以免造成落花落果。

病虫防治

碧桃比较易生蚜虫，病害主要有白锈和褐腐病。

1 白锈病用50%萎锈灵可湿性粉剂2 000倍液喷洒。

2 褐腐病用50%甲基托布津可湿性粉剂500倍液喷洒。

3 生蚜虫时用40%氧化乐果乳油1 000～1 500倍液或80%敌敌畏乳油1 500倍液喷洒。

修剪

1 碧桃修剪主要是进行疏枝，一般为自然开心形。

2 在花朵凋谢后要马上修剪，开过花的枝条仅留下基部2～3个芽就可以了。

3 对长势太强的枝条，在夏天要进行摘心，以促进花芽的形成；对长势较弱的植株，需防止修剪太重，要压制强枝、扶助弱枝，令枝条生长匀称。

4 在冬天应适度剪短较长的枝条，以促进植株萌生更多的花枝。

繁殖

碧桃可以采用播种法、嫁接法和压条法进行繁殖。

摆放建议

碧桃喜光，宜盆栽摆放在阳台、露台、天台等光照充足的地方，也可制成切花和盆景装点书房和客厅。

M 木槿

MU JIN

【花草名片】

◎学名：*Hibiscus syriacus*

◎别名：白饭花、篱障花、无穷花、朝开暮落花。

◎科属：锦葵科木槿属，为落叶灌木或小乔木。

◎原产地：最初产自东亚，中国从东北南部到华南各个地区都有栽植。韩国把它定为国花。

◎习性：喜欢温暖、光照充足、潮湿且润泽的生长环境，略耐荫蔽，比较能忍受寒冷。喜欢潮湿，怕积水，又比较能忍受干旱，具有比较强的抵抗烟尘及有害气体的能力。

◎花期：6-10月。

◎花色：紫红、粉红、白等色，花瓣基部为红色或紫红色。

监检功能

木槿能够对二氧化硫进行监测。当木槿遭受二氧化硫侵袭的时候，其叶片便会变为灰白色，叶脉之间出现形状不一的斑点，且会失绿、发黄。

选盆

种木槿选用泥盆最佳，其次是瓷盆和紫砂盆，尽量不用塑料盆。

择土

喜欢有肥力的中性到弱酸性土壤，也能在贫瘠的土壤中生长。

新手提示：盆栽时最好选用园土、腐叶土、炉渣混合而成的土壤。

栽培

1 选择即将栽植的木槿枝条最好在土壤偏干时进行。

2 将剪好的木槿枝条基部用1 000 ppm萘乙酸浸泡3～5秒，插入土中。

3 用塑料薄膜覆盖保温保湿数月，方可移植入盆，置入土壤，轻轻压实后浇入充足的水分。

4 入盆中后要放置阴凉处1周，再放到阳光处进行正常养护。

新手提示：栽入盆中1个月后要薄肥勤施，当年就可开花。

花言草语

木槿的花朵较多，花期可长达百天，花开的时候如缎似锦，绚烂多姿。因为韩国人非常喜欢木槿较长的开花时间，所以把它叫做“无穷花”，还将其定为国花。

1948年，韩国政府成立的时候把太极旗视做国旗。之后，韩国文教部公布了太极旗的制作规定，同时决定在旗杆顶部使用国花，即木槿花进行装点。在韩国国徽的圆面上亦有五瓣的木槿花图样。木槿花白色的花瓣象征着公正、诚信及廉明，粉红色的花蕾中心则象征着热情，这些恰恰体现了韩国刚毅坚定的民族精神与坚韧不拔的生机。

浇水

① 木槿喜欢潮湿，怕积水，适量的水分对其生长发育非常重要，所以要让土壤维持适宜的湿度，不可积聚太多水。

② 在花期之内如果土壤较干应马上对植株浇水。

③ 立秋以后宜再浇一次水，以提高其抗寒性。

光照

木槿喜欢温暖且光照充足的生长环境，略耐荫蔽，因此要让它多见阳光。

温度

木槿较能忍受寒冷，生长的适宜温度是15～28℃。

施肥

在移入盆中前要施入有机肥料，比如麸肥。在生长季节每月要施用两次肥料，以“少施薄施”为原则。

新手提示：为了增加花朵数目、提高花朵的品质，在夏天植株开花之前，要对长势不强的木槿追施肥料。

病虫防治

木槿生长期间病虫害较少，病害主要有叶斑病和锈病；虫害主要有红蜘蛛、蚜虫、蓑蛾、夜蛾和天牛等。

① 病虫害发生时，可剪除病虫枝，选用安全、高效低毒的农药喷雾防治。

② 患上叶斑病和锈病时，可用65％代森锌可湿性粉剂600倍液喷洒。

修剪

① 木槿具有较强的萌芽能力，经得住修剪，在暮秋要及时把稠密枝、瘦弱枝等剪掉，以降低营养的耗费量，对植株的正常生长很有利。

② 为了培育丛生状的苗木，可以在第二年春天对植株进行截干，以促使其基部蘖生新枝。

③ 最好在冬季将枝修剪到高1.5米左右，3月份再剪枝一次，但不要剪枝太多。

繁殖

木槿可采用播种法、扦插法及压条法进行繁殖，主要采用的是扦插法。多在早春或梅雨季节进行，秋末冬初也可，均极易生根成活。

摆放建议

木槿大多栽种在庭院里，也可以盆栽摆放在客厅、阳台等向阳的地方，木槿枝条可以编制成花篮装点居室。

唐菖蒲

TANG CHANG PU

【花草名片】

◎学名：*Gladiolus hybridus*

◎别名：剑兰、菖兰、扁竹莲、十三太保。

◎科属：鸢尾科唐菖蒲属，为多年生球根草本植物。

◎原产地：最初产自非洲好望角、地中海沿岸及西亚一带，如今世界各个地区都广泛栽植。

◎习性：喜欢温暖、光照充足的生长环境，在长日照条件下可以促使其分化花芽。具有一定程度的耐寒能力，但畏严寒。无法忍受较高的温度，怕酷热和积水。

◎花期：6–9月。

◎花色：红、紫、蓝、黄、白、洒金、条纹和复色等。

选盆

盆栽时宜选用泥盆，避免使用瓷盆或塑料盆，因为这两种盆的透气性较差。

择土

唐菖蒲对土壤没有严格的要求，喜欢有肥力、土质松散、排水通畅的沙质土壤，土壤的酸碱度宜保持在5.6～6.5之间。

栽培

1. 挑选好球茎，以没有斑点或斑纹、萌芽部位及发根部位皆无破损的扁球状的小球茎为最佳。

2. 在盆中置入土壤，将球茎栽植入盆，球茎较大、土质疏松时宜栽植8～10厘米深；球茎较小、土质黏重时宜栽植6～8厘米深。

3. 入盆后应浇一次透水，同时让土壤保持潮湿，之后放在通风良好且朝阳的地方管理就可以。

新手提示：浅栽利于唐菖蒲新球的生长发育，然而雨后容易使植株歪倒，而且抵抗干旱的能力较弱；深栽尽管不容易使植株歪倒，然而其萌生的新球较小、子球较少。

监检功能

唐菖蒲能够对氟进行监测。空气里的氟浓度达到0.1微升/升30小时后，唐菖蒲的叶缘及叶片尖端便会呈现出褐色斑点。

花言草语

唐菖蒲花形美丽，是世界四大切花之一，可以用做花篮、花束及瓶插等，也可以对环境和专类花坛进行点缀，矮生品种则可以盆栽欣赏。

唐菖蒲对氟化氢的反应十分灵敏，已经被大范围地应用在环境生物学的研究中，被当做氟污染的指示植物。另外，它的茎叶中含有维生素C，球茎还能用做药物，具有清除内热、活血化淤、消除肿胀的功用。

浇水

❶ 幼苗长出后应每隔2～3天浇水一次。

❷ 夏季则每隔1～2天浇水一次。

❸ 长出花蕾后要为植株供应足够的水分，需每天或隔一天浇一次水，同时稍加遮蔽阳光。

❹ 雨季应及时排水防涝，防止积聚太多的水。

❺ 从10月开始，应对植株停止灌水。

新手提示：唐菖蒲需要比较多的水分，在生长季节若土壤太干则植株的叶尖会发黄，因此要常浇水，令土壤保持适度湿润，同时还要避免积水，否则会导致球茎腐烂。

光照

唐菖蒲属于喜光性的长日照植物，若每日接受16小时光照则最有利于其生长。在生长期内，植株每日最少要接受10～12小时光照；冬天栽植时，若遇到阴天则应对其补充光照。

温度

唐菖蒲喜温暖，怕严寒冰冻，夏天喜欢清凉的环境，不能忍受高温和酷热。冬天栽植时若温度在0℃以下则植株会受冻死亡。球茎在萌芽后，其白天的适生温度为20~25℃，晚上则为10~15℃。

施肥

对唐菖蒲不要施用过多肥料，否则会导致叶片疯长。在幼苗长出2枚叶片后，应大约隔15天追施一次腐熟的有机肥；在孕蕾期内改为施用磷肥一次；在浇水的同时施用一次过磷酸钙和骨粉；开花之后再施用一次钾肥。

新手提示：若唐菖蒲的叶片变薄，叶梢干枯发黄并出现白点，那么就说明植株缺少肥料，要马上进行补充。

病虫防治

唐菖蒲常见的病害有球茎腐烂病、叶枯病等。

❶ 患上球茎腐烂病后，球茎表面会长出黄褐色稍有凹陷的病斑，周围出现黑色溃疡。防治时可用酒精消毒后阴干贮藏，且保持通风、干燥。

❷ 患上叶枯病后，唐菖蒲会先从下部的叶片尖端开始发病，出现褪绿色黄斑，晚期病斑干枯出现黑褐色霉层。因此最好在栽种前剥掉球茎干枯鳞片，此法即可预防；如果已患病，可用1%等量式波尔多液或50%代森锌可湿性粉剂1 000倍液，8～10天喷洒一次。

繁殖

唐菖蒲可以采用分球法、切球法、组织培养法和播种法进行繁殖，主要采用分球法。

摆放建议

唐菖蒲多用于切花装点家居，也可盆栽摆放在窗台、阳台、天台等光线较好的地方，还可以直接种植在庭院里观赏。

S 矢车菊

SHI CHE JU

【花草名片】

◎学名：*Centaurea cyanus*

◎别名：荔枝菊、翠兰、蓝芙蓉。

◎科属：菊科矢车菊属，为一二年生草本植物。

◎原产地：最初产自欧洲东南部地区。德国把它定为国花。

◎习性：喜欢阳光，不能忍受阴暗和潮湿。喜欢凉爽气候，比较能忍受寒冷，怕酷热。

◎花期：4–5月。

◎花色：蓝、紫、红、白等色。

监检功能

矢车菊能监测二氧化硫。如果空气中的二氧化硫太浓，矢车菊便会失水变枯或倒下，无法正常开花或无法开花。

选盆

栽种矢车菊时最好选用泥盆，避免使用瓷盆或塑料盆，因为这两种盆的透气性较差，易导致植株烂根。

择土

矢车菊适宜在土质肥沃松散且排水通畅的沙质土壤中生长。若土壤黏性较重，可混合3～4成的蛇木屑。

花言草语

德国的国花矢车菊是幸福的象征。关于它，还有一个优美的小故事。

在德国的一次内部战争中，王后路易斯受局势所迫携着两名王子逃出柏林。半路上车子坏了，他们只得走下车。在路旁他们看到了一片片蓝色的矢车菊，两名王子开心地在花丛里嬉戏，王后还用矢车菊花编成了一个漂亮的花环，给9岁的威廉王子戴到了头上。之后，威廉王子成了统一德国的首位皇帝，然而他一直不能忘记童年逃难的时候看到盛开的矢车菊时激动的心情，还有母亲用矢车菊为他编的花环。所以他非常喜爱矢车菊，之后便将它定为德国的国花。

栽培

❶ 选取好矢车菊的幼株，以生长出6～7枚叶片的为最佳，放入花盆中。

❷ 在花盆中置入土壤，土壤最好松散且有肥力。

❸ 轻轻压实幼株根基部的土壤，浇足水分。

❹ 将花盆放置在通风性良好且温暖的地方，细心照料。

❺ 入盆后需浇透水一次，以后的生长期需保持土壤微潮偏干的状态。如果土壤存水过多，矢车菊容易徒长，其根系也容易腐烂。

新手提示：矢车菊因不耐移植性，因此在移栽时一定要带土团，否则不易缓苗。

浇水

❶ 每日浇水一次即可，但夏日较干旱时，可早晚各浇一次，以保持盆土湿润并降低盆栽的温度，但水量要小，忌积水。

❷ 矢车菊无法忍受阴暗和潮湿，因此在生长季节每次浇水要适量，避免因过于潮湿导致植株根系腐烂。

❸ 雨季时一定要注意保持盆土的干燥，减少浇水的次数，否则会造成烂根，影响植株的正常生长。

光照

矢车菊一定要栽植于光照充足且排水通畅处，否则会由于阴暗、潮湿而死亡。冬季日照时间较短，如果有条件，可在夜间使用植物灯补充照明，可以使植株提早开花。

温度

矢车菊喜欢凉爽的生长环境，比较能忍受寒冷，怕炎热。

施肥

种植前应先施一次底肥，然后每月施一次液肥，但到现蕾时则不再施肥。

新手提示：矢车菊喜肥，如叶片长得过于繁茂，则要减少氮肥的比例，开花前可多施磷钾肥。

病虫防治

矢车菊的主要病害为菌核病，病害一般会先从基部发生，感病初期呈水渍状软腐，并密生白色的絮状物，后呈褐色，逐渐向茎和叶柄处扩展。患病时，可喷洒25%粉锈宁可湿性粉剂2 500倍液，也可喷洒70%甲基托布津可湿性粉剂800倍液。染病严重的植株要及时剪除掉，以防止继续感染。

修剪

矢车菊的茎干较细弱，在苗期要留心进行摘心处理，以让植株长得低矮，促其萌生较多的侧枝。

繁殖

矢车菊采用播种法进行繁殖，春秋两季都能进行，以秋季播种为宜。

摆放建议

矢车菊喜光，可直接栽成片，也可以盆栽摆放在阳台、窗台等向阳的地方，还可以作为切花装点客厅、餐厅和书房等处。

W万寿菊
WAN SHOU JU

【花草名片】

◎学名：*Tagetes erecta*

◎别名：万盏菊、臭菊花、臭芙蓉、蜂窝菊。

◎科属：菊科万寿菊属，为一年生草本植物。

◎原产地：最初产自墨西哥，如今世界各个地区都广为栽植。

◎习性：喜欢温暖、潮湿、光照充足的生长环境，能忍受寒冷和干旱。

◎花期：6–10月。

◎花色：橙红、橙黄、金黄、柠檬黄到浅黄等色。

花言草语

万寿菊属于一年生草本植物，从它的花朵中能够提取纯天然黄色素。天然黄色素是一种性能良好的抗氧化剂，现在已广泛应用于食品、饲料、医药等许多领域，是工、农业生产中非常重要的添加剂。天然黄色素属于纯绿色产品，没有任何有害物质，将来一定会成为人工合成色素的替代品。万寿菊的鲜花经过发酵、压榨、烘干等工序的处理后，还可制成万寿菊颗粒，再进行溶剂浸提法，即可制成色素精油。

监检功能

万寿菊能够对二氧化硫与臭氧进行监测。当受到二氧化硫侵袭时，它的叶片便会变为灰白色，叶脉间出现形状不固定的斑点，逐渐失绿、发黄；当受到臭氧侵袭时，它的叶片表面会变为蜡状，出现坏死斑点，叶片变成红、紫、黑、褐等色。

选盆

栽种万寿菊最好选用素烧陶盆，塑料盆也可，以多孔盆为好。

择土

万寿菊对土壤没有严格的要求，然而在土质松散、有肥力、排水通畅的沙壤土中生长得最好，同时土壤最好细碎如粉。

栽培

1. 将幼枝剪成10厘米长做插条，顶端留2枚叶片，剪口要平滑。
2. 将生根粉5克，兑水1～2千克，加50%多菌灵可湿性粉剂800倍液混合成浸苗液，将插条的1/2浸入药液中5～10秒后取出。
3. 插条浸过药液后，立即插入盆土中，深度约为1/2盆高。
4. 将盆土轻轻压实，然后浇透水分。
5. 将花盆放在阴凉处10～15天，然后便可放置阳光下正常养护。

新手提示：万寿菊栽种后一般约15天就能长出新根，约30天便可以开花。

浇水

1. 万寿菊的浇水时间和浇水量都要合适，勿积聚过多的水，令土壤处于略湿状态就可以。
2. 刚刚栽种的万寿菊幼株，在天气炎热时，要每天喷雾2～3次，使盆土保持湿润。
3. 给万寿菊浇水应以“见干见湿”为原则。
4. 夏秋季早上浇水，冬春季中午浇水。

新手提示：万寿菊喜欢潮湿，也能忍受干旱，但在湿度较大的环境中生长不好。

光照

万寿菊性喜阳光，充足的阳光可以显著提升花朵的品质。

温度

万寿菊的生长适宜温度为15~25℃，冬天温度不可低于5℃。夏天温度高于30℃时，植株会疯长，令茎叶不紧凑、开花变少；当温度低于10℃时，植株也能生长，然而生长速度会减缓。

施肥

万寿菊的开花时间较长，所需要的营养成分也较多。它喜欢钾肥，氮肥、磷肥与钾肥的施用比例应为15：8：25，在生长期内需大约每隔15天施用一次追肥。在开花鼎盛期，可以用0.5%的磷酸二氢钾对叶面进行追肥。

病虫防治

万寿菊易患茎腐病和叶斑病。

❶ 万寿菊患上茎腐病后，茎会变成褐色，甚至枯萎。这时，应立即拔除病茎并烧毁；发病初期可喷洒50%多菌灵可湿性粉剂1 000倍液。

❷ 万寿菊患上叶斑病后，叶片会出现椭圆形或不规则形的灰黑色斑点。这时，可喷洒50%苯来特可湿性粉剂1 000倍液或50%多菌灵可湿性粉剂800倍液。

修剪

万寿菊的开花时间较长，初霜之后依然还会开很多花，然而后期植株的枝叶干枯衰老，容易歪倒，不利于欣赏。所以，要尽快摘掉植株上未落尽的花，疏剪过分稠密的茎叶，并尽快追施肥料，以促使植株再开花。

繁殖

万寿菊可采用播种法或扦插法进行繁殖。采用播种繁殖时，一年中都可进行。采用扦插繁殖时，以在5-6月进行为宜，此时易于存活。

摆放建议

万寿菊的花期比较长，可盆栽摆放在窗台、书桌、案几上，也可单枝制作成切花插瓶。

三色堇

SAN SE JIN

【花草名片】

◎学名：*Viola tricolor*

◎别名：蝴蝶花、猫儿脸、人面花、蝴蝶梅。

◎科属：堇菜科堇菜属，为一二年生草本植物。

◎原产地：最初产自欧洲。冰岛和波兰把它定为国花。

◎习性：喜欢冷凉气候，能忍受半荫蔽环境，比较能忍受寒冷，畏酷热和积水，一般无法结出种子。

◎花期：4~6月。

◎花色：蓝、黄、紫、白和古铜色等。

花言草语

根据神话里的说法，三色堇原来是纯白色的，由于被爱神之箭误射，花心流出鲜血与泪水，才变成了现在的“三色堇”。由于它的花有三种颜色对称地散布在五片花瓣上，组成的图样像猫的两耳、两颊及一张嘴，故而也叫做“猫儿脸”；又由于风吹过时，整个花犹如翩翩飞舞的蝴蝶，所以也叫做“蝴蝶花”。

三色堇的花语由于颜色不一样而各不相同：花瓣是红色的，其花语为“思虑、思念”；花瓣是黄色的，其花语为“忧喜参半”；花瓣是紫色的，其花语则为“沉默不语”。

监检功能

三色堇能够对二氧化硫进行监测。当受到二氧化硫侵袭的时候，它的叶片便会变为灰白色，叶脉间出现形状不固定的斑点，渐渐失绿、发黄。

选盆

栽种三色堇用普通的泥盆为好，尽量不要使用塑料花盆。

择土

可以忍受贫瘠的土壤，但适宜在土质松散、有肥力、排水通畅的沙壤土中生长。

栽培

❶ 先将花盆清洗干净，再在花盆的底部放少量土壤。

❷ 将三色堇幼苗（带着土坨）放进花盆，加入土壤。

❸ 将盆中的土壤轻轻压实，然后浇透水分，放在荫蔽、凉爽的地方。

❹ 幼苗发芽并长出叶片后，应换一次盆，盆中施肥一次，再将花盆移到朝阳的地方。

浇水

❶ 三色堇怕积水，在湿度较大、排水不畅的土壤里很难正常地生长发育，所以浇水一定要适量。

❷ 刚刚栽种后应每天给它浇水一次，连浇7~10天。

❸ 植株开花后，浇水应以“见干见湿”为原则。

❹ 春秋两季每三天下午5点左右浇水一次。

❺ 夏季植株生长旺盛，每两天上午9点浇一次水。

❻ 冬季光照弱，温度低，隔周浇水一次已足够，最好在上午10点前进行。

新手提示：当屋内干燥时，可用喷雾器直接向叶面洒水，但在花期喷水一定不要将水雾喷到花朵上。三色堇生长需要较高的硼，因此施肥时应以硼为主。

光照

三色堇对日照的要求并不高，但如果阳光不好或不充足，也会使植株的开花受到影响。

温度

三色堇怕温度过高或湿度过大，在白天温度为15~25℃、夜间温度为3~5℃的环境条件下生长较好。如果温度超过28℃，应及时改善通风条件。

施肥

栽种和养护三色堇以较稀的豆饼水做肥料最安全，每月施用一次即可。要少施用氮肥，多施用磷肥和钾肥。

病虫防治

三色堇易受蚜虫的侵扰和患灰霉病。

❶ 三色堇遭受到蚜虫的危害时，可以喷施氧化乐果乳油2 000倍液或敌敌畏水溶剂800倍液来灭除。

❷ 三色堇患上灰霉病后，茎会腐烂，生出灰褐或灰绿色霉层。发病初期应喷洒50%多菌灵可湿性粉剂600~700倍液，每7至10天喷洒一次，连续喷3~4次。

修剪

❶ 在三色堇生长期间采取摘心处理，一般在早春时便可开花。

❷ 在三色堇花朵凋谢后尽快把未落尽的花剪掉，能令植株再次开花。

繁殖

三色堇可采用播种法、扦插法及压条法进行繁殖，其中播种繁殖最常用。

摆放建议

三色堇适应性强，家庭盆栽一般适宜摆放在门厅、厨房、餐厅、客厅、书房和卧室等处。

B 百日草

BAI RI CAO

【花草名片】

◎学名：*Zinnia elegans*

◎别名：百日菊、对叶菊、火球花、步步高。

◎科属：菊科百日草属，为一年生草本植物。

◎原产地：最初产自南美洲墨西哥高原，如今世界各地都有栽培。阿拉伯联合酋长国把它定为国花。

◎习性：喜欢温暖，不能忍受寒冷，在长日照条件下舌状花会变多，畏炎热，能忍受干旱，在夏天阴雨连绵、排水不畅的环境下生长不好。

◎花期：6~10月。

◎花色：红、粉、橙、黄、绿和白等色，有时具斑纹，或花瓣基部具色斑。

监检功能

百日草能够对二氧化硫及氯气进行监测。若空气中的二氧化硫太浓，百日草便会由于缺少水分而枯萎，无法正常开花或无法开花；若百日草遭受到氯气的侵袭，其叶脉间被损伤的组织便会使叶面出现不定型的斑点或斑块，但是同正常叶组织的绿色叶面并没有清晰的分界线。

选盆

栽种百日草最好选用泥盆，避免使用瓷盆或塑料盆，因为这两种盆的透气性较差。

择土

能忍受贫瘠的土壤，但在土质松散、肥沃、排水通畅、土层深厚的土壤中长得最好。

栽培

❶ 选取优良的百日草花种，播入已置好了土壤的培植器皿中，上面覆盖一层蛭石。

❷ 5~7天后，百日草的幼苗就会长出，出苗后气温应高于15℃，否则生长不良。

❸ 当小苗长出4~5枚真叶的时候，一定要摘心，之后方可移栽入盆，随后浇透水分。

❹ 当苗高10厘米时，留两对叶摘心，促使其萌发侧枝，此后正常照料即可。

浇水

❶ 百日草能忍受干旱，怕积水，若阴雨连绵或排水不畅就会使其正常生长受到影响，所以浇水量应适量。

❷ 要以“不干不浇”为浇水原则。

❸ 夏天可每日浇一次水，但水量一定要小。

新手提示：浇水宜在上午进行，以利于叶面在夜间得以干燥。

光照

百日草喜欢光照充足的环境，可全天进行阳光直射。如果日照不足，则植株容易徒长，抵抗力也较弱，同时开花也会受影响。

温度

百日草喜欢温暖的环境，不能忍受寒冷，畏酷热。它的生长期适宜温度是15~30℃，适宜在北方栽植。

施肥

百日草能忍受贫瘠，不需要太多肥料，但在开花期内应追施肥料，主要是追施磷、钾肥，以促使花朵繁茂、花色艳丽。

病虫防治

百日草极易患褐斑病和白星病。

❶ 患上褐斑病时，百日草叶片上会出现黑褐色的小斑点，随后扩大导致整个叶片干枯。发病时用50%代森锌可湿性粉剂或代森锰锌5 000倍液喷洒。

❷ 白星病也是在叶上发病。一开始会长出暗褐色的小斑点，而后逐渐扩大，严重时叶片卷枯。发病初期，要及时摘除病叶，然后立即喷洒75%百菌清可湿性粉剂500～800倍。

新手提示：如果百日草患上褐斑病，喷药时一定要注意叶背表面喷洒均匀。

修剪

百日草的开花时间长，后期植株生长会减缓，茎叶多而乱，花朵变得较小。所以，秋天要进行1～2次摘心。

繁殖

采用播种法或扦插法都可进行繁殖，主要采用播种繁殖。

摆放建议

百日草可直接栽种在庭院里，也可以盆栽摆放在客厅、书房、阳台等光线充足的地方，其花期较长，高秆品种也可以作为切花装点居室。

花言草语

百日草的花期很长，从6月到9月，期间花朵陆续开放，并且花的颜色始终保持鲜艳。因此，百日草象征着友谊天长地久。更有意思的是，百日草开的第一朵花一定是在顶端，然后才在侧枝顶端开花，并且比第一朵开得更高，因此得名“步步高”。中南美洲是百日草的原产地，那里的人们都非常喜欢它。在里约热内卢，每年都会举行嘉年华会，那时主办单位会把大量的百里草抛向正在聚会的群众。

金鱼草

JIN YU CAO

【花草名片】

◎学名：*Antirrhinum majus*

◎别名：龙头花、龙口花、狮子花、洋彩雀。

◎科属：玄参科金鱼草属，为多年生草本植物，经常被作为一二年生草本植物栽植。

◎原产地：最初产自南欧地中海沿岸和非洲北部。

◎习性：喜欢光照充足，也能忍受半荫蔽环境。比较能忍受寒冷，怕炎热。

◎花期：4–10月。

◎花色：深红、浅红、深黄、淡黄、黄橙、肉色及白色等色。

花言草语

金鱼草是一种十分有意思的植物，其花语为"多嘴、好管闲事"。欧洲人认为此花的外形很像狮子或拳狮狗；日本神户时期的人们则认为它看上去犹如在水里扭来扭去地畅游着的金鱼，所以它具有多个名字。金鱼草的种子经过压榨，能产出像橄榄油那样好用的油来。

监检功能

金鱼草能够对氯气进行监测。若金鱼草受到氯气的侵害，其叶面会出现不定型且界线不明显的斑点或斑块。

选盆

金鱼草对花盆的要求较高，在植株生长期间应多用体型较大的泥瓦盆。

择土

栽种金鱼草最好选用土质松散、有肥力、排水通畅的弱酸性沙质土壤。

栽培

1. 选取优质的金鱼草种子，播入盛有少许土壤的培植器皿中，不要覆盖土壤，将种子轻压一下即可。
2. 播种后浇透水分，然后盖上塑料薄膜，放置半阴处。
3. 7天后，金鱼草种子即可发芽，这时切忌阳光曝晒。
4. 再过一个半月左右，即可将幼苗移栽至盆中。

新手提示：将金鱼草幼苗移栽至盆中时一定要带上土坨，以保证它的存活。

浇水

1. 金鱼草对水分的反应比较灵敏，一定要让土壤处于潮湿状态，幼苗移入盆中后一定要浇足水。
2. 但也不可积聚太多的水，否则会导致烂根，令茎叶干枯、焦黄、萎蔫。
3. 浇水必须掌握"见干见湿"的原则。
4. 除每天适量浇水外，还应隔2天喷一次水。

光照

金鱼草喜欢阳光，在光照充足的环境中，花朵颜色鲜艳；在半荫蔽的环境中，植株长得较高，花序变长，花朵颜色较浅。

温度

金鱼草比较能忍受寒冷，温度较高不利于其生长。它的生长适宜温度从9月到翌年3月是7~10℃，3–9月是13~16℃，开花的适宜温度是15~16℃。

施肥

在生长季节要供给植株足够的养分，需每隔15天施肥一次，最好是施用氮肥。

病虫防治

金鱼草易患多种病害，如茎腐病、草锈病及各种虫害。

❶ 患上茎腐病后，金鱼草的根茎部会出现淡褐色的病斑，严重时植株会枯死。发病初期应喷施40%乙磷铝可湿性粉剂200～400倍液。

❷ 金鱼草患上草锈病后，叶片、嫩茎和花萼都会受到损害。在发病初期，可喷洒15%粉锈宁可湿性粉剂2 000倍液。

❸ 如果金鱼草生了蚜虫，则可喷洒3%天然除虫菊酯或25%鱼藤精稀释800～1 000倍液。

修剪

❶ 当金鱼草植株生长到25厘米高的时候，应尽快把由基部萌生出来的侧枝去掉。

❷ 为了使开花时间延长，在花朵凋谢后应尽快把未落尽的花剪掉，以促使新花接着绽放。

新手提示：金鱼草第一次开花后，最好齐土剪去地上的部分，以便使它今后生长得更好。

繁殖

采用播种法或扦插法进行繁殖，一般选用播种法繁殖，因为它在春天或秋天都可以进行。

摆放建议

金鱼草喜光，盆栽最好放置在阳台、露台、天台、窗台等地方。另外，它也是一种优良的切花品种，可作为瓶插装点客厅、书房、卧室、餐厅等处。

彩叶草

CAI YE CAO

【花草名片】

◎学名：*Coleus blumei*

◎别名：五色草、叶紫苏、洋紫苏、老来少（俏）。

◎科属：唇形科紫苏属，为多年生草本植物。

◎原产地：最初产自印度尼西亚的爪哇岛。如今世界各个国家都广为栽植。

◎习性：喜欢温暖、潮湿、光照充足的环境，盛夏时怕强光直射曝晒，夏天温度较高时要略遮蔽阳光。不能忍受寒冷，要采取保护措施方可以顺利过冬。

◎花期：8–9月。

◎花色：淡蓝、淡紫、蓝白等色。

花言草语

彩叶草可以入药，具有解毒散寒、行气和胃的功能，主治风寒感冒、咳嗽、胸腹胀满、恶心呕吐等症。它的种子还有镇咳平喘、祛痰的功能。此外，用彩叶草的种子榨取的苏子油，长期食用，对冠心病及高血脂皆有明显疗效。但百叶草不可贸然服用，否则会引起肠胃不适，严重时会加重病情。

监检功能

彩叶草能够对二氧化硫进行监测。若空气中的二氧化硫太浓，彩叶草便会因失水枯萎而不能正常开花或无法开花。

选盆

栽种时，盆的大小应与花苗相称，不可过早用大盆，以普通的泥盆为好。

择土

栽种彩叶草适宜选用有肥力、土质松散、排水通畅的沙质土壤。

栽培

❶ 将充分腐熟的腐殖土和沙土各半掺匀，置入苗盆，再将苗盆放入水中浸透。

❷ 将彩叶草的种子播入苗盆中，微覆薄土，用玻璃板或塑料薄膜覆盖在上面，并保持盆土湿润。

❸ 大约10天后，种子即会发芽，这时要勤浇水。

❹ 再过约2周的时间，幼苗长出2片叶后即可移栽进泥盆中。

新手提示：种子发芽时，要保证室内温度在20℃以上，这样生长得更快。

浇水

❶ 彩叶草喜欢潮湿，但土壤过湿则容易造成植株疯长，影响株形美观，因此浇水要适量。

❷ 刚刚播种后要及时浇透水。幼苗长出真叶后水分不宜过多，土壤湿润即可。

❸ 夏天水分耗费得多，每日需浇2次水，并要时常朝叶面淋水，以保持适宜的空气湿度。

❹ 冬季浇水2～3日一次即可，保证干湿相宜。

光照

彩叶草喜欢光照充足，可是怕强光直射以及久晒，在炎夏阳光强烈的时候要注意遮阳。

温度

彩叶草喜欢温暖，不能忍受寒冷，其生长的适宜温度是20~25℃，冬天如果温度在5℃以下则容易受冻害。

施肥

彩叶草嗜肥，日常要多施用磷肥，以使叶面颜色艳丽；不要施用太多氮肥，不然叶面颜色会变浅变暗。

新手提示：进入秋天后，彩叶草的生长会变快，应经常施用薄肥。在施肥的时候，应该把握“多次少施”的原则。

病虫防治

彩叶草易患叶斑病和遭受虫害的侵扰。

❶ 彩叶草患上叶斑病时，可以喷施50%托布津可湿性粉剂500倍液进行防治。

❷ 当彩叶草遭受介壳虫、红蜘蛛及白粉虱等的侵害时，使用40%氧化乐果乳油1 000倍液喷雾，即可有效防治。

修剪

❶ 当彩叶草幼苗生出4～6枚叶片时，要多次进行摘心处理，以促其萌生新枝。

❷ 如果植株长得太高，要对其进行截顶，以促进基部萌生新枝。

❸ 对于长势过强的植株应采取摘心措施，以使株形美观。

❹ 对于不用留存种子的植株，应尽快把花穗摘掉，以益于植株吸收及利用营养成分。

❺ 为了不让老株的观赏价值受影响，可以利用修枝、摘心等措施促进其萌生新枝。

繁殖

彩叶草可采用播种法或扦插法进行繁殖。

摆放建议

彩叶草色彩绚丽、株形美观，其中小型盆栽适合摆放在窗台、案几上欣赏。

X向日葵
XIANG RI KUI

【花草名片】

◎学名：*Helianthus annuus*

◎别名：转日莲、日头花、朝阳花。

◎科属：菊科向日葵属，为一年生草本植物。

◎原产地：最初产自北美洲。俄罗斯则把它定为国花。

◎习性：喜欢温暖、光照充足的生长环境，能忍受干旱和酷热，具有较强的适应性，有一些耐寒能力。

◎花期：7–9月。

◎花色：黄色。

花言草语

关于向日葵，历来有一个哀伤而美丽的希腊神话故事。

克吕提厄是古希腊的海洋女神，曾经是太阳神赫利俄斯的恋人，但赫利俄斯之后又与波斯公主琉科托厄相爱了。克吕提厄非常嫉妒，于是向波斯王俄耳卡摩斯揭发了琉科托厄和赫利俄斯的关系。俄耳卡摩斯便下达命令将琉科托厄活埋了。赫利俄斯得知后，从此便不再同克吕提厄交往。然而克吕提厄依然深深迷恋着他，连续好多天都不进食，每日注目远望着赫利俄斯驾着太阳车从东方升起又从西方落下，越来越消瘦，却始终得不到他的爱。因此，诸神便把她变为一棵向日葵，以便使她能够一生跟随太阳神。

监检功能

向日葵能够对二氧化硫、氨气及氯气进行监测。当向日葵受到二氧化硫侵袭时，其花朵会枯萎、皱缩；当它遭到氨气的急性侵害时，叶组织会被完全破坏，叶脉间出现褐黑色的斑点或斑块；当它遭到氯气的急性侵害时，叶面会出现无明显分界线的斑点或斑块。

选盆

栽种向日葵宜选用体型大一些的泥盆。

择土

向日葵喜欢土质松散、有肥力的土壤。

新手提示：盆栽时的土壤最好选用由培养土、腐叶土及粗沙配制而成的混合土。

栽培

1. 向日葵体型较大，因此盆栽时以选择矮性品种，也就是观赏类型的为好。
2. 在花盆中置入细沙土，土底部放些有机肥料。
3. 在细沙土中间挖一个小坑，深3～4厘米。
4. 将向日葵的种子播入花盆内，覆土，轻轻用手压实，放置于光照充足处，浇透水。
5. 此后每天都需浇水，直至长出幼苗后，即可正常护理。

浇水

1. 向日葵喜欢阳光，新陈代谢迅速，所以需水量较大。在幼苗阶段，应为其提供足够的水分。
2. 春天不用浇太多水，每3日浇一次即可。
3. 夏初温度较高、水分蒸发得较多时，则要对植株增加浇水量，但盆土也不宜太湿，不然基部叶片易变黄。

新手提示：浇完水后要尽快为其翻松土壤，可避免形成板结层，对防止水分蒸发及土壤返碱都很有益。

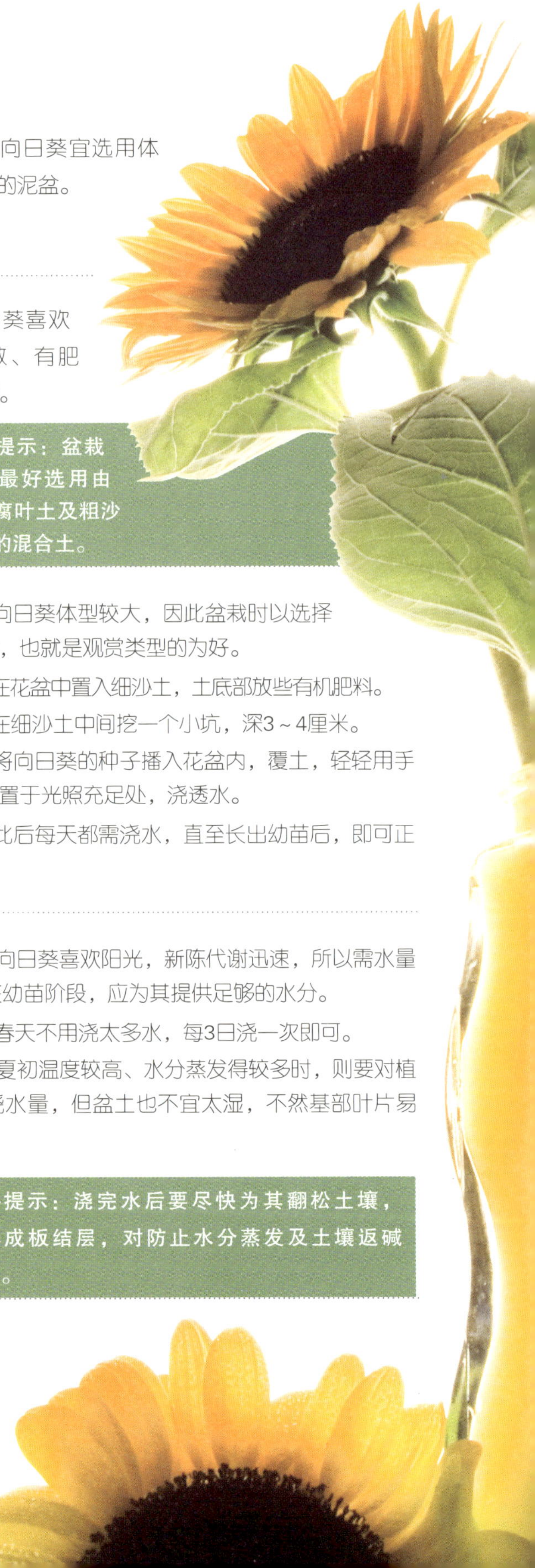

光照

向日葵对光照的要求比较严格，在播种之初及生长期内皆要为其提供足够的光照。

温度

向日葵对温度的要求不甚严格，生长适宜温度是15~30℃，然而在夏天长得比较快。

施肥

向日葵长得较快，需肥量较大，仅施用底肥及种肥不能满足花蕾萌生后植株对营养的需求，所以要在合适的时间对其追施肥料。

新手提示：在播种之初可以少施用肥料，以防止花头太大、茎干太粗。

病虫防治

向日葵易患白粉病，会伤害叶片，可以喷洒波尔多液预防，在发病初期可用50%托布津可湿性粉剂500倍液进行喷洒。

修剪

❶ 有些向日葵品种具有分枝的特性，为了防止由于分枝多而导致养分耗费，促使主茎花盘变大、颗粒丰满，要尽早把枝杈除掉。

❷ 从现蕾期至开花期，要接连进行2～3次打杈，直到把所有分枝及侧枝除干净。

繁殖

向日葵采用播种法进行繁殖。播种时间通常在3月下旬到4月中旬，时间越早越好，直接播种或育苗移植都可以。

摆放建议

向日葵一般栽在庭院里，小型向日葵可盆栽摆放在阳台、客厅、天台等阳光充足的地方，也可以制作成瓶插摆放在餐桌、书架、案几上。

香豌豆

XIANG WAN DOU

【花草名片】

◎学名：*Lathyrus odoratus*

◎别名：小豌豆、花豌豆、豌豆花、香豆花。

◎科属：豆科香豌豆属，为一二年生攀缘性草本植物。

◎原产地：最初产自意大利。

◎习性：喜欢冬季温暖、夏季凉爽的气候，以及光照充足、空气潮湿的环境。喜欢干燥，不能忍受水湿，略耐荫蔽，然而太荫蔽或荫蔽时间过长容易令植株生长不好，最怕干热风及阴雨不断。

◎花期：依照开花时间的不同，通常可以分成三个类别，即夏花、冬花和春花。

◎花色：红、粉、紫、黑紫、黄、褐和白等色，也有带斑点、斑纹或镶边等复色。

花言草语

香豌豆花香馥郁，但它的种子却是有毒的，植株体也有毒。如果有小动物不慎吞食的话，不一会儿就会发狂起来，因为这种毒素会使它们的神经系统处于亢奋状态。人误食后会出现一系列脊髓功能障碍，一开始两腿无力，腰痛逐渐加重，举步难行，行走时足向内翻或贴地不易抬起，以致痉挛性瘫痪；同时还可能出现小便失禁、阳痿等症状。千万不可将其与豌豆混为一谈。

监检功能

香豌豆能够对氯气进行监测。当受到氯气侵袭时，它的叶脉间被损伤的组织便会使叶面出现不定形的斑点或斑块，但同正常的绿色叶面并没有清晰的分界线。

选盆

香豌豆对盆的要求不高，即使是用塑料盆栽种也能存活。

择土

香豌豆喜欢土质松散、有肥力、土层厚、排水通畅的沙质土壤，土壤的酸碱度最好在6.5～7.5之间。

新手提示：家庭栽种香豌豆可选用腐叶土、泥炭、河沙及一定量的有机肥配制而成的土壤。

栽培

1 香豌豆的种子有硬粒，因此要在播种前用温水浸润约20个小时。

2 然后将种子播入盆中，每盆播入种子2～3粒，然后放在温度约为20℃的房间内。

3 种子发芽后，可将花盆移到朝阳的地方养护。

浇水

1 香豌豆喜欢干燥，不能忍受水湿，怕水涝，通常每2～3天浇一次水就可以。

2 浇水时要以“见干见湿”为浇水原则。

新手提示：要保持香豌豆的通风性良好，防止盆土过于潮湿，植株疯长。

光照

香豌豆喜欢阳光照射，因此最好把盆花放在窗户前，并加强通风，以防植株疯长或花蕾凋落。

温度

香豌豆喜欢冬季温暖、夏季凉爽的环境，能忍受－5℃的低温。北方栽植时要移入室内过冬，温度在5℃以下会令植株生长不好。它萌芽的适宜温度是20℃，生长的适宜温度约为15℃。开花期室内温度要控制在15~20℃，对花梗长粗及开花都有利。

新手提示：如果温度太高，会导致植株尚未发育好便开始现蕾，不利于植株的生长。

施肥

土质松散且有肥力的土壤，由幼苗期到开花之前，需每隔10～15天施用稀薄液肥一次。在幼苗期需适当多施用一些氮肥，在成株之后，则需适当多施用一些磷肥和钾肥。在植株的花蕾形成之初，要追施0.5%过磷酸钙或0.2%磷酸二氢钾1～2次。

病虫防治

香豌豆易患病毒病。患上病毒病时，叶片会出现浅绿与绿相间或鲜黄与淡绿相间的斑点，并逐渐皱缩。该病毒主要通过蚜虫传播，所以要及时施用杀虫剂防治蚜虫。

修剪

1. 当小苗长高到12厘米时就需采取摘心处理，以促其萌生新枝。
2. 当主蔓长到约20厘米时要马上进行摘心，以促使侧蔓生长，令植株多开花，另外还需搭设支架供茎蔓朝上攀缘。
3. 在开花期内，为确保花朵开放的数量，要及时把凋落了的花朵摘掉，以使开花时间变长。

繁殖

香豌豆采用播种法进行繁殖。春天和秋天都能进行播种。

摆放建议

香豌豆花型独特，可盆栽摆放在客厅、书房、门厅，也可在春夏将其移植到户外用于垂直绿化。香豌豆枝条细长柔软，还可作为切花制作成花篮装点居室。

美人蕉

MEI REN JIAO

【花草名片】

◎学名：*Canna indica*

◎别名：红艳蕉、小芭蕉、兰蕉、昙华。

◎科属：美人蕉科美人蕉属，为多年生宿根草本植物。

◎原产地：最初产自中国的南部，印度和南美等地区，如今各个国家的园林里都广泛栽植。

◎习性：喜欢温暖、光照充足的环境，畏较强的风力吹袭，不能忍受寒冷。

◎花期：6–10月。

◎花色：大红、紫红、鲜红、鲜红镶金边、粉红、橙黄及乳白等色，或具橘红色斑点等。

监检功能

美人蕉能够对二氧化硫及氯气进行监测。当美人蕉受到二氧化硫及氯气侵害的时候，其叶片便会褪绿变为白色，并落花、落果。美人蕉不仅有监测作用，还对空气中的氟化物、氯气和二氧化硫等有毒气体有吸收功能，其中黄花美人蕉净化空气的能力最强。

选盆

栽种美人蕉宜选用透气性良好、体型较大的泥盆或木桶。

择土

美人蕉喜欢土层厚、有肥力的土壤，盆栽时需选用土质松散、排水通畅的沙质土壤。

栽培

1. 截取一段美人蕉的根茎，根茎上必须保留2～3个芽。
2. 将土壤置入花盆中，再将美人蕉的根茎插入土壤，深度为8～10厘米，栽好后浇透水分。
3. 当美人蕉的叶子伸展到30～40厘米后，需进行一次平茬（即将茎秆全部截剪，不留任何枝叶）。
4. 平茬后每周施2次稀薄的有机肥液肥，并保持土壤湿润，大约30天后就会开出花朵。

浇水

1. 美人蕉可以忍受短时间的积水，然而怕水分太多，若水分太多易导致根茎腐坏。
2. 美人蕉刚刚栽种时要勤浇水，每天浇一次，但水量不宜过多。
3. 干旱时，应多向枝叶喷水，以增加湿度。

花言草语

根据佛教的说法，美人蕉是从佛祖脚趾上淌出的血变的，“昙华”之名就是从这里得来的。在炎热的天气里，花大色艳的美人蕉依然在太阳的照射下尽情绽放，使人见之便可感受到其坚强的品质与蓬勃的生机。唐朝诗人徐凝的《红蕉》一诗把美人蕉描绘得十分生动，“红蕉曾到岭南看，校小芭蕉几一般。差是斜刀剪红绢，卷来开去叶中安。”清朝诗人庄大中也称赞美人蕉，“照眼花明小院幽，最宜红上美人头。无情有态缘何事，也倚新妆弄晚秋。”

光照

美人蕉喜欢光照充足的环境，并能长时间忍受烈日照晒，因此要多让其接受日光照射。

温度

美人蕉喜欢较高的温度，生长适温是15~28℃，如果温度在10℃以下则对其生长不利。

新手提示：北方栽植时应在秋天霜冻之前尽早把植株搬到房间内料理过冬。

施肥

栽植前应在土壤中施入充足的底肥，生长期内应经常对植株追施肥料。当植株长出3～4枚叶片后，应每隔10天追施液肥一次，直到开花。

新手提示：若是肥料不足或缺乏磷肥，则植株瘦弱，只长茎叶，开花少或不开花。

病虫防治

美人蕉的病虫害很少，但较易患卷叶虫害和黑斑病。

1. 每年的5–8月是卷叶虫害的高发期，可喷洒50%敌敌畏800倍液或50%杀螟松乳油1 000倍液防治。
2. 当美人蕉患上黑斑病时，叶片会生有大枯斑。故在发病初期应剪除病叶并烧毁，同时喷洒75%百菌清可湿性粉剂，每周一次，连续喷洒2～3次即可。

修剪

1. 开花之后要尽早把未落尽的花剪除，以降低营养的耗费量，促进植株继续萌生新花枝。
2. 北方各地霜降后，美人蕉如果遭受霜冻，露出部分会全部枯黄，此时应将地上部分剪掉，挖出根茎，稍稍晾晒后放在屋内用沙土埋藏，第二年春天重新栽植。

繁殖

美人蕉可采用播种法或分株法进行繁殖。

摆放建议

美人蕉可以直接栽种在庭院里欣赏，也可以用木桶或大型花盆栽种，摆放在客厅、阳台、天台、走廊等处。

H 合欢花
E HUAN HUA

【花草名片】

◎学名：*Albizzia julibrissin*

◎别名：夜合花、绒花树、合昏、马缨花。

◎科属：豆科合欢属，为落叶乔木。

◎原产地：最初产自亚洲和非洲。

◎习性：喜欢阳光，能忍受干旱，不能忍受荫蔽和多湿，有一定的耐寒性。

◎花期：6-8月。

◎花色：淡红色。

监检功能

合欢花能够对二氧化硫、二氧化氮及氯化氢等进行监测。它对以上这些有害气体有着比较强的抵抗能力，也有一定的净化作用，是兼具绿化与监测两种功效的非常好的树种。

选盆

栽种合欢花时宜选用泥盆，也可用瓷盆，但一定不能使用塑料盆。

择土

合欢花对土壤没有严格的要求，能在贫瘠的土壤中生长，但以在有肥力且排水通畅的土壤中生长为宜。

栽培

1. 选好合欢花的种子，最好在9-10月间采种，采种时要挑选子粒饱满、无病虫害的荚果。
2. 选好种后需将其晾晒脱粒，收藏于干燥通风处，以防止种子发霉。
3. 播种前先用60℃的水浸泡合欢花的种子，第二天更换一次水，第三天从水中取出种子。
4. 种子取出后要与水沙等量的湿沙混合，然后堆放在温暖避风处，再覆上稻草、报纸等以保持湿度，促使它长出幼苗。
5. 5～8天后，合欢花芽就会长出，这时要浇透水分。
6. 幼苗出土后需逐步揭除覆盖物，当第一片真叶抽出后，则将覆盖物全部揭去，以保证其正常生长。

花言草语

合欢花具有宁神作用，同时具有养心、开胃、理气、解郁的功能，中医上主治神经衰弱、失眠健忘、胸闷不舒等症。对于合欢花的功效，后人有歌曰“欢花甘平心肺脾，强心解郁安神宜。虚烦失眠健忘肿，精神郁闷劳损极。”

需要注意的是，澳大利亚的国花金合欢并不是此处提到的合欢花。在澳大利亚，居民的庭院不是用墙围起来的，而是用金合欢作刺篱，种在房子的四周。每年的9月，在这个国家可随处看到盛开着的金黄色的金合欢花。

浇水

❶ 合欢花能忍受干旱，不能忍受潮湿，除了在栽种之后要增加浇水次数并浇透一次之外，以后皆可少浇水。

❷ 给合欢花浇水应以“不干不浇”为原则。

新手提示：夏季天热，水分蒸发量大时，可多给合欢花浇水，每天上午浇一次，但水量不宜多。

光照

合欢喜欢光照，不能忍受荫蔽，因此应放置在阳光充足的地方。

温度

合欢花耐旱，也具有一定的耐寒性，刚刚栽种时适宜的温度为20~30℃，生长期适温13~18℃，冬季能耐零下10℃的低温，但不能忍受长期的低温。

新手提示：尽管合欢花比较耐寒，但冬季室温不宜低于4℃，且适当减少浇水，否则会影响植株生长。

施肥

定植之后要定期施用肥料，以春天和秋天分别施用一次有机肥为宜，这样可以提高其抵抗病害的能力。

病虫防治

合欢花主要易患溃疡病和虫害。

❶ 合欢花患上溃疡病时，可用50%退菌特可湿性粉剂800倍液喷洒。

❷ 感染了天牛，用煤油1千克加80%敌敌畏乳油50克灭杀。

修剪

❶ 合欢幼苗的主干经常由于分枝太低而歪斜，为了令主干挺拔，需及时修剪侧枝。

❷ 每年冬季末要剪掉纤弱枝和病虫枝，修剪侧枝。

繁殖

合欢花采用播种法繁殖。通常于10月采收种子，到翌年3-4月再播种。

摆放建议

合欢花可盆栽也可地栽，适合摆放在阳台、客厅等光线充足的地方，也可以制作成瓶插摆放在书房、门厅等处。

Z紫花苜蓿
ZI HUA MU XU

【花草名片】

◎学名：*Medicago sativa*

◎别名：紫苜蓿、苜蓿。

◎科属：豆科苜蓿属，为多年生草本植物。

◎原产地：最初产自小亚细亚、伊朗和外高加索地区。如今世界各个地区都广泛栽植。

◎习性：喜欢温暖、晴天多、雨水少的半干旱气候，具有较强的忍受寒冷的能力。

◎花期：5-6月。

◎花色：紫色。

花言草语

苜蓿，也称做幸运草，通常仅有三枚叶片，四枚叶片的十分少见。有人说，它是亚当和夏娃从伊甸园带至人间的礼物，然而也有人说它的名字源于拿破仑。一次，拿破仑率领军队经过一片草原，见到一棵四叶草，觉得非常特别，当他弯下身子采下时，正好避开朝他射来的子弹而躲过劫难，从那以后长有四枚叶片的三叶草就被视为幸运的象征。

四叶的三叶草上的每枚叶片，分别代表着名誉、财富、爱情及健康四种不一样的含义。有人说，能够寻找到有四枚叶片的苜蓿的人，便能够获得幸运和幸福。

监检功能

紫花苜蓿能够对二氧化硫进行监测。当紫花苜蓿遭受二氧化硫侵袭的时候，其叶脉间便会呈现出点状或块状的黄褐斑或黄白色斑，但叶脉依然是绿色的。

选盆

栽种紫花苜蓿最好选用泥盆，不宜用瓷盆。

择土

紫花苜蓿适宜生活在排水通畅、富含钙质的中性至弱碱性土壤里，不适应强酸、强碱性土壤。

栽培

1. 紫花苜蓿的种子硬度较高，因此在播种前应将它用50~60℃的温水浸泡15分钟到1小时。
2. 将种子植入装有土壤的花盆中，轻轻压实，浇足水分。
3. 紫花苜蓿苗期生长缓慢，要1 ~ 2个月，需耐心照料，勤浇水，等待幼苗长出。

新手提示：紫花苜蓿的生命力非常强，是最适合新手栽种的花卉之一，只要精心照料就能长期存活。

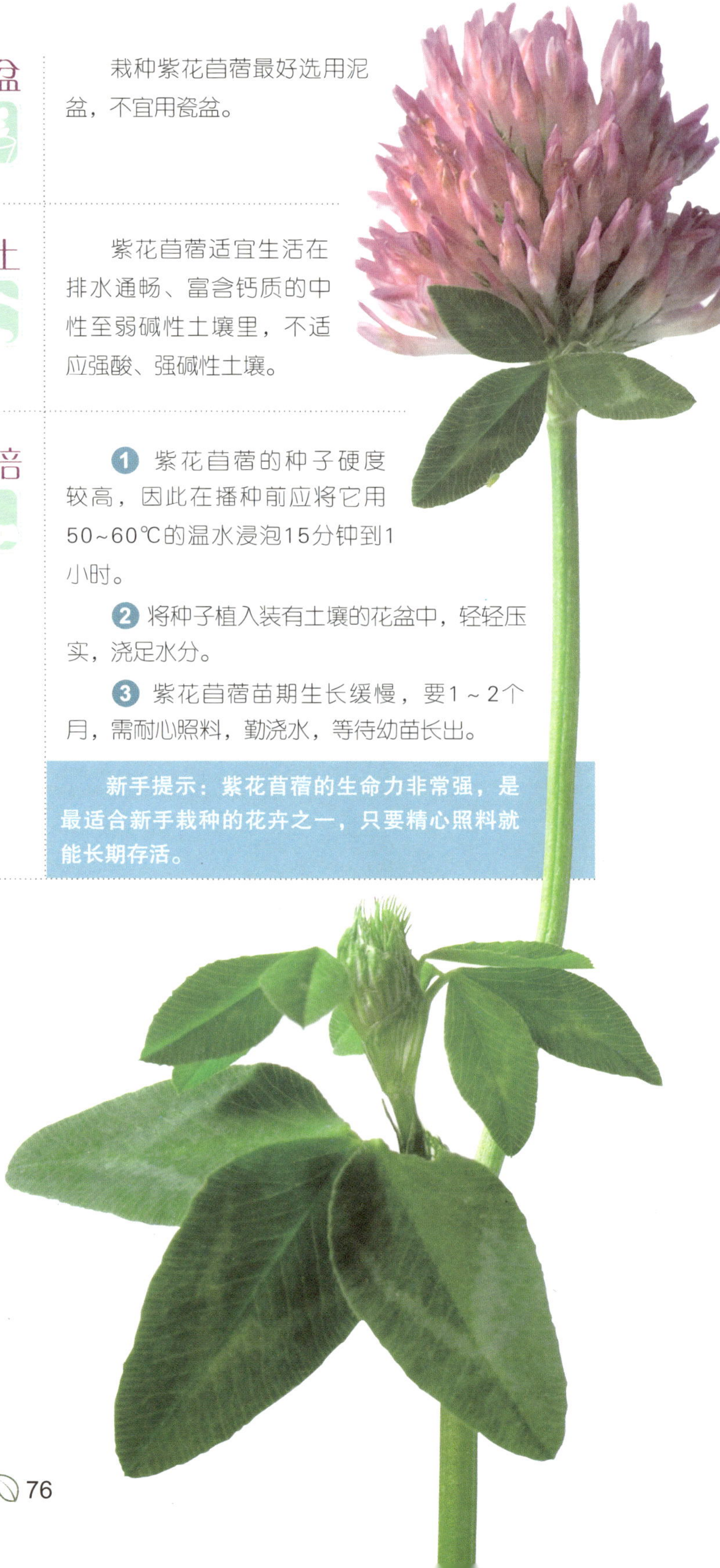

浇水

❶ 紫花苜蓿的根系较为发达，会耗费大量水分，因此需勤浇水。

❷ 夏季炎热，浇水应频繁，每天至少1～2次。

❸ 冬季应减少浇水次数，每日一次或隔日浇一次水即可。

❹ 紫花苜蓿非常怕水涝，在生长季节被水淹24～28小时便会死亡。因此，浇水量和浇水次数一定要合适，不能太多或太频繁。

新手提示：给紫花苜蓿浇水时也要注意水量，以“见干见湿”为原则。

光照

紫花苜蓿属于长日照植物，因此应放在阳光充足的地方。

温度

紫花苜蓿喜欢温暖的环境，比较能忍受寒冷。它生长的最适宜温度是20~25℃，较高的温度会抑制其生长发育。

施肥

紫花苜蓿具根瘤，可给根部供应氮素营养，所以普通地力条件下不主张施用氮肥。由于在生长期间其茎叶需要很多的钾，为了保证其正常生长，可以施用适量的钾肥和磷肥。

病虫防治

紫花苜蓿的病害主要有苜蓿锈病、褐斑病、霜霉病、白粉病及苜蓿叶象虫害等。

❶ 紫花苜蓿患锈病后，叶片就会失绿、萎缩且提早凋落，此时可以喷施15%粉锈宁1 000倍液。

❷ 在患褐斑病后，发病之初可喷施75%百菌清可湿性粉剂600倍液。

❸ 在患霜霉病后，可喷施58%甲霜灵锰锌可湿性粉剂500倍液或70%乙磷铝锰锌可湿性粉剂500倍液进行防治。

❹ 在患白粉病后，发病之初可每隔7～10天喷施一次25%阿米西达可湿性粉剂2 000～4 000倍液，连续喷施2～3次即可有效防治。

❺ 紫花苜蓿生有苜蓿叶象虫时，可喷施50%二嗪和80%西维因可湿性粉剂。

繁殖

采用播种法进行繁殖，北方地区通常于秋季播种。

摆放建议

紫花苜蓿有“牧草之王”的美誉，是世界上分布最广的栽培牧草。一般家养观赏类紫花苜蓿可用阔口盆栽种，适合摆放在窗台、阳台等光照充足的地方。

Y 榆叶梅

U YE MEI

花言草语

榆叶梅是我国北方春季园林中观花灌木的主角之一，具有很强的抗盐碱能力。在北京园林中，榆叶梅被大量种植，用来体现春光明媚、花团锦簇、欣欣向荣的美好景象。园艺工作者经常将榆叶梅同柳树间植或配植山石间，或同苍松翠柏丛植，或同连翘配植，景观非常美丽，现在已被人们广泛用于盆栽或作切花。

【花草名片】

◎**学名**：*Prunus triloba*

◎**别名**：榆梅、小桃红、榆叶鸾枝。

◎**科属**：蔷薇科桃属，为落叶灌木或乔木。

◎**原产地**：中国。

◎**习性**：喜光，耐寒、耐旱，对弱碱性土也能适应，不耐水涝，有较强的抗病力。

◎**花期**：3–4月。

◎**花色**：粉色、浅紫红色。

监检功能

榆叶梅对氟化氢具有很高的敏感度，当植株吸进氟化氢后，会在叶片尖端和边缘积累，积累到一定浓度时，叶肉细胞便会产生质壁分离而死亡，因此会在叶尖和叶缘产生伤斑。其伤斑呈环带分布，逐渐向内扩展，一般为暗红色，严重时叶片枯萎脱落。

选盆

盆栽榆叶梅时宜选用体型偏大的泥盆或紫砂陶盆，避免使用瓷盆或塑料盆，因为这两种盆的透气性较差。

择土

榆叶梅对土壤的要求不高，以中性至弱碱性、肥沃的土壤为佳。

新手提示：盆栽时宜用3份菜园土和1份炉渣调配，或用4份园土、1份中粗河沙和2份锯末调配，也可用水稻土、塘泥、腐叶土中的一种作培养土。

栽培

❶ 选取质地较好的榆叶梅幼枝，剪为长约20厘米的小段。

❷ 先在盆底放入2～3厘米厚的粗粒土作为滤水层，然后在盆中放置2/3的土壤，松软度要适中。

❸ 把榆叶梅幼枝斜向插进土里，深度为10～15厘米即可，并让上面露出土壤表面一点儿。

❹ 最后再埋土并压结实，然后浇足水分。

❺ 约20天左右，榆叶梅枝条便能长出新根。

浇水

❶ 榆叶梅不耐水涝，因此平时不用浇水。

❷ 每年春季干燥时要浇2～3次水，其他季节可不浇水。

❸ 刚刚栽种后，需浇透一次水，此后便无需再浇水。

新手提示：雨季时，如果盆栽放在室外，应注意及时排涝或将其移至室内。

光照

榆叶梅喜光，因此适宜放于阳光充足的地方。但光照越强，榆叶梅体内的温度就越高，植株的蒸腾作用越旺盛，消耗的水分越多，这样不利于它的成活和生长，因此阳光强烈时要适当遮光。

温度

适宜榆叶梅生长和存活的温度为20~25℃。低于20℃时很难生根；高于30℃时易受到病菌侵染而腐烂，而且温度越高，腐烂的比例越大。

新手提示：榆叶梅在温度低于10℃时会停止生长，不能安全度过霜冻，冬季需将花盆移至室内。

施肥

每年的5月份或6月份可施追肥1～2次，以促使植株分化花芽。肥料可以用氮、磷、钾复合肥，如果同时施用一些腐熟发酵的厩肥则效果更好。

新手提示：需要注意的是，施肥时应宜浅不宜深，施肥后需及时浇水。

病虫防治

榆叶梅易患黑斑病，叶片会出现圆形斑，上面着生黑褐色霉状物。可喷洒50％多菌灵可湿性粉剂600倍液或80%代森锰锌可湿性粉剂500～700倍液。

修剪

❶ 榆叶梅生长很快，需注意修剪过密的枝条。

❷ 在花谢后可以对枝条进行适度短剪，每根健壮的枝条上留3～4个芽即可。

❸ 夏天应再修剪一次，并进行摘心，促使花芽萌发。

新手提示：修剪后可施一次液肥。

繁殖

榆叶梅可采用分株、嫁接、压条、扦插、播种等方法进行繁殖。其中采用分株及嫁接方法繁殖为多。

摆放建议

榆叶梅喜光，因此适宜放在阳台、庭院和室内靠窗户的地方。

PART 4

Flowers & Plants

83种有效净化空气的健康花草

一部分绿色植物，由于其自身的特点而能够使房间里的空气变得洁净、清新。在房间里栽植或摆设几种这样的花草，能够很好地将房间里的有毒气体吸收掉，不但净化房间里的空气，还能提高房间里的负离子浓度，非常有益于人们的身心健康。

吊兰 DIAO LAN

【花草名片】

◎ 学名：*Chlorophytum comosum*

◎ 别名：垂盆草、挂兰、钓兰、折鹤兰。

◎ 科属：百合科吊兰属，为多年生常绿宿根草本植物。

◎ 原产地：最初产自热带及亚热带区域，主要生长于南非，如今世界各个地区都广泛栽植。

◎ 习性：喜欢温暖、潮湿和半荫蔽的环境，怕强烈的阳光直接照射，通常适合在中等光线环境中生长，也能忍受较弱的光线。具有较强的适应能力，比较能忍受干旱，忍受寒冷的能力不太强。

◎ 花期：开花时间在春夏之际，冬天在房间里养护时也能开花。

◎ 花色：白色。

花言草语

吊兰是一种非常优良的悬垂观叶植物。它淡雅秀丽，叶片纤长柔韧，由叶腋抽出的匍匐茎上生有小植株，从花盆边沿朝下伸展弯垂，刚柔相济，其形犹如振翅欢跳的仙鹤，所以也叫做"折鹤兰"。吊兰经常被作为盆栽悬吊欣赏，或悬吊在房间外面的门廊下、窗户前，或摆放在门厅、高架上面，也能用来装饰山石、崖壁等，因而又被称为"空中花卉"。

关于吊兰，还有一个有意思的小故事。很早以前的一次科举考试，主考官特别希望他的干儿子能考中状元，所以当他发现一位林姓的考生写得一手好文章后，便决定窜改他的卷子。正在此时，皇帝驾临。他只好将卷子藏到案头上的兰花中。谁知皇帝走进来后，那盆兰花的茎和叶都自动向四周弯垂，露出了那份卷子。事情真相也随之被皇帝知晓，皇帝不仅免了主考官的职，还将那盆兰花"赐"给了他。此后，这种兰花的茎叶就再也没有直起来过，因此被称为吊兰，而它的花语"无奈但又给人希望"也正是来源于这个故事。

净化功能

吊兰能够将甲醛、一氧化碳、二氧化碳、过氧化氮、氧化亚氮及尼古丁吸收掉，将苯分解掉。吊兰吸收有毒气体的能力非常强，在面积为8～10平方米的房间里，一盆吊兰能够在24小时之内将房间里80%的有害物质消除掉，其效用接近于一个空气净化器。它能吸收86%的甲醛，能很好地吸收二氧化碳，能彻底将火炉、电器、塑料制品及涂料等释放出来的一氧化碳与过氧化氮等气体吸收掉，能将香烟里的尼古丁吸收掉，还可以把复印机、打印机等释放出的苯分解掉。所以，吊兰被叫做"绿色净化器"，可以说是"室内空气净化高手"。

选盆

种植吊兰时宜选用中等大小的泥瓦盆，最好不要用紫砂盆，因为它的透水、透气性较泥瓦盆差，容易烂根，影响开花。

新手提示：为求茎叶茂盛，在每年的3月份应给吊兰换土、换盆一次。

择土

吊兰对土壤没有严格的要求，但适宜在排水通畅、土质松散、有肥力的沙质土壤中生长。

新手提示：盆栽时的培养土常用腐叶土或泥炭土、园土及河沙等量混合，并加入较少量的底肥来配制。

栽培

❶ 在花盆底部放入一些瓦片或碎盆片，用于盆底垫孔并利于排水通气。

❷ 将适量的土壤放入盆中，放到花盆的1/3处。

❸ 放入吊兰的幼苗，扶正，然后再放入适量土壤，到花盆的2/3处。

❹ 将土壤轻轻压实，浇透水即可。

新手提示：吊兰放置的高度以不碰头为宜，并要放在通风处。

光照

若将吊兰摆放在光线太强烈或不充足处，其叶片易变为浅绿色或黄绿色，没有生机，丧失原有的观赏性，或干枯而死；若太阳直接照射，气候干旱，最容易造成吊兰干枯，因此应把其摆放在阴凉且通风良好的地方，并注意维持一定的环境湿度。

浇水

❶ 吊兰喜欢潮湿的环境，其肉质和储藏水分的组织较发达，抗旱性较强，然而在3–9月植株生长旺盛时需要较多水分，要时常浇水、喷水。

❷ 浇水应掌握“夏秋不可干，冬春不可湿”的原则。

❸ 一般夏秋季每天可早晚浇水或喷水1～2次。

❹ 冬春季4～5天浇水一次即可。

新手提示：需留心的是，不可让盆内积聚太多的水，否则会造成植株根系腐烂，或患根腐病等。

温度

吊兰喜欢温暖、半荫蔽的环境，其生长的适宜温度是15～25℃，冬天在温度不低于5℃时便可顺利过冬。

施肥

在植株生长的旺盛期，要每月施用两次稀释的液肥，主要是施用氮肥，但在施肥时需防止肥液污损叶片。

病虫防治

吊兰的病虫害防治宜掌握“防重于治”的原则。在雨季高温时，吊兰易患白绢病，可用波尔多液或托布津预防。当吊兰生有介壳虫时，可用乐果等药剂进行灭杀。

修剪

要尽早除去干枯萎蔫的叶片，对枝叶进行修剪，以使枝叶生长得均匀、美观。

繁殖

吊兰采用分株法进行繁殖。除了冬天温度太低时不适合分株外，别的季节都能进行，一般结合春天更换花盆时进行。

摆放建议

吊兰枝叶低垂，占地面积小，是一种常见的家居花草，盆栽吊兰可悬吊在窗台、阳台一角，也可以摆放在门厅、卧室、客厅、书房、厨房、餐厅来净化空气。

芦荟

LU HUI

【花草名片】

◎ 学名：*Aloe vera var.chinensis*

◎ 别名：狼牙掌、龙角、象鼻草、油葱。

◎ 科属：百合科芦荟属，为多年生肉质多浆草本植物。

◎ 原产地：最初产自印度干旱的热带地区和非洲南部、地中海一带，我国云南的元江地区也有野生芦荟分布。如今世界各地区都有栽植。

◎ 习性：喜欢光照充足、温暖、半干旱的环境，也能忍受半阴蔽、干旱，但不能忍受寒冷。喜欢土质松散、排水通畅的沙质土壤，耐盐碱。

◎ 花期：2–4月。

◎ 花色：橙黄色、橙红色，有的呈紫色或带有斑点。

花言草语

在很久以前的古埃及时期，芦荟的药用效果就已经被人们接受和承认，它还被称为“神秘的植物”。现在，有关芦荟的年代最久远的记录，是公元前1 550年的古代埃及的医学书《艾帕努斯·巴皮努斯》，里面记录了芦荟对腹泻及眼病的医治效果。可见，早在3 500多年前，芦荟便已经被视为药用植物了。

净化功能

芦荟能够吸收甲醛、二氧化碳、乙醚及电脑辐射，可以有效吸滞灰尘、除去异味、杀灭细菌。在24小时照明的条件下，一盆芦荟能够吸收1立方米空气里90%的甲醛，堪称吸收甲醛的“能手”。此外，芦荟对一氧化碳、二氧化硫、硫化氢、三氯乙烯及苯等有害气体皆有较强的吸收作用。晚上，芦荟在吸收二氧化碳的同时可释放出大量氧气，使空气里的负离子浓度提高，对人们的健康非常有益。

选盆

盆栽时宜选用泥盆，避免使用瓷盆或塑料盆，这两种盆的透气性较差，易导致植株烂根。

择土

家庭进行盆栽前应先选择好土壤，通常使用等量的腐叶土和粗沙混合而成。在花盆的底部铺上瓦片，在瓦片上面铺放2～3厘米厚的炉灰渣、石块、碎砖等作为排水层，并在上面铺一层花土。

栽培

1. 把芦荟母株连同其周围新长出来的植株带根掘出。
2. 轻轻敲掉芦荟根部的泥块，将新植株从母株地下茎上切离，剪除腐烂多余的根须。
3. 把新植株竖直摆入花盆中扶正，向植株四周填充花土并轻轻压实。
4. 待花土填到盆高2/3时，轻提新植株，使其根部伸展。继续填土、压实，直至花土达到盆沿下2厘米处。
5. 浇透水，以花盆底部略滴水为准。

新手提示：芦荟的栽培最好选在每年4月换盆时进行，这时新植株比较容易成活。

浇水

❶ 新栽的芦荟第一周不用浇水，要等新植株根部伤口结膜后再一次性浇足水。

❷ 芦荟忌水涝，给芦荟浇水应谨记“宁干勿湿”。

❸ 春秋两季芦荟长势较强，应该每隔5～7天浇一次水，采用向叶面喷水的浇水方法。

❹ 夏天气温高，蒸发量大，应每隔2～3天浇一次水，浇水量不宜过多。

❺ 芦荟在冬天基本上不用浇水，每隔15～20天往叶面上喷洒少量水即可。

❻ 最适合芦荟生长的土壤湿度是45%～80%，判别方法为：用手轻轻捏一下盆中的泥块，以泥块一捏即碎为最佳。

新手提示：每年7~8月气温较高时，芦荟会进入短暂的休眠期，这时要掌控好水分，保持土壤相对干燥，否则容易导致芦荟根叶腐烂；10月后应把芦荟移到房间内朝阳的地方，并等到盆土完全干燥后再浇水。

光照

芦荟喜欢阳光，也能忍受半荫蔽环境，在生长期内宜摆放在室外通风良好且阳光充足处。夏天酷热时应适度遮蔽阳光，以免植株被强光灼伤。

温度

芦荟喜欢温暖的环境，不耐寒，生长的适宜温度是20~30℃。冬天温度在10℃上下可以顺利过冬，若低于5℃就会被冻伤或冻死。

施肥

一般家养芦荟不需要施肥，只在生长季节每半月浇一次淘米水即可。如想让芦荟长得更茂盛，也可以每半月施用一次腐熟的稀释液肥，但切记肥料不宜太浓。

新手提示：不宜在气温较高、天气炎热的伏天给芦荟施肥，否则会导致芦荟烂根。

病虫防治

在芦荟的生长季节，植株或叶片上可能会发生黑霉病，这时要注意减少浇水的数量和次数，并尽早在发病部位抹上硫黄，以避免病害向四周扩展延伸。

繁殖

芦荟的繁殖一般采用分株法或扦插法，其中分株法相对简单且成活率高。

摆放建议

一般家养芦荟均采用盆栽的方式。盆栽芦荟适合摆放在阳台、卧室、客厅等光照条件较好的地方，也适合摆放在书房的电脑旁。

X 仙人掌

IAN REN ZHANG

【花草名片】

◎ **学名**：*Opuntia dillenii*

◎ **别名**：仙巴掌、仙人扇、玉芙蓉、霸王树。

◎ **科属**：仙人掌科仙人掌属，为多年生肉质植物。

◎ **原产地**：最初产自美洲、非洲的沙漠及半沙漠地区。墨西哥把它定为国花。

◎ **习性**：喜欢光照充足的环境，能忍受炎热的太阳、较高的温度和干旱，不能忍受荫蔽和寒冷，怕积水。

◎ **花期**：6–7月。

◎ **花色**：黄色。

净化功能

仙人掌对甲醛、二氧化碳、乙醚及电磁辐射都有很好的净化作用。它对二氧化硫和氯化氢具有比较强的抵抗能力，可很好地将一氧化碳及氮氧化物吸收掉，可减少电磁辐射对人体的伤害，还可分泌出植物杀菌素，抑制有害细菌和其他微生物。

大部分植物皆是白天吸收二氧化碳并释放氧气，晚上释放出二氧化碳，但仙人掌则是在晚上将二氧化碳吸收进去，同时释放出氧气来，使空气里的负离子浓度增加。所以，仙人掌又被叫做夜间“氧吧”。将它摆设于卧室可使血压降低、情绪安定，对人们的身心健康十分有益。

选盆

仙人掌对于花盆的材质没有特别的要求，但要注意透气性要好。

新手提示：花盆的大小深浅是栽种仙人掌必须考虑的问题，因为仙人掌的根系并不发达，如果土壤过多，则水分一时蒸发不了，易导致腐烂，因此要以“宁小勿大，宁浅勿深”这一原则来选盆。

择土

仙人掌对土壤没有严格的要求，但适宜在土质松散、有肥力且排水通畅的沙质土壤中生存，在贫瘠、黏重、水分积聚的土壤中则会生长发育不好。也可用20%的腐殖土与80%的沙粒来调配，或用腐叶土、园土、石灰石砾、粗沙及适量骨粉等来调配。

栽培

❶ 从母株上选取一个优质的子株，进行切割。

❷ 将切割下来的子株放置通风处晾2～3天，然后插入盆土中，不用浇水，少量喷雾即可。

❸ 子株移至盆中后大约7天，即可生根、成活。

新手提示：室内盆栽仙人掌，以选择小型、花多的球形种类为宜。

花言草语

墨西哥是誉满全球的“仙人掌之国”，仙人掌被定为墨西哥的国花。传说，仙人掌是神赐给墨西哥人的。形态万千的仙人掌长在高原之上，哪怕环境很恶劣，它也始终充满生机。它坚强的生命力、坚毅的性格，恰是刚毅勇猛、百折不挠、无所畏惧的墨西哥人的象征。

仙人掌是墨西哥的一个标志，从墨西哥的国旗、国徽到货币上，皆有仙人掌图样。在离墨西哥首都不远的米尔帕·阿尔塔一带，每年的8月中旬还会举行仙人掌节，以展现仙人掌的风姿、宣扬仙人掌的精神。

浇水

❶ 平时浇水要以“不干不浇，干则浇透”为原则。

❷ 在生长期内应适当加大浇水量，如果排水良好，可以每日浇一次水。

❸ 在夏天温度较高时，以在上午9点之前或下午7点之后浇水为宜，正午温度较高时不可浇水，否则会导致植株的根系腐烂。

❹ 在冬天植株处于休眠期时，每1～2周浇水一次就可以。

❺ 对长有长毛的品种，留心不可把水直接浇到长毛上，否则会影响观赏性。

新手提示：仙人掌尽管能忍受干旱，可是长期严重缺少水分也会令植株生长不好。

光照

仙人掌喜欢阳光，在生长季节需要充足的光照，然而夏天光照太强时要适度遮蔽，防止强光直接照射灼伤植株；冬天要将植株摆放在房间里朝阳的地方。

温度

仙人掌能忍受较高的温度，不能忍受寒冷，室内温度在2℃以上（含2℃）时就能顺利过冬。

施肥

每2～3个月施一次磷肥和钾肥，生长季节每月可施1～2次以氮为主的液肥。植株根部损伤或处于休眠期时，不宜施肥。

病虫防治

仙人掌易患腐烂病，此病以防为主。如果发现盆土渍水，则要立即扣盆，洗净根系并吹干；如果根系没有变色，须根根毛完好无损，则可放置半阴处观察两天。

修剪

仙人掌根系不旺盛，长得较慢，修剪能调整营养成分的妥善分配。为了得到肥大厚实的茎节做砧木，要剪去长势较差和被挤压弯曲的幼茎。

繁殖

仙人掌采用播种法及扦插法进行繁殖，播种繁殖通常于3–4月进行，扦插繁殖全年都能进行。

摆放建议

仙人掌可盆栽摆放在卧室、阳台、客厅等处，也可摆放在电脑旁用于减少电磁辐射对人体的伤害。有小孩的家庭最好将仙人掌摆放在高处，避免刺伤儿童。

X 仙人球

XIAN REN QIU

【花草名片】

◎学名：*Echinopsis tubiflora*

◎别名：花球、草球、长盛球。

◎科属：仙人掌科仙人球属，为多年生肉质多浆草本植物。

◎原产地：最初产自阿根廷和巴西南部地区。

◎习性：喜欢充足的光照，比较能忍受干旱，然而夏天怕强光长时间直接照射，也怕荫蔽，喜欢温暖，不能忍受寒冷。

◎花期：夏天。

◎花色：银白、金黄、粉红色等。

净化功能

仙人球对二氧化硫和氯化氢具有比较强的抵抗能力，能强力吸收一氧化碳、二氧化碳及氮氧化物，同时可释放出大量清新的氧气，增加室内空气中的负离子浓度，有利于人体健康。另外，它还可减少电磁辐射对人体的伤害，并有抑制细菌、杀死细菌的功能。

选盆

仙人球对花盆没有特别的要求，但适宜在透气性良好的泥盆中栽植，盆的大小以能容纳球体而略有空隙为好。

择土

仙人球适宜在排水通畅、肥力适中的沙壤土中生长，在较差的土壤里也能生长。

新手提示：家庭盆栽可以用等量草炭土与细沙混合调配，也可以用粉碎后的松针与细沙混合调配而成。

栽培

❶ 在花盆底部铺放一些碎小的砖石或瓦片，然后置入土壤。

❷ 在母株上选好一个子球，进行切割。

❸ 将子球晾2～3天，然后插入盆土中，并对其略喷雾，不用浇水。

❹ 大约一周后，子球便可成活。

光照

仙人球需要充足的光照，然而在夏天不可被强烈的阳光久晒，应适度遮蔽阳光；在房间里栽植时，可以使用灯光进行照射，以令其健康、茁壮生长，但也不适宜长期摆放在房间里。

温度

仙人球喜欢温暖，不能忍受寒冷，冬天应把盆栽仙人球移入房间里朝阳的地方养护，令室内温度始终高于5℃就能顺利过冬，若温度太低容易导致烂根，若温度太高则容易遭受介壳虫的侵害。

浇水

❶ 浇水量应合适，以浇透为度，在浇完水后宜尽快翻松土壤，防止土壤表层变硬，影响植株生长。

❷ 新种植的仙人球不可浇水，每日进行2～3次喷雾就可以，15天后可以浇少量的水，一个月后生出新根方可渐渐加大浇水量。

❸ 在开花期内浇水应相应增多，但需留心不可让水滴溅到仙人球的凹陷处和刺毛上，否则会导致腐坏。

❹ 夏天是仙人球的生长季节，因气温较高，植株需要大量的水，所以浇水一定要充足，以在早、晚温度较低时进行为宜，不适合在正午酷热时进行，以防止烧伤球体。

❺ 在温度较高的梅雨季节，应适度控制浇水。

❻ 在冬天植株处于休眠期时，也要控制浇水，令盆土处于不太干燥的状态即可，而且浇水要在晴朗天气的上午进行。

新手提示：仙人球能忍受干旱，怕水涝，浇水要把握“见干见湿”的原则，每次浇完水后，待盆土表面干燥后再浇水。

施肥

在生长期内，可以每10～15天施用完全腐熟的稀释的液肥或复合肥一次；进入秋天后应控制施肥，通常每月施用一次；深秋、冬天及炎夏要停止施肥。

新手提示：在更换盆土的时候，要在花盆底部加入一点底肥，比如麻酱渣、豆饼或马蹄片。

病虫防治

在气温较高、通风不畅的环境中，仙人球容易遭受病虫的危害。

❶ 若植株得了病害，可以喷施多菌灵或托布津溶液进行防治。

❷ 若植株遭受了害虫的侵害，可以喷施氧化乐果来灭除。

新手提示：应当留意的是，不管喷施什么种类的药液，皆须于室外进行。

繁殖

仙人球采用播种法、扦插法或嫁接法进行繁殖，主要采用扦插繁殖与嫁接繁殖。

摆放建议

仙人球株型奇特，开花时优美素雅，适合摆放在窗台、案几、书架、阳台上欣赏，由于它可减少电磁辐射对人体的伤害，也可以摆放在电视和电脑旁。有小孩的家庭注意不要让孩子靠近仙人球，以免被刺伤。

金琥

JIN HU

【花草名片】

◎ 学名：*Echinocactus grusonii*

◎ 别名：金桶球、象牙球。

◎ 科属：仙人掌科金琥属，为多年生肉质多浆草本植物。

◎ 原产地：最初产自墨西哥中部的沙漠地带。如今我国各个地区都有引种栽植。

◎ 习性：喜欢温暖、干燥、光照充足的环境，能忍受干旱，不能忍受寒冷，怕水涝。

◎ 花期：6–10月。

◎ 花色：黄色。

净化功能

金琥可以在夜间吸收很多二氧化碳，增加房间里的负离子浓度，能令房间里的空气维持新鲜，有益于人们的身体和精神健康。此外，它也是仙人掌类植物中吸收和削弱电磁辐射能力最强的一个种类，特别适合摆设在家电周围。

选盆

金琥适宜在泥盆中栽种，但在瓷盆和塑料盆中也能生存。

择土

金琥喜欢含有石灰质的沙质土壤。

新手提示：栽植时的培养土可以用同量的壤土、腐叶土、粗沙和较少的石灰质混合调配。

栽培

1. 在母株上选长1～2厘米的子球，将其切下。
2. 在培植器皿中放好沙土，将子球插入其中。
3. 当子球在沙床中长出根后，即能入盆。
4. 入盆后可浇或喷洒少量的水一次，几日后即能成活。

新手提示：从球径长到20厘米开始，一定要每年更换一次花盆和盆土；球径不到20厘米的，每2～3年换土一次即可，并需将干枯与太长的老根剪掉。

浇水

1. 金琥能忍受干旱，怕水涝，可是在生长季节需适量浇水。
2. 夏天是金琥生长比较旺盛的季节，应加大水分的供给量。
3. 干旱的时候应常浇水，适宜在早晨或傍晚时分进行，不可在酷热的正午浇太凉的水，不然容易引发病害；若正午盆土太干燥，可以喷少量水令盆土表面略湿。

新手提示：需留意的是，每次浇水一定要待盆土彻底干燥后再浇，且不可朝球体、球的顶部和嫁接部分浇水或喷水，防止其由于积聚水分而腐坏。

光照

金琥喜欢充足的光照，然而在夏天正午气温较高、天气酷热时要适度遮蔽阳光，防止强烈的阳光烧伤球体。在上午10点之前或下午5点之后，可以把它放在太阳光下，以促使其萌生较多的花蕾。

花言草语

金琥有很多的象征含义及文化内涵。

金琥的球体巨大，呈深绿色，周身生有金黄色的硬刺，顶部具金黄色的茸毛，如果栽培为大型标本球则具帝王豪气，用来装饰宾馆、商场等公共场所，更是华丽夺目。

金琥可使人避开恶魔或邪恶。在日文里，“金琥”原来写为“金鱼虎”，“鱼虎”在日文里指的是一种凶恶强大的海鲸“逆戟鲸”。据说，如果渔民在海上碰到鱼虎，船便会损毁，人便会死亡，人们因畏惧而逐渐把它当做一种图腾，认为它可以帮助人们避开灾祸，在日本的庙宇里经常可以看到它。而金琥由于刺多且硬也被视为凶恶强大之物，因此人们认为它和鱼虎一样，也可使人避开恶魔或邪恶。

温度

金琥喜欢温暖，不能忍受寒冷，若温度过低，球体便会出现黄斑，最合适的过冬温度是8~10℃。

施肥

在生长季节，应结合浇水大约每15天施用1～2次含氮、磷、钾等成分的稀薄液肥；如果使用有机肥，那么就要完全腐熟，浓度应适宜。炎夏时金琥进入休眠状态，不要再对其施用肥料；秋天气温下降后，肥水的供给则需恢复到正常状态。

病虫防治

金琥易患焦灼病和虫害。

❶ 金琥患上焦灼病，喷施50%托布津可湿性粉剂500倍液可以防治。

❷ 金琥容易遭受介壳虫、红蜘蛛及粉虱等的危害，喷施40%氧化乐果乳油或50%杀螟松乳油1 000倍液可以杀灭红蜘蛛，对介壳虫和粉虱则可以人工捕捉、灭杀。

繁殖

金琥采用播种法、扦插法及嫁接法进行繁殖。

摆放建议

金琥浑圆带刺，透露豪爽、阳刚之气。大型球体盆栽可摆放在客厅、阳台，小型盆栽可摆放在书房、卧室的桌面、窗台或电器旁，但要注意远离儿童，以免刺伤他们。

黄毛掌

HUANG MAO ZHANG

【花草名片】

◎ 学名：*Opuntia microdasys*

◎ 别名：黄毛仙人掌、金乌帽子、兔耳掌。

◎ 科属：仙人掌科仙人掌属，为多年生肉质草本植物。

◎ 原产地：最初产自墨西哥北部地区。

◎ 习性：喜欢温暖、干燥及光照充足的环境，比较能忍受寒冷，能忍受干旱，不能忍受潮湿。在阳光强烈、白天和夜间温差大、年降水量约为500毫米的地方长得最好。

◎ 花期：夏天。

◎ 花色：浅黄色。

净化功能

黄毛掌对二氧化硫和氯化氢的抵抗能力比较强，可以将一氧化碳、二氧化碳及氮氧化物吸收掉，同时在将以上有害物质吸收分解后还可以制造并释放出大量清新的氧气。另外，黄毛掌在晚上可以吸收很多二氧化碳，能够使房间里的负离子浓度增加，令房间里的空气始终清爽新鲜。

选盆

栽种黄毛掌适宜选用泥盆，因为它的透气性较好。

择土

黄毛掌的生长力很旺盛，对土壤没有严格的要求，但适宜在有肥力、排水通畅的沙质土壤中生长。

新手提示：盆栽的时候，可以用腐叶土、粗沙和石灰质材料混合调配成培养土。

栽培

❶ 将黄毛掌的种子置入培植器皿中，然后覆盖约1厘米厚的石英细沙。

❷ 给沙土中喷洒些水分，令播种基质处于潮湿状态。

❸ 大约10天后，黄毛掌的幼苗便会长出来，但这时它的根系比较少，长得比较慢，需要细心照料。

新手提示：幼苗长出后不宜多浇水，隔两至三天见沙土已干，喷洒些水分即可；生长期需充足阳光；每月还要施肥1次。

浇水

❶ 黄毛掌畏潮湿，平日浇水需把握"不干不浇，浇则浇透"的原则，不能积聚太多的水，否则会造成根系腐烂。

❷ 夏天可每隔一周喷洒一次水，土壤非常干燥的时候可每个月少量浇一次水。浇完水后一定要给予它良好的通风条件。

❸ 冬天要少浇水，令盆土处于略干状态为宜。

光照

黄毛掌在生长季节需充足的阳光，不适宜摆放在过分昏暗的地方，不然容易令茎节长得纤弱且无光亮。夏天如果在室外养护，能令植株的茎节长得更加健康、充实。

新手提示：冬天可把黄毛掌摆设于房间里光照充足的地方，同时需加强房间里的通风。

温度

黄毛掌喜欢温暖，生长的适宜温度是20~25℃，3-9月是15~25℃，9月到次年3月是8~10℃。冬天要将它搬进室内，室温不低于5℃，但它也可忍受短期0℃的低温。

施肥

在生长季节需每月施一次肥料，以促使植株加快生长。冬天则不要施肥。

新手提示：需注意勿将肥液浇在其掌上，如果浇在了掌上，需立即用清水淋洗，以免腐烂。

病虫防治

黄毛掌的病害主要是炭疽病和虫害。

❶ 当黄毛掌患上炭疽病时，可以喷施10%抗菌剂401醋酸溶液1 000倍液进行防治。

❷ 黄毛掌发生的虫害主要是介壳虫及粉虱造成的危害，这时喷施40%氧化乐果乳油1 000倍液便可以将其杀除。

修剪

在为植株更换花盆的时候要把干枯或老弱的根系剪掉，以降低营养的耗费量，促使其长出新根。

繁殖

黄毛掌的繁殖能力很强，可以采用播种法及扦插法进行繁殖，播种繁殖通常于春天进行，扦插繁殖一般于4-5月进行。

摆放建议

黄毛掌生存能力极强，栽培简单，繁殖容易，是目前栽培比较普遍的仙人掌种类。一般家庭栽种采取盆栽方式，摆放在卧室、客厅、书房均可，但应注意远离儿童活动区，避免刺伤儿童。

常春藤

CHANG CHUN TENG

【花草名片】

◎ **学名**：*Hedera nepaiensis*

◎ **别名**：中华常春藤、钻天风、枫荷梨藤、土鼓藤。

◎ **科属**：五加科常春藤属，为多年生常绿藤本花木。

◎ **原产地**：最初产自中国秦岭以南地区。

◎ **习性**：喜欢温暖、潮湿的环境，能忍受荫蔽，略能忍受寒冷，不能忍受水涝。

◎ **花期**：5–8月。

◎ **花色**：黄白、白绿色。

净化功能

常春藤能将甲醛、苯吸收掉，能很好地遏制香烟里的致癌物质，还能杀灭细菌、吸滞粉尘。

在24小时的照明条件下，每平方米的常春藤可以吸收1.48毫克的甲醛和0.91毫克的苯，可以将1立方米空间里90%的甲醛吸收掉。常春藤是吸收苯能力最强的植物之一，一盆常春藤可以将面积为8～10平方米的空间中90%的苯消除。它可以很好地将由吸烟而产生的烟雾吸收掉，并遏制烟雾中的一氧化碳等致癌物质。它的气味能起到抑制细菌、杀灭细菌的作用。它还可以将有害物质吸收掉，并把它们转化成没有危害的糖分和氨基酸。另外，常春藤还可以吸收粉尘，就连吸尘器都很难吸起的粉尘都能被它吸收掉。

选盆

常春藤适宜生存在泥盆或陶土盆中，因为它们的透气性较好。

择土

常春藤适宜在土质松散、有肥力且排水通畅的沙质土壤中生存。

栽培

1. 将常春藤的种子播入装有土壤的培植器皿中，然后再覆盖1厘米厚的土壤，浇一次水。
2. 然后在上面盖上草，以保持土壤湿润，放置阴凉背光处。
3. 小苗长出后，仍然不要让它照射阳光，多浇水，细心照料即可。
4. 当幼苗长到一定的高度，开始弯曲时，在土壤中插入竹竿或类似物品，使常春藤得以攀附着继续生长。

新手提示：栽种常春藤也可用扦插法，因为常春藤的节部在潮湿的空气中能自然生根，接触到地面以后即会自然进入土内，20天左右即可生根。

花言草语

英国在16世纪使用啤酒花之前，皆是使用常春藤来酿造啤酒的，因为将它混杂在麦子中，便会令麦子化成啤酒。所以，常春藤的花语为“感化”。另外，常春藤也具有爱情连续生长及萦绕心间的含义，代表着坚定与忠诚不变。

浇水

1. 常春藤喜欢潮湿，但不能忍受水涝，平日浇水不要太多，令盆土处于潮湿状态就可以。
2. 夏天可以相应加大浇水量，并勤向植株喷水，以增加空气相对湿度。
3. 冬天要少浇水，通常每隔3～5天对枝叶喷水一次就可以。

新手提示：浇水后一定要保证房间的通风性良好，否则易发生水涝。

光照

常春藤喜欢半荫蔽的环境，能一年四季摆放在有散射光的地方。夏天需注意防止植株被强烈的阳光直接照射，可以在荫棚下管理，然而也不适宜将其长期摆放在背阴、昏暗的地方，否则会令叶片缺少光彩。

温度

常春藤喜欢温暖，略能忍受寒冷，生长的适宜温度是15~30℃。冬天应把它移入温室内过冬，室内温度需控制在10℃上下。

施肥

在生长鼎盛期，要每月施用氮、磷肥混合的液肥一次，并在施肥后马上浇水，以防止肥料烧伤植株的茎叶及根系。

病虫防治

常春藤一般不会遭受病虫害，但如果长时间接受阳光照射，易患日灼症。故不要把常春藤长久放置在日光下。

修剪

1. 当植株的枝条长到一定长度时应采取摘心处理，以促其萌生侧枝，令株形饱满。
2. 每隔1～2年需为常春藤更换一次花盆，并将干枯、瘦弱、病虫枝及杂乱枝剪掉。

繁殖

常春藤采用播种法、扦插法及压条法繁殖。

摆放建议

常春藤可直接栽种在庭院里用于垂直绿化，也可以用吊盆栽种后悬吊或摆放在书房、客厅、餐厅、卧室里，还可以与其他植物组合栽培。

蔷薇

QIANG WEI

【花草名片】

◎ 学名：*Rosa multiflora*

◎ 别名：多花蔷薇、雨薇、刺红、刺蘼。

◎ 科属：蔷薇科蔷薇属，为落叶灌木。

◎ 原产地：最初产自中国华北、华中、华东、华南和西南地区，在朝鲜半岛和日本亦有分布。

◎ 习性：喜欢光照充足的环境，也能忍受半荫蔽的环境。能忍受干旱，怕水涝，比较能忍受寒冷，具有很强的萌发新芽的能力，经得住修剪。

◎ 花期：5–6月。

◎ 花色：红、粉、黄、紫、黑和白等色。

净化功能

蔷薇不仅可以吸收空气中的二氧化硫、氯气、氟化氢、硫化氢、乙醚及苯酚等有害气体，还可以吸滞大气中烟尘。另外，蔷薇所散发出来的香味和释放出来的挥发性油类，能显著遏制肺炎球菌、结核杆菌和葡萄球菌的生长与繁殖，还能令人放松神经、缓解精神紧张和消除身心的疲乏劳累感。

选盆

需要两个盆。最好选用透水、透气性良好的泥瓦盆或紫砂盆。花盆尽量选择尺寸大一些的，便于根系伸展。

择土

蔷薇对土壤的要求不严，可在贫瘠或黏重的土壤中生存，但最适宜的是砻糠灰和含有丰富腐殖质的沙质土壤。

栽培

1 在一个花盆里铺8～10厘米厚的砻糠灰土泥，浇水拍实。

2 在蔷薇母株上剪一条20厘米长的嫩枝，去叶。

3 将嫩枝插入砻糠灰土泥，扦插的深度为3厘米左右。

4 立即浇透水。第一个星期应保持花盆内有充足的水分，以后可逐渐减少浇水的数量和次数。

5 半个月后，将嫩枝连同新生的根系一并掘出，敲掉根部泥土，剪掉受伤和过长的根须。

6 将嫩枝移入装有沙质土壤的花盆里定植，定植深度不宜太深，以花土刚盖住根茎部为宜。

新手提示：在春天、夏初及早秋时节进行的扦插繁殖比较容易成活。为提高扦插的成活率，可在扦插前先用小木棒插一下花盆里的砻糠灰土泥，以防止硬物损伤嫩枝基部组织。

浇水

1 移栽的新株需一次性浇足水。

2 蔷薇怕涝，耐干旱，养护期间浇水不宜过勤过量。

3 每年从早春发芽到植株开花期间，可浇3～4次水，以土壤潮湿且盆土表面不积水为准。

4 蔷薇开花之后浇水不宜过量，使土壤“见干见湿”即可。

5 炎夏干旱期间应浇2～3次水。

6 立秋至霜降期间应浇1～2次水。

光照

蔷薇喜欢光照充足的环境，每天最少要有6个小时的光照时间。

温度

蔷薇喜欢温暖，也比较能忍受寒冷，在我国华北和华北以南地区，皆可在室外顺利过冬。

施肥

❶ 蔷薇嗜肥，新植株定植时应施用适量腐熟的有机肥。

❷ 3月可以施用以氮肥为主的液肥1～2次，以促使枝叶生长。

❸ 4–5月可以施用以磷肥和钾肥为主的肥料2～3次，以促使植株萌生出更多的花蕾。

❹ 花朵凋谢后可再施一次肥，之后停止施肥。

花言草语

蔷薇的花语是完美的爱情与爱的想念，绽放的蔷薇会带给人们对爱情的向往。

不同品种的蔷薇有不同的花语：火红色蔷薇的花语是热恋，深红色的是只想与你在一起，粉色的是爱的约誓，黄色的是永久的微笑，白色的是纯真的爱情，野蔷薇的则是浪漫的爱情。

病虫防治

❶ 在湿度大、通风不畅且光照条件差的情况下，蔷薇易得白粉病及黑斑病。一旦发现病情应马上剪除病枝，并喷施浓度较低的波尔多液或70%甲基托布津可湿性粉剂1 000倍液，以避免病情进一步蔓延。

❷ 蔷薇的虫害主要是刺蛾、蚜虫等，喷施10%除虫精乳油2 000倍液即可将其灭杀。

修剪

❶ 蔷薇萌生新芽的能力很强，需及时修剪整形，以免植株遭受病虫害的侵袭。

❷ 在开花后应及时把已开完花的枝条剪掉，以减少养分损耗。

新手提示：要及时修剪掉纤弱枝、干枯枝和病虫枝，以促进植株萌生新的枝条。

繁殖

蔷薇可采用播种法、扦插法、分株法和压条法进行繁殖，其中播种法及扦插法比较常用。

摆放建议

蔷薇可盆栽摆放在客厅、阳台、天台等向阳的地方。

月季

YUE JI

【花草名片】

◎ 学名：*Rosa chinensis*

◎ 别名：月月红、月生花、四季花、斗雪红。

◎ 科属：蔷薇科蔷薇属，为蔓状与攀缘状常绿或半常绿有刺灌木。

◎ 原产地：最初产自北半球，近乎遍布亚、欧两个大洲，中国为月季的原产地之一。

◎ 习性：喜欢光照充足、空气循环流动且不受风吹的环境，然而光照太强对孕蕾不利，在炎夏需适度遮蔽阳光，喜欢温暖，具有一定忍受寒冷的能力。可以不断开花。

◎ 花期：5–10月。

◎ 花色：红、粉、橙、黄、紫和白等单色或复色。

净化功能

月季可以很好地将二氧化氮、二氧化硫、硫化氢、氟化氢、氯气、苯、苯酚和乙醚等有害气体吸收掉。另外，月季散发的挥发性精油能杀灭细菌，增加负离子浓度。

选盆

种月季以土烧盆为好，且盆径的大小应与植株大小相称。如果是旧用盆，则要洗净；如果用新盆，则要先浸潮再使用。

择土

月季对土壤没有严格的要求，但适宜生长在有机质丰富、土质松散、排水通畅的弱酸性土壤中。排水不良和土壤板结会不利其生长，甚至会导致其死亡。含石灰质多的土壤会影响月季对一些微量元素的吸收利用，导致它患上缺绿病。

栽培

1. 选取一根优质的月季枝条（以花后枝条为好），剪去枝条的上部，将余下的枝条约每10厘米剪截一段，作为一根插穗，保留上面3～4个腋芽，不留叶片或仅保留顶部1～2片叶片。
2. 将插穗上端剪成平口，下端剪成斜口，剪口需平滑。
3. 将插穗下端浸入500毫克/升的吲哚丁酸溶液中3～5秒钟，待药液稍干后，立即插入盆土中。
4. 入盆后要浇透水分，放置遮荫处照料，大约一个月后即可生根。

新手提示：入盆后的前10天要勤喷水，保持较湿的环境；10天后见干再喷，保持稍干的状态。

浇水

❶ 月季喜欢潮湿，也具一定的忍受干旱的能力，浇水要以“干透浇透”为原则。

❷ 新种植好的月季第一次应浇足水，次日浇一次水，七日后再浇一次水，之后可根据天气情况来确定浇水的量和次数。

❸ 在生长季节内，要让土壤处于潮湿状态。

❹ 从春天到秋天适宜上午10点前浇水。

❺ 冬天则以在中午过后的1-2点浇水为宜。

光照

月季喜欢阳光充足，每日要求接受超过6小时的光照方可正常生长开花。在炎夏若光照时间太长或阳光太强烈，则不利于月季的花蕾发育，花瓣也容易干燥枯萎，要为其适度遮蔽阳光。

温度

月季喜欢温暖，比较能忍受寒冷，大部分品种的生长适宜温度白天是15~26℃，晚上是10~15℃。冬天温度在5℃以下时，月季便会步入休眠状态；夏天温度连续在30℃以上时，大部分品种的开花量会变少，花朵品质会下降，植株会步入半休眠状态。

施肥

月季不适宜太早对其施用肥料，否则会损伤新生根系，一般在栽种一个半月后开始施用肥料。早期应多施用氮肥，以促使植株加快生长；在生长季节内，月季会数次萌芽、开花，耗费比较多的养分，应施用2～3次肥料。

新手提示：在气温较高的7-8月不能施肥；秋天则应减少氮肥的施用量，增加磷肥和钾肥的施用量；冬天应施用一次底肥，日常也可结合浇水施用较少的液肥。

病虫防治

月季的常见病为黑斑病，可每隔7～10天交叉喷洒50%多菌灵可湿性粉剂300倍液、70%托布津可湿性粉剂800倍液各一次。喷药时间一般为上午8-10点和下午4-7点。

修剪

❶ 刚种植好的裸根苗应进行修剪，不管是在立秋以后还是春天之初，这样可使枝条的蒸腾量减少，更利于成活。

❷ 冬天修剪不适宜太早，不然则会引致萌发，易使植株受到冻害。通常留存分布匀称的3～5个健康、壮实的主干，把剩下的都剪掉。

繁殖

月季可以采用播种法、扦插法、嫁接法、分株法和压条法进行繁殖，其中以扦插法及嫁接法最为常用。

摆放建议

月季花颜色艳丽、花期长，可盆栽或插瓶摆放在窗台、天台、阳台、餐厅、客厅、卧室、书房等处，也可以直接在庭院里栽种。

M 玫瑰

EI GUI

【花草名片】

◎ 学名：*Rosa rugosa*

◎ 别名：刺玫花、湖花、笔头花、徘徊花。

◎ 科属：蔷薇科蔷薇属，为落叶木本植物。

◎ 原产地：最初产自中国东北、华北地区，在朝鲜和日本亦有分布。

◎ 习性：喜欢光照充足、通风顺畅的环境，在阴暗、遮蔽和通风不畅的地方会生长不好。能忍受寒冷和干旱，不能忍受水涝。为浅根性植物，萌生新芽的能力很强，生长得较为迅速。

◎ 花期：5~8月。

◎ 花色：红、紫红、紫、白等色。

净化功能

玫瑰的叶片吸收二氧化硫、氯气及氟化氢等有害气体的能力比较强。它所散发出来的挥发性油类及其芳香的气味既可以令人放松、愉悦，有助于睡眠，又有明显的杀灭细菌的作用，可以显著地压制肝炎球菌、结核杆菌、葡萄球菌等的生长与繁殖。

选盆

玫瑰多行露地栽培，如果是盆栽，则对花盆的要求较高，最好选用透气性良好的泥盆。

择土

玫瑰具有比较强的适应能力，对土壤没有严格的要求，在弱碱性土壤里也可以正常生长，然而在排水通畅、有肥力、土质松散的沙质壤土中长得最好。

栽培

❶ 选取一根成熟的带有3～4个芽的玫瑰枝条，剪下。

❷ 将枝条插入盆土中，浇透水分。

❸ 将花盆放置在蔽光的地方，并要保证盆土处于潮湿状态。

❹ 大约一个月后，枝条即可长出根来。

浇水

❶ 玫瑰能忍受干旱，忌水涝。

❷ 在生长季节可以每1～2日浇水一次。

❸ 在酷热的夏天或干旱季节，需每日浇一次水；在雨季则需留意及时排除积水，防止发生涝害。

花言草语

很久以来，玫瑰便是美丽与爱情的象征。现在，玫瑰已被英国、美国、卢森堡、西班牙和保加利亚等国定为国花。

保加利亚为世界上最大的玫瑰生产地，每年六月的首个星期日是他们的玫瑰节。他们认为玫瑰花象征了保加利亚人民勤劳、智慧、热爱大自然的精神和勇敢不屈、坚定不移的性格。

光照

玫瑰喜欢光照充足，每日最少需要6小时的阳光照射方可以开出品质特别好的花朵。它略能忍受半荫蔽环境，不适宜长时间荫蔽，不然会导致生长不好，令枝叶纤弱，花蕾既少又小，花朵香气变淡。

温度

玫瑰的生长适宜温度是15~25℃，其抵御寒冷的能力非常强，冬天大气温度降至-20℃时也不会遭受冻害。

施肥

玫瑰较嗜肥，一般每年施4次。春天施以氮为主、氮磷相结合的速效肥；4月中旬到5月下旬施适量速效复合肥；开花期间施一次肥，促使枝条生长；叶落后到入冬前施一次有机底肥，但不能用速效氮肥。

新手提示：每次施用肥料时如果土壤较干旱，皆要在施完肥后浇一次透水。

病虫防治

玫瑰易患锈病和各种虫害。

1. 玫瑰患上锈病后，尽早把染病的枝条剪掉即可。
2. 玫瑰虫害主要是金龟子、天牛及红蜘蛛，可在5-6月喷洒0.5%螨死净与0.125%三氯杀螨醇防治。

修剪

分为冬春修剪与花后修剪。

1. 冬春修剪一般于玫瑰叶落后到萌芽前进行，主要是进行疏剪，每丛留存4～5个粗大健壮的枝条，每枝保留1～2个侧枝，每个侧枝上保留2个芽进行短截即可。
2. 花后修剪一般是在鲜花采集完后进行，主要是疏除长势较强、枝条稠密的株丛的过密枝、交叉枝和重叠枝。

繁殖

玫瑰可以采用播种法、扦插法、分株法、压条法和嫁接法进行繁殖。

摆放建议

玫瑰可以盆栽摆放在客厅、书房，也可以制成瓶插装点居室。

菊花

JU HUA

【花草名片】

◎ 学名：*Dendranthema morifolium*

◎ 别名：金蕊、帝女花、九华、黄华。

◎ 科属：菊科菊属，为多年生宿根草本植物。

◎ 原产地：最初产自中国。

◎ 习性：喜欢阳光充足、清凉、潮湿且通风流畅的环境，比较能忍受极度的寒冷和霜冻。

◎ 花期：10-12月，也有夏天、冬天和全年开花等不一样的品种类型。

◎ 花色：红、黄、紫、绿、白、粉红、复色及间色等。

净化功能

菊花抵抗和吸收苯、二氧化硫、三氯乙烯的能力比较强，可以将地毯、绝缘材料、胶合板等释放出的甲醛、氟化氢分解，也可以将壁纸、印刷油墨溶剂里的二甲苯和染色剂、洗涤剂里的甲苯分解。菊花吸收氯气、氯化氢、一氧化碳、过氧化氮、乙醚、乙烯、汞蒸气及铅蒸气等有害气体的能力也比较强，可以把氮氧化物转化成植物细胞蛋白质。另外，菊花还有清除内热、疏散风邪、平肝明目的功用。

选盆

栽种菊花多选用淡色的浅口石盆，其石质为大理石、汉白玉等，这样看起来较为美观。

择土

菊花喜欢土层较厚、腐殖质丰富、土质松散、有肥力且排水通畅的沙质土壤，在弱酸性至弱碱性土壤上也可以生长。

栽培

1. 在花盆底部铺上瓦片等物品，做成一个排水层，施进适量的底肥，然后置入土壤。
2. 将幼苗植到盆中，轻轻压实土壤，并浇足水。
3. 把盆花摆放在背阴、凉爽的地方，待幼苗稍长高一点儿后即可移至朝阳处。

浇水

1. 菊花比较能忍受干旱，怕水涝，因此要以“见干则浇，不干不浇，浇则浇透”为浇水原则，浇水不宜太多。
2. 夏天每日要浇2次水，以在早晚进行为宜；冬天则需严格控制浇水。
3. 花朵将要开放时，需加大浇水量。
4. 花朵凋谢后，需适度减少浇水量。

新手提示：当植株处于幼苗阶段时，需控制浇水量，随植株渐渐长大而渐渐加大浇水量。

光照

菊花喜欢充足的光照，略能忍受荫蔽。它在每日接受14.5小时的长日照情况下可进行营养生长，但在每日接受不多于10～11小时的日照条件下方可以萌生花蕾和开花，属短日照植物。

温度

菊花喜欢清凉，怕较高的温度和炎热，比较能忍受寒冷，生长适宜温度是18~25℃。

施肥

栽植菊花时不能施用太多底肥，在其生长后期追施豆饼的腐熟液和化学肥料。花蕾期应增加磷肥的施用量，但勿使肥液接触叶面，此后可每周施肥一次。

新手提示：为了抵御寒冷，进入冬天之前需施用少量肥料，过冬期间还需施用1～2次肥料。

病虫防治

菊花的病害主要是叶斑病、锈病和虫害。

1. 菊花患上叶斑病后，一定要及时摘除并毁掉病叶，同时喷施65%代森锌可湿性粉剂500倍液或75%百菌清可湿性粉剂500倍液来治理。
2. 植株发生锈病时，喷施65%代森锌可湿性粉剂500倍液可以治理。
3. 出现蚜虫危害时，可喷施25%亚铵硫磷乳油1 000倍液或40%氧化乐果乳油2 000倍液；红蜘蛛危害则可喷施40%氧化乐果乳油1 000倍液或80%敌敌畏1 000倍液进行治理。

修剪

栽植菊花需留意及时摘心、除芽和除蕾处理。

1. 摘心能促使植株萌生侧枝，通常于菊苗定植后保留4～5枚叶片时进行；待侧枝生出4～5枚叶片时，每个侧枝保留2～3枚叶片再次进行摘心。
2. 除芽与除蕾能够掌控开花的多少，盆栽独本菊通常仅保留顶芽，叶腋生出的小芽需尽早抹去；顶端除了挑选并留存花蕾之外，剩下的皆需去掉。

繁殖

菊花可以采用播种法、扦插法、分株法、压条法及嫁接法进行繁殖，其中以扦插繁殖与分株繁殖最为常用。

摆放建议

菊花是传统的观赏名花，一般做盆栽摆放在阳台、客厅、书房的向阳处，也可摆放在案几、电脑台和窗台上供欣赏。

紫藤

ZI TENG

【花草名片】

◎ 学名：*Wisteria sinensis*

◎ 别名：招藤、朱藤、藤萝。

◎ 科属：豆科紫藤属，为多年生落叶木质藤本植物。

◎ 原产地：最初产自中国，如今世界各个地区都有栽植。

◎ 习性：喜欢阳光充足，稍能忍受荫蔽，能忍受寒冷和干旱，怕积水。为深根性植物，具有较强的适应性，萌生新芽的能力很强，生长得很快，寿命较长。

◎ 花期：4-5月。

◎ 花色：紫、淡紫、蓝紫色等。

花言草语

紫藤为良好的观花藤本植物，适宜栽植在湖边、水池旁、假山周围、石坊下及庭院中等地方，花开之时绚丽多姿，具有一种别样的情调。

李白曾经在诗中写道：“紫藤挂云木，花蔓宜阳春。密叶隐歌鸟，香风流美人。”可以说把紫藤美好的姿态与卓绝的风采形象地描摹了出来。晚春时候，紫藤纵情绽放，一串串花穗垂吊在枝头，紫中有蓝、蓝中有紫，像彩霞、锦缎般柔媚，盘曲扭绕的枝蔓又好似蛟龙，难怪从古到今的画家皆爱把它当做花鸟画的好题材呢！

净化功能

紫藤有比较强的抵抗二氧化硫、氯气和氟化氢的能力，对铬也具有一定程度的抵抗能力，是工厂、矿区、医疗区、城镇及庭院的良好的绿化植物。

选盆

栽种紫藤宜用既大又深的瓦盆，深度以约80厘米为宜，以利于根系较好地生长和吸收较多的营养成分。

新手提示：由于紫藤长得很快，所以需每年更换一次大号盆，如果没有办法再更换大盆，则需每年修剪一次根系。

择土

紫藤对土壤没有严格的要求，能忍受贫瘠的土壤，在普通土壤中即可生长，然而以排水通畅、土层较厚、有肥力且土质松散的土壤最为适宜。

栽培

❶ 将紫藤的种子用热水浸泡一下，待水温降至30℃左右时，捞出种子并在冷水中淘洗片刻，然后放置一昼夜。

❷ 将种子埋入盆土中，浇透水分。

❸ 当紫藤长到一定高度的时候，盆栽便不合适了，应种植在庭院里，为其搭设一个棚架或放置在围墙边，让其慢慢生长。

浇水

❶ 紫藤能忍受干旱，怕水涝，在生长期内应让盆土处于潮湿状态。

❷ 在雨季要勤加察看，防止盆里积聚太多的水。

❸ 秋天以让盆土“见干见湿”为宜，避免植株萌生秋梢，影响其安全过冬。

❹ 在植株的休眠期内，则需让盆土处于潮湿或稍偏干的状态。

光照

紫藤喜欢阳光充足，也能忍受半荫蔽环境。在生长期内，它需接受充足的光照。

新手提示：盆栽紫藤在开花期间可摆放在室内光照比较充足的地方。

温度

紫藤具有一定的御寒能力，在0℃的环境下通常不会遭受冻害。在我国南方地区，它能在室外避风朝阳的地方过冬；在北方极其寒冷的地区，则要将其移入室内过冬，但温度不可超过15℃，不然会导致其不能进入休眠状态，耗费过多养分，不利于来年开花。

施肥

紫藤嗜肥，在生长季节需勤施肥料，通常每半个月施用一次低浓度的腐熟的饼肥水或有机肥液。在植株开花前，宜在肥水里掺入适量的磷肥及钾肥，或喷洒0.2%的磷酸二氢钾溶液1～2次，以使花多色艳。

新手提示：每年立秋后到立春前，还需再施用腐熟的有机肥一次，以利于植株翌年的生长发育。

病虫防治

紫藤易生蚜虫。发生初期，仅有少数嫩梢有蚜虫密集危害时，用手摘除即可；如果病患比较严重，则需喷施40%氧化乐果乳油1 500倍液或20%灭扫利乳油3 000倍液。

修剪

盆栽紫藤在生长季节一定要经常除芽、摘心，以防止植株长得太大，每年新生枝条长至14～17厘米时应进行一次摘心，开花后还可以进行一次重剪，并尽早将未落尽的花剪掉，以免耗费养分。

繁殖

紫藤可以采用播种法、扦插法、嫁接法和压条法进行繁殖。

摆放建议

紫藤可栽种在庭院里用于垂直绿化，也可以盆栽摆放在阳台、天台、客厅等光线充足的地方，还可以制作成盆景或插花装饰居室。

紫薇

ZI WEI

【花草名片】

◎ **学名**：*Lagerstroemia indica*

◎ **别名**：红薇花、百日红、满堂红、五里香。

◎ **科属**：千屈菜科紫薇属，为落叶灌木或小乔木。

◎ **原产地**：最初产自中国华南、华中、华东及西南各省。

◎ **习性**：为阳性树种，喜欢阳光充足，能忍受强烈的阳光久晒，略能忍受荫蔽。能忍受干旱，畏水涝和根部积聚太多的水。喜欢温暖的气候，抵御寒冷的能力不太强。具有很强的萌生新芽的能力，长得比较缓慢，寿命较长。

◎ **花期**：6–10月。

◎ **花色**：鲜红、粉红、紫或白等色。

净化功能

紫薇可以抵抗二氧化硫、氯气、氯化氢及氟化氢等有毒气体的侵袭，可以吸滞粉尘，还可以很好地遏制致病菌的繁殖。紫薇抵抗污染的能力比较强，可以净化上述各种有害气体。根据有关测算，1千克紫薇叶片便可吸收掉约10克的硫，能有效减少酸雨的形成。它还能吸滞粉尘，在水泥厂里距离污染源200～250米的地方，每平方米叶片就能吸滞4克左右的粉尘。另外，紫薇所散发出来的挥发性油类还能明显遏制致病菌的繁殖，在5分钟内便能将致病菌杀死，比如白喉杆菌及痢疾杆菌等。

选盆

栽种紫薇宜选用体型偏大一些的紫砂陶盆或釉陶盆。

择土

紫薇适宜在含有石灰质的土壤及有肥力、潮湿、排水通畅的沙质土壤中生存。

栽培

❶ 将紫薇花种埋入盆土中，然后覆一层细泥土，覆土厚度以看不到种子为准。

❷ 浇透水分，再盖上一层薄膜。

❸ 大约经过10天，紫薇就能萌芽，这时要马上把薄膜揭开，让其正常生长。

浇水

❶ 紫薇能忍受干旱，不能忍受水涝，畏根部积聚太多的水。

❷ 在春天发芽前对植株浇1～2次充足的水，在生长季节令土壤处于潮湿状态，如此就能大体上保障紫薇对水分的需求。

光照

紫薇喜欢阳光充足，不畏强烈的阳光久晒，阳光会使其开花繁茂。所以，它在生长期内一定要接受充足的日照，盆栽紫薇可以摆放在阳台或室外朝阳的地方。

温度

紫薇喜欢温暖的环境，然而同时也具有一些抵御寒冷的能力。我国北方栽培时，仅需于过冬前对植株进行裹草保护便可在室外过冬。若要把盆栽紫薇移入室内料理，室内温度控制在5~10℃就可以。

新手提示：冬天室温也不可太高，不然植株会提早萌芽，不利于春天的生长。

施肥

紫薇嗜肥。早春需结合浇水施用一次腐熟的有机肥，并配施磷肥；3月上旬需施用抽梢肥，将氮、磷、钾肥结合起来施用；5月下旬到6月上旬需施用磷、钾肥一次，能令枝条粗壮；7月下旬及9月上旬分别施用一次饼肥水，能令花朵颜色娇艳；入秋后需减少施肥量和施肥次数；冬天则不要再对其施用肥料。

病虫防治

紫薇易患白粉病。患病的叶嫩梢和花蕾上发生扭曲变形，上覆一层白粉。可以喷洒80％代森锌可湿性粉剂500倍液，或70％甲基托布津可湿性粉剂1 000倍液进行防治，每隔10天喷1次，共喷3～4次。

新手提示：家庭盆栽紫薇应及时摘除病叶，并将盆花放置在通风透光处。

修剪

❶ 冬末修剪时要将全部萌蘖枝、稠密枝、病弱枝、干枯枝及交叉重叠枝剪掉，并把徒长枝削掉1/3，老枝只保留基部约10厘米。

❷ 在生长季节修剪的时候，不可修剪或短截春天萌生的新枝，不然容易导致枝条只生长不开花。

❸ 在开花前将纤弱枝、徒长枝剪掉，能促使植株孕蕾。

❹ 在开花后则要尽早把未落尽的花剪掉，勿让其产生种子，以降低营养的消耗，促使植株萌生新的枝条及开花。

新手提示：紫薇具有很强的萌生新芽的能力，且其花朵生长于当年萌生的春梢顶端，树冠常不齐整，故要时常对其修剪整形，主要于冬天之后进行。

繁殖

紫薇可以采用播种法、扦插法和分株法进行繁殖。

摆放建议

紫薇姿态优美，花期很长，多用于庭院美化，也可盆栽放置阳台等朝阳处。

杜鹃

DU JUAN

【花草名片】

◎ **学名**：*Rhododendron simsii Planch*

◎ **别名**：映山红、满山红、红踯躅、山石榴。

◎ **科属**：杜鹃花科杜鹃花属，为常绿、半常绿或落叶灌木或小乔木。

◎ **原产地**：最初产自中国长江流域，广泛分布在长江流域和以南各个地区。尼泊尔把它定为国花。

◎ **习性**：属浅根性植物，喜欢温暖、潮湿、通风良好的半荫蔽环境，畏干燥，也畏较多的积水，具一定的忍受寒冷的能力。

◎ **花期**：4–5月。

◎ **花色**：深红、浅红、玫瑰紫、粉、黄和白等色或复色。

净化功能

杜鹃可以强力抵抗二氧化硫、一氧化氮、二氧化氮、过氧乙酰硝酸酯和臭氧的侵害，还可以将放射性物质吸收掉，尤其适合置于刚刚装修完毕的居室里。另外，杜鹃对氨气的反应非常灵敏，能作为监测氨气的指示植物。与此同时，杜鹃还能够对环境中是不是存在氟化氢进行监测，若存在氟化氢，其花朵便会枯萎、皱缩，叶片会发黄。

选盆

花盆以透气性良好的泥盆最佳，紫砂盆次之，釉盆及瓷盆最差。

择土

杜鹃喜欢排水通畅、土质松散且有肥力的酸性土壤，在钙质土壤中生长不好或不能生长，也不能在地势比四周低且积聚太多水的黏重土壤中生长，是酸性土壤的指示植物。

栽培

1 在花盆底部铺上一些碎瓦片，再放入1/3的粗土粒，并少加一点细土。

2 将杜鹃幼苗置入盆中，一手扶正幼苗，一手向盆中填土。

3 土壤填至盆口下2厘米处，然后将土壤轻轻压实，浇透水分。

新手提示：种好后一定要浇透水，否则会使盆花干死。

浇水

❶ 杜鹃喜欢潮湿，浇水时通常以“见干见湿”为原则。

❷ 春天和秋天可以每2～3天浇水一次，且要浇够。

❸ 夏天酷热时，为了提高空气相对湿度，除了每天早晨及黄昏要分别浇一次水之外，还需朝叶面和花盆四周地面喷水，可是盆内不可积聚太多的水。

❹ 立秋之后应渐渐减少浇水量；冬天移入室内后更要控制浇水，令盆土维持稍潮湿状态就可以。

光照

杜鹃对光照无严格要求，喜欢半荫蔽环境，畏强光久晒。夏天应遮蔽阳光，防止植株被灼伤，冬天移入室内后可将其摆放在室内朝阳的地方。

温度

北方盆栽杜鹃时，其生长适宜温度是15~25℃，当气温在30℃以上或5℃以下时则生长接近停滞状态。

新手提示：在冬天杜鹃有短期的休眠，要留意保持温暖、防御寒冷，要将其搬到房间里料理，房间里的温度控制在10℃上下就能顺利过冬。

施肥

植株开花前需每10天施用磷肥一次，接连施用2～3次，可令花朵硕大、花期变长；开花期间不可施肥；开花后为了促进植株抽生新枝、萌生新叶，可补施氮肥。夏天温度较高时，杜鹃的生长趋于停滞，不宜施肥；秋天移入室内前为长蕾期，需每7～10天施一次磷肥；冬天则不要再施用肥料。

病虫防治

杜鹃易患黑斑病及红蜘蛛虫害。

❶ 杜鹃患上黑斑病后，需喷洒70%托布津可湿性粉剂800倍或50%的多菌灵可湿性粉剂300倍液。

❷ 红蜘蛛虫害可喷洒40%三氯杀螨醇800倍液。

修剪

❶ 在花朵凋谢后需尽早把未落尽的花剪掉，以降低营养的损耗量，促使植株生长和形成新的花芽。

❷ 老龄植株要在早春新芽萌动前对其采取修剪复壮处理，把枝条保留约30厘米，将上部剪掉就可以。

新手提示：修剪后需对植株增施肥料，并需精心料理。

繁殖

杜鹃可以采用播种法、扦插法、分株法或压条法进行繁殖。

摆放建议

杜鹃可地栽于庭院中，也可盆栽摆放在阳台、窗台等处。但黄杜鹃有剧毒，不要摆在卧室、饭厅、厨房等处。

C 茶花 CHA HUA

【花草名片】

◎ 学名：*Camellia japonica*

◎ 别名：山茶花、洋茶、曼陀罗树、山椿。

◎ 科属：山茶科山茶属，为常绿灌木或小乔木。

◎ 原产地：最初产自中国，主要生长于浙江、江西、四川和山东等地区，日本和朝鲜半岛亦有分布。

◎ 习性：喜欢温暖、潮湿的气候，喜欢半荫蔽的环境，也能忍受荫蔽，怕强烈的阳光照射，稍能忍受寒冷。能忍受酷热，可是当温度高于36℃时生长会受到压制。

◎ 花期：10月–翌年4月。

◎ 花色：深红、红、粉红、玫瑰红、深紫、浅紫、粉白、黄色或红白相杂的复色。

净化功能

茶花具有比较强的抵抗一氧化碳、二氧化硫、氯气、过氧化氮、硫化氢、氟化氢、乙醚、乙烯、汞蒸气和铅蒸气的能力，对铬酸及硝酸烟雾也有一定的抵抗能力，能够有效地净化大气。尤其是茶花能够强力吸收氟和氯，在正常情形下，茶花叶里便含有较多的氟，而在氟污染情况下，它可以吸收很多氟化物，能够令叶中的含氟量高达几毫克；在氯气污染的情况下，1千克茶花干叶的吸氯量便能达到3.53克。

选盆

种植茶花宜选择透气性与排水性都好的口径为15～20厘米的泥盆或瓦盆。

择土

茶花喜欢有肥力、土质松散、排水通畅的弱酸性土壤，不适宜生长在弱碱性土壤中。

新手提示：一般可以用腐殖土、腐锯末、泥炭、红土来栽植，不可使用黏重的、碱性的或石灰质的土壤。

栽培

❶ 在花盆底部设排水层，用砖瓦碎粒、筛选过的蜂窝煤粒或塘基石、炭化树皮、珍珠岩铺在底下。

❷ 首先将茶花幼苗的根系浸在放有多菌灵等类的杀菌剂的水中，再将根在水里轻轻摆动几下。

❸ 将幼苗置入盆中，填入土壤，轻轻压实。

❹ 浇透水分，待其相当干之后才能浇第二次，以后转入正常养护。

新手提示：茶花喜欢荫蔽的环境，故刚栽种时应放在避风、无阳光直射、较湿润之地，两个月后才可移至别处。

浇水

❶ 茶花喜欢潮湿，畏干旱和积水，浇水时间和浇水量一定要合适，应该浇的时候就浇，浇就浇透，然而不可令土壤太干燥或太湿。

❷ 在生长季节可以令土壤略潮湿点，以手轻轻捏土觉得土壤湿润且不黏手为宜。

❸ 春秋可每隔1～2天在上午或黄昏浇一次水。

❹ 夏天每天清晨浇一次水，温度较高的时间段宜朝叶面喷2～3次水，留心不可用急水直接浇或满灌，也不适宜浇热水。

❺ 冬天植株步入休眠状态，需适度减少浇水，可每隔3～5天在正午前后浇一次水，令土壤稍湿润。

新手提示：如果用自来水浇茶花，需先将自来水放置1～2天，待其中的氯气挥发掉后再用。

光照

茶花喜欢半荫蔽的环境，也能忍受荫蔽，怕强烈的阳光直接照射，春、秋、冬三个季节可以不遮蔽阳光，夏天可以遮蔽50%的阳光。

温度

茶花喜欢温暖，怕炎热和非常寒冷的气候，具一定的抵御寒冷的能力，生长适宜温度是18~25℃，普通品种可以忍受-10℃的低温。

施肥

茶花嗜肥，可是不喜欢生肥和浓度较高的肥料，故仅可常施浓度较低的肥料，底肥主要是磷肥和钾肥。

病虫防治

茶花的病害主要是炭疽病和虫害。

❶ 若患上炭疽病，则应马上把干枯的枝条和凋落的叶片全部除掉，消除侵染源，并喷施1%的波尔多液。

❷ 茶花的虫害主要是介壳虫、红蜘蛛等，此时可喷施40%氧化乐果乳油1 000倍液。

修剪

❶ 茶花长得比较慢，不适合过分修剪，通常把影响植株形态的纤弱枝、徒长枝、干枯枝和病虫枝剪掉就可以了。

❷ 若每个枝条上的花蕾太多，可以采取疏花措施，只留下1～2个，并使留下的花蕾间有一定的距离，剩下的尽早摘掉，以防止损耗营养。

❸ 将要凋落的花也应尽早摘掉，以降低营养的损耗，利于植株的生长发育，促其形成新花芽。

繁殖

茶花可以采用播种法、扦插法、压条法及嫁接法进行繁殖。

摆放建议

茶花可以盆栽或制成插花摆放在客厅、阳台、卧室、书房等光线较好的室内，也可以直接栽种在庭院里观赏。

桂花

GUI HUA

【花草名片】

◎ 学名：*Osmanthus fragrans*

◎ 别名：月桂、金桂、岩桂、木樨。

◎ 科属：木樨科木樨属，为常绿阔叶灌木或小乔木。

◎ 原产地：最初产自中国西南地区，广西、广东、云南、四川及湖北等省区都有野生，印度、尼泊尔、柬埔寨亦有分布。

◎ 习性：为阳性树，喜欢阳光，在幼苗阶段具一定的忍受荫蔽的能力。喜欢温暖、通风流畅的环境，具一定的抵御寒冷的能力。

◎ 花期：9–10月。

◎ 花色：深黄、柠檬黄、浅黄、黄白、橙和橘红等色。

净化功能

桂花抵抗二氧化硫的能力非常强，对硫化氢、氯化氢、氟化氢及苯酚等污染物也有一定的抵抗能力。另外，它还能吸收氯气及汞蒸气，每1千克叶片便可吸收4.8克氯。

桂花散发出的挥发性油类有明显的杀菌功能，可遏制葡萄球菌、肺炎球菌及结核杆菌的生长与繁殖，并可净化房间内的空气，令人精神愉快。

桂花的叶片纤毛可截下空气里的悬浮微粒与烟雾灰尘，可谓“天然的除尘器”。

选盆

栽种桂花宜选用较深的紫砂陶盆或釉陶盆，尽量不用塑料盆。

择土

桂花对土壤没有严格的要求，但适宜生长在土层较厚、有肥力、排水通畅、腐殖质丰富的中性或弱酸性沙质土壤中，在碱性土壤中会生长不良。

新手提示：如果土壤的酸性太强，则植株会长得很慢，叶片会变得干枯、发黄；如果使用碱性土壤，2～3个月后便会造成叶片干枯、萎蔫或死亡。

栽培

❶ 先在花盆底部铺上一层河沙或蛭石，以利通气排水，然后再铺上一层厚约2厘米的泥炭土或细泥，高达盆深的1/3。

❷ 将桂花的幼苗放进盆中（根部要带土坨），填入土壤，轻轻压实。

❸ 栽好后要浇透水分，然后放置荫蔽处约10天，逐渐恢复生长。

浇水

❶ 桂花不能忍受干旱，可是也怕积聚太多水，因此在栽植期间应格外留意浇水的量及次数，通常以"不干不浇"为浇水原则。

❷ 新枝梢萌生前、雨季及冬天浇水宜少一些。

❸ 在夏天和秋天气候干燥时，浇水宜多一些。

❹ 刚种植的桂花应浇足水，并以常向植株的树冠喷洒水为宜，以维持特定的空气相对湿度。

❺ 在植株开花期间应适度控制浇水的量，但不要造成旱情，不然易使花朵凋落。

新手提示：平日浇水时，令土壤的含水量约维持在50%就可以。

光照

桂花喜欢阳光，可是在幼苗阶段也具一定的忍受荫蔽的能力。盆栽植株在幼苗阶段时，可以把其置于室内有散射光且光线充足的地方；成龄植株则需置于光照充足的地方。

温度

桂花喜欢温暖，具一定的抵御寒冷的能力，然而不能忍受极度的寒冷。它的生长适宜温度是15~28℃，冬天要搬进房间里过冬，室内温度最好控制在0~5℃。

施肥

桂花嗜肥，有发两次芽、开两次花的特性，需要大量肥料。定植后的幼苗阶段应以"薄肥勤施"为施肥原则，主要施用速效氮肥。

病虫防治

桂花的病害主要为炭疽病和红蜘蛛虫害。

❶ 当桂花患上炭疽病时，叶片会渐渐干枯、发黄，然后变为褐色。此时应马上把病叶摘下并烧掉，同时加施钾肥和腐殖肥，以增强植株抵抗病害的能力。

❷ 红蜘蛛虫害在高温干燥的环境中经常发生，被害植株的叶片会卷皱，严重时则会枯落，每周喷施40%的氧化乐果乳油2 000 ~ 2 500倍液一次，连续喷施3 ~ 4次便可灭除。

修剪

❶ 在冬天应及时剪掉纤弱枝、重叠枝、徒长枝及病虫枝等，以改善通风透光效果。

❷ 树冠太宽、生长势旺盛的植株，可以把上部的强枝剪掉，留下弱枝。

❸ 枝条太稠密、生长势中等的植株，则需仔细疏剪、适当保留枝梢。

繁殖

桂花可采用播种法、扦插法、压条法及嫁接法来繁殖。

摆放建议

桂花可直接栽种在庭院，也可盆栽摆放在阳台、客厅、天台等光线较好的地方，还可制成盆景、瓶插装点居室。

石榴

SHI LIU

【花草名片】

◎ 学名：*Punica granatum*

◎ 别名：若榴、天浆、沃丹、丹若。

◎ 科属：石榴科石榴属，为落叶小乔木或灌木。

◎ 原产地：最初产自波斯，也就是现在的伊朗、阿富汗等中亚地区，在公元前2世纪左右传进中国。

◎ 习性：喜欢温暖、干燥、光照充足的环境，不能忍受荫蔽，在荫蔽的地方会长得不好。能忍受干旱，不能忍受积水，具一定的抵御寒冷的能力。

◎ 花期：5–7月。

◎ 花色：红、白、粉红、黄和玛瑙等色。

净化功能

石榴对二氧化碳、二氧化硫、氯气、硫化氢、氯化氢、氟化氢、臭氧、过氧化氮、水杨酸、乙烯、乙醚、铅蒸气及汞蒸气等有害气体有着非常强的抵抗与吸收能力。尤其值得一提的是，石榴对减少房间内空气里的铅含量很有成效，可以对房间内的空气起到很好的净化作用。另外，石榴阻碍、滞留灰尘的能力也比较强，可以用来做严重污染区域的绿化树木或密植成围墙。

选盆

盆栽石榴可以使用瓦盆、陶盆及塑料盆等，盆的口径通常超过30厘米。

择土

石榴对土壤没有严格的要求，能忍受贫瘠的土壤，耐盐力较强，喜欢土质松散、有肥力且排水通畅的沙质土壤，然而在太黏重的土壤中其正常的生长发育会受到影响。

栽培

❶ 在花盆底部的排水孔上铺放几块碎小的瓦块，以便于排除过剩的水分，然后放入少量土壤。

❷ 将石榴幼株置入盆土中，继续填土，轻轻压实，浇透水分。

❸ 等到盆土向下沉落后再填入一部分土壤，轻轻压实，此后细心照料即可。

新手提示：通常石榴每隔1～2年需在早春更换一次花盆和土壤，更换花盆的同时还应注意修剪植株的根系、修整枝条及施入底肥，以促使植株萌生新的枝条。

浇水

❶ 石榴能忍受干旱，不能忍受积水，浇水应以“见干见湿，宁干勿湿”为原则。

❷ 春天晴朗的天气可每1～2天浇水一次。

❸ 植株结果期间和夏天需每天浇水1～2次。

❹ 进入秋天后可每5～7天浇水一次。

❺ 冬天时土壤不干燥不要浇水。

新手提示：如果土壤过分干燥，石榴的叶片将变黄，易使花蕾凋落；如果土壤过分潮湿，则会使植株徒长、叶片宽大，不利于开花。

光照

石榴喜欢光照充足，畏阴暗潮湿，在生长季节要将它摆放在光照充足的地方，夏天可直接摆放在太阳下晒，光照时间越长，植株长得越好。

温度

石榴喜欢温暖，具一定的抵御寒冷的能力。在严寒地区冬天需保持温暖，室内温度宜控制在3~5℃，不可太高，不然会导致植株太早发芽，对翌年长花蕾和结果实不利。

施肥

石榴比较嗜肥，盆栽时在其生长期内需每周施一次薄肥水。土栽的话也需定期在土壤里施入一些饼肥或厩肥，底肥可以用堆肥或饼肥等。

病虫防治

石榴易患黑斑病，有时也会遭受虫害。

❶ 石榴患上黑斑病后，需适当进行修剪，并在发病之初喷施140倍等量式波尔多液或80%的超微多菌灵0.125%～0.17%溶液，连续喷施3次。

❷ 发生桃蛀螟危害时，应尽早把虫果摘掉，并喷50%杀螟松乳油或90%敌百虫药剂1 000倍液1～2次。

❸ 石榴发生茎窗蛾危害时，要马上把被危害的枝梢剪下并焚烧掉，在卵孵化旺盛期可以喷施2.5%敌杀死3 000倍液进行防治，对2～3年生被害枝梢里的幼虫则需用药物进行灭除。

修剪

❶ 石榴的花长在当年生的枝梢上，在3月初植株刚刚萌芽时，要尽早把细弱枝、徒长枝、重叠枝、交叉枝、干枯枝及病虫枝等由基部剪掉，还要将太稠密的主枝剪掉一些，以促其萌生新的枝条。

❷ 夏天需剪掉生长过旺的直竖徒长枝，每株仅挑选并保留3～4个均匀分布的主枝。

❸ 在花朵凋落后需尽早对稠密枝、细弱枝进行疏剪，并对长枝采取摘心处理。

繁殖

石榴可采用播种法、扦插法、分株法、压条法及嫁接法进行繁殖。

摆放建议

石榴是既可观花又可观果的植物，可用大一些的花盆栽种，摆放在阳台、天台或客厅一角，也可以直接栽种在庭院里，还可以制作成盆景摆放在客厅、卧室、书房等处。

W晚香玉

WAN XIANG YU

【花草名片】

◎ 学名：*Polianthes tuberosa*

◎ 别名：月下香、月情香、夜来香。

◎ 科属：石蒜科晚香玉属，为多年生球根类草本植物。

◎ 原产地：最初产自墨西哥和南美洲，在暖温带区域分布较广，中国南方地区大多有栽植。

◎ 习性：喜欢温暖、光照充足的环境，略能抵御寒冷，不能忍受霜冻。喜欢潮湿，但也怕积水，在湿度较低且不积聚太多水的地方可以长得很好。

◎ 花期：7-11月。

◎ 花色：白色。

花言草语

一般的植物都是白天开花，并且开花后就放出香气。晚香玉却不是这样，只有到了夜间才会散发出浓郁的香气来。这是因为晚香玉是靠夜间出现的飞蛾传粉的。晚香玉的花瓣跟一般花瓣构造不同，一旦空气的湿度大，它的花瓣上的气孔就张得大，气孔张大了，散发的香气就多。夜里虽没有太阳照晒，但空气比白天湿得多，所以气孔就会张大，放出的香气也就特别浓。在黑夜里，晚香玉就凭借着自身散发出来的强烈香气，引诱长翅膀的飞虫前来“拜访”，为它传送花粉。但如果长期把晚香玉放在室内，浓烈的香气会引起人们头昏、咳嗽，甚至气喘、失眠。所以，白天可以把晚香玉放在室内，傍晚时则应搬到室外。

净化功能

晚香玉有强力抵抗二氧化硫、氯气及氯化氢的能力，不管是白天还是晚上皆可以吸收很多二氧化碳，同时释放出大量清新的氧气，可以很好地提高房间里的负离子浓度，令空气保持清爽新鲜。

选盆

栽种晚香玉时宜选用泥盆，避免使用瓷盆或塑料盆，因为这两种盆的透气性较差。

择土

晚香玉对土壤没有严格的要求，有较强的适应能力，具一定的忍受盐碱的能力，然而以有肥力、土质松散、排水通畅的沙壤土为宜。

新手提示：其盆土一般用泥炭土或腐叶土3份加粗河泥2份和少量的底肥配成。

栽培

❶ 在花盆底部铺上约1/5深的细碎砖块，以利于排水，然后置入少量土壤。

❷ 将晚香玉幼苗置入盆中，扶正然后填土。

❸ 向盆中浇透水分，放置于阴凉处，细心照料。

浇水

❶ 晚香玉喜欢潮湿，畏积水，平日令土壤维持较低的湿度就可以，不可积聚太多水。

❷ 刚栽种后不宜浇太多水，否则影响开花。

❸ 等到花茎将要抽生出来时即花朵开放前期，需浇灌充足的水并令土壤维持潮湿状态。

新手提示：晚香玉一定要放置在通风良好的环境里，以免浇水后盆中积水过多。

光照

晚香玉喜欢光照充足的环境，因此应多放置于阳光充足处，但在夏季的中午应避免烈日曝晒。

温度

晚香玉喜欢温暖的环境，略能抵御寒冷，不能忍受霜冻，生长适温白天是25~30℃，晚上是20~22℃。

施肥

一般在种植一个月后要施用稀薄的腐熟饼肥1～2次；在夏天温度较高时，应严格控制追肥的施用量及浓度，以避免造成茎叶徒长；花茎抽生出来时和现蕾期间应分别施用一次磷肥和钾肥，能令植株茁壮、花朵繁多娇艳。

新手提示：晚香玉嗜肥，栽植时需施入充足的底肥，在生长季节需每月施用一次肥料。

病虫防治

晚香玉经常会受到根腐病及蓟马的危害，此时需喷施2.5%溴氰菊酯乳油4 000倍液进行灭杀。

修剪

❶ 当晚香玉的花梗长至40厘米高时宜搭设架子，以稳固花枝。

❷ 立秋以后它的地上部分会干枯萎缩，应尽早把干枯发黄的茎叶剪掉，以避免耗费太多的养分。

繁殖

晚香玉经常采用分球法进行繁殖，也可以采用播种法繁殖，然而播种繁殖大多用在新品种的培育上。

摆放建议

晚香玉可盆栽摆放在门厅、门廊，也可以制作成插花装点客厅。但因其具有浓郁的香气，不宜摆放在卧室。

栀子花

ZHI ZI HUA

【花草名片】

◎ **学名**：*Gardenia jasminoides*

◎ **别名**：山栀子、黄栀、白蟾花、玉荷花。

◎ **科属**：茜草科栀子属，为常绿灌木植物。

◎ **原产地**：最初产自中国长江流域，生长在中国中部和南部地区。

◎ **习性**：喜欢温暖、潮湿的气候，抵御寒冷的能力不太强。喜欢光照充足，也能忍受半荫蔽的环境，畏强烈的阳光直接照射和久晒，应遮蔽大约50%的阳光。

◎ **花期**：6-8月。

◎ **花色**：白色。

净化功能

栀子花有强力抵抗与吸收二氧化硫的能力，也有比较强的抵抗氯气、氟化氢及臭氧的能力。另外，它还有吸纳、滞留粉尘的作用，可以很好地净化空气。

选盆

栽种栀子花宜选用较浅或中深的紫砂盆，不宜用塑料盆。

择土

栀子花喜欢有肥力、土质松散、排水通畅、微黏性的酸性土壤，在碱性土壤中生长容易变黄，是典型的酸性土植物。

新手提示：盆栽时的培养土最好用40%园土、15%粗沙、30%厩肥土与15%腐叶土来调配。

栽培

❶ 将栀子花幼苗的根部浸泡在水中，每天换水1次，1周后才可上盆栽植。

❷ 在花盆底部铺上一层砖瓦片，以利于排水，然后加入一层土壤。

❸ 将栀子花幼苗置入盆中，继续填土，然后将土壤轻轻压实，浇透水分即可。

新手提示：盆栽栀子花时，通常要每2～3年更换一次花盆。

浇水

❶ 栀子花喜欢潮湿，平日需令土壤维持潮湿状态，并留意提高空气相对湿度，浇水适宜用雨水或经发酵后的淘米水。

❷ 刚刚栽种后应留意浇水，令盆土保持潮湿。

❸ 夏天除了浇水之外，还需每天清晨和傍晚分别朝叶面喷水一次，以提高空气相对湿度，令叶片表面有光亮。

❹ 8月开花后仅可浇灌清水，并控制浇水的量。

❺ 冬天浇水宜少，使土壤处于潮湿而偏干状态，可经常用清水喷洒植株的叶片表面，以令其光滑、洁净。

光照

栀子花喜欢光照充足，也能忍受半荫蔽环境，怕强烈的阳光久晒，夏天正午前后应留意为其适度遮蔽阳光。

温度

栀子花喜欢温暖，具有一定的抵御寒冷的能力，在我国长江以南地区栽植时能露地过冬，在北方地区仅适合用盆栽植，冬天要移入房间里并摆放在朝阳的地方。

施肥

栀子花嗜肥，在生长季节需经常施用追肥，每月施用一次浓度较低的肥料，或每隔10～15天浇施0.2%硫酸亚铁水或矾肥水一次，可以避免土壤转为碱性，给土壤补给铁元素，避免植株的叶片发黄。在开花前要加施1～2次磷、钾肥，能促进花朵长得硕大。

新手提示：冬天不要对栀子花施肥。

病虫防治

栀子花经常发生的病害为黄化病、叶斑病及各种虫害。

❶ 黄化病可按期在浇的水里加入0.1%硫酸亚铁溶液来预防和治理。

❷ 叶斑病喷施65%代森锌可湿性粉剂600倍液即可预防和治理。

❸ 发生介壳虫及粉虱危害时，喷施40%氧化乐果乳油1500倍液可灭杀。

❹ 发生刺蛾危害时，喷施2.5%敌杀死乳油3 000倍液即可有效灭除。

修剪

❶ 栀子花具有很强的萌生新芽的能力，为防止枝叶交叉重叠、纤弱杂乱，需在合适的时间对其修剪。

❷ 栀子花于4月孕育并形成花蕾，所以4–5月期间除了要把少数繁杂的枝叶剪掉之外，通常需着重保护花蕾。

❸ 6月植株开花，应尽早将未落尽的花剪掉，以促进其抽生出新枝梢，当新枝梢长出2～3节时，则应采取首次摘心处理，并适度抹掉一些腋芽。

❹ 8月花朵凋谢后应采取第二次摘心处理，并尽早修剪植株，摘去顶梢，以促使其萌生新枝梢，培育树冠，令株形美观、花朵繁多。

❺ 次年早春应尽早将徒长枝、稠密枝、瘦弱枝及干枯枝剪掉，避免过度损耗养分，对促使植株萌生新枝梢很有利。

繁殖

栀子花可采用播种法、扦插法、分株法及压条法来繁殖，其中以扦插法与压条法最常用。

摆放建议

栀子花具有较强的环保功能，可以直接栽种在庭院露地，也可以盆栽摆放在客厅、卧室、书房，还可以制成插花或花篮装点居室。

丁香花

DING XIANG HUA

【花草名片】

◎ 学名：*Syringa oblata*

◎ 别名：紫丁香、情客、鸡舌香、百结。

◎ 科属：木犀科丁香属，为落叶小乔木或灌木。

◎ 原产地：主要生长于亚洲温带和欧洲东南部地区，中国原产有23种。

◎ 习性：为弱阳性植物，喜欢温暖、光照充足，略能忍受荫蔽的环境。比较能忍受干旱，许多品种也有一定的抵御寒冷的能力。喜欢潮湿，怕水涝，若积聚太多的水会引发病害或导致整株死亡。

◎ 花期：4–5月。

◎ 花色：紫红、紫、浅紫、蓝紫、蓝和白色等。

净化功能

丁香花具有比较强的抵抗二氧化硫、氯气、氨气、氯化氢及氟化氢等诸多有毒气体的能力，并能够很好地吸纳、滞留粉尘。它挥发出来的香味物质还可杀死白喉杆菌、肺结核杆菌、伤寒沙门氏菌及副伤寒沙门氏菌等病菌，防止传染病的发生。

需留意的是，丁香花晚上会散布很多刺激性的细小颗粒，对高血压及心脏病患者有较大影响，故不宜置于卧室。

选盆

栽种丁香花宜选用透气性能好的瓦盆，也可用大型花盆或木桶栽种。

择土

丁香花对土壤没有严格的要求，有很强的适应能力，最适宜在土质松散、有肥力且排水通畅的中性土壤中生长，不可栽植在强酸性土壤中。

新手提示：盆栽丁香花一般用黑山土，俗称兰花泥。

栽培

❶ 在花盆底部铺一层粗粒土，作为排水层，然后置入部分土壤。

❷ 将丁香花的幼苗置入花盆中，继续填土，轻轻压实，浇透水分。

❸ 上盆后放置于阴凉处数日，然后再搬到适当位置正常养护。

新手提示：种植好后需马上浇透水一次，此后每隔10天浇透水一次，连续浇3～5次植株才能存活。需留意的是，每次浇完水后皆应及时翻松土壤，以促使植株尽快长出新根。

浇水

❶ 丁香喜欢潮湿，怕水涝，通常不用浇太多水。

❷ 4–6月气温较高、气候较干，也是丁香花生长势强及开花繁密茂盛的一个时间段，需每月浇透水2～3次，以供给植株对水分的需求。

❸ 11月中旬到进入冬天之前应再浇3次水，以保证植株安全过冬。

花言草语

在我国，丁香花已经具有1000余年的栽植历史，为最常见的欣赏花木中的一种。它在百花争艳的农历二月开放，花朵繁多、花色娇艳、花香浓厚，很受人们的喜欢。

在文学界，丁香花是忧伤郁结的代称。晚唐诗人李商隐在《代赠》中以“芭蕉不展丁香结，同向春风各自愁”一句，抒发了青年女子想念恋人的真实感情。现代诗人戴望舒所写的《雨巷》一诗，里面的“我希望逢着一个丁香一样地结着愁怨的姑娘”一句，早就成了备受人们称赞和传颂的美妙诗句，戴望舒也因此诗得到了“雨巷诗人”这个高雅的名号。

光照

丁香花喜欢光照充足的环境，在荫蔽的环境下长势不好，枝条细弱，且开花稀少，但也不宜长期曝晒。

温度

丁香花喜欢温暖的环境，但许多品种具有一定的抵御寒冷的能力。

施肥

丁香花需肥量不大，不需对其施用太多肥料，不然会令枝条徒长，不利于开花。通常每年或隔年开花后施用一次磷钾肥和氮肥就可以了。

新手提示：冬天根据需要可以再加施磷钾肥一次。

病虫防治

丁香花的病虫害非常少，常见的是蚜虫、刺娥和袋蛾危害，发病时皆可喷施1000倍25%的亚胺硫磷乳油或800～1000倍40%氧化乐果乳。

修剪

❶ 春天通常于芽萌动之前对丁香花修剪整形，包括剪掉稠密枝、干枯枝、纤弱枝和病虫枝等，同时留意适当留存更新技。

❷ 如果不用留种子，在花朵凋谢后应尽早把未落尽的花及花穗剪掉，这样能降低营养成分的损耗量，以促使植株萌生新枝及形成花蕾。

❸ 夏天修剪枝条应采取短截措施，以促使植株加快生长。

繁殖

丁香花可采用播种法、扦插法、分株法、压条法及嫁接法进行繁殖。

摆放建议

丁香花可直接栽种在庭院里观赏，也可以用大型花盆或木桶栽种，用来装饰客厅、阳台等处。

金银花

JIN YIN HUA

【花草名片】

◎ 学名：*Lonicera japonica*

◎ 别名：金银藤、二宝花、鸳鸯藤、忍冬。

◎ 科属：忍冬科忍冬属，为多年生常绿缠绕木质藤本植物。

◎ 原产地：最初产自中国，全国大多数地区都有分布。

◎ 习性：喜欢阳光充足的环境，也能忍受荫蔽，有比较强的抵御寒冷的能力，能忍受干旱和潮湿。生长得强壮健康，有很强的适应能力，根系旺盛，萌生新芽的能力很强，茎接触到地面就可长出根来。

◎ 花期：5–7月。

◎ 花色：花冠起初呈白色，1～2天后变成黄色。

花言草语

中医认为，金银花性寒、味甘，有清热解毒的功效，一般用来治疗热毒肿痛、痈疽疔疮等症。中国民间有这样一个习惯，炎夏即将来临之际，给小孩子喝几次金银花茶，可以预防夏季热疖的发生；盛夏酷暑之际，常喝金银花茶能预防中暑、肠炎、痢疾等症。可见金银花是一味不可多得的良药。

净化功能

金银花有比较强的抵抗二氧化硫、二氧化碳、氟及氟化氢的能力，可以很好地净化空气。另外，它所释放出来的挥发性油类还有杀灭细菌的功用。

选盆

盆栽金银花需选择使用比较深、口径比较大的泥盆。

择土

金银花对土壤没有严格的要求，在酸性和碱性土壤中都可以生长，然而以在潮湿、有肥力、土层较深的沙壤土中生长最为适宜。

栽培

1. 上盆前，先将选好的花盆洗刷干净，然后在盆底铺上一层碎瓦片，再填入少量土壤。
2. 将金银花幼苗置入盆中，继续填土，然后蹾实盆土，浇透水。
3. 将花盆移置半阴处，保持盆土湿润，常喷水，一个月后即可正常护理。

浇水

1. 金银花能忍受干旱和潮湿，然而土壤不适宜长时间太湿，平日浇水应把握“见干见湿”的原则。
2. 在夏天气温较高、天气炎热时，需加大浇水的量和次数，并需时常在清晨和傍晚向叶面与四周地面喷洒水。
3. 冬天需控制浇水，等到土壤发白时再对植株浇水就可以。

光照

金银花喜欢充足的光照，也能忍受半荫蔽环境，盆栽房间内料理时需摆放在朝阳的地方。

新手提示：在夏天阳光比较强烈时，则需为它适度遮蔽阳光。

温度

金银花的生长适宜温度是20~30℃，萌芽的适宜温度是5℃。它具有比较强的抵御寒冷的能力，在–10℃朝阳的、避风的且具一定湿度的环境下叶片不会脱落，在温度低到－30℃的条件下也可顺利过冬。

施肥

在每年早春发芽后和夏天采摘完花朵后，皆需追施一次肥料，主要施用草杂肥或堆肥等有机肥，同时施用尿素或复合肥。在生长季节需追施1～2次肥料，在开花之前加施磷肥能令花朵繁多茂盛。

新手提示：更换花盆时可施用适量的饼肥作底肥，以促进植株加快生长发育。

病虫防治

金银花的病害主要是炭疽病、白粉病和各种虫害。

1. 发生炭疽病时，可以浇灌敌克松原粉稀释500～1000倍液来治理。
2. 在苗期发生白粉病时，可以喷洒三唑铜1 500倍液，在现蕾前期则可以喷洒甲基托布津或多菌灵来治理。
3. 金银花的虫害主要是红蜘蛛、蚜虫及毛虫等，喷洒80%敌敌畏1 200倍稀释液即可进行灭杀。

修剪

1. 金银花通常每年开2次花，在首批花朵凋谢后需对新生枝梢采取适度摘心处理，促进植株萌生第二批花芽。
2. 对超过3年生的植株，在每年入冬后或初春时，需尽早把纤弱枝、徒长枝、交叉枝、稠密枝、干枯枝、衰老枝及病虫枝等剪掉，以减少营养消耗，促进其萌生出新的枝梢及孕育出花蕾。

繁殖

金银花可采用播种法、扦插法、分株法及压条法来繁殖，其中以播种法与扦插法最常用。

摆放建议

金银花可盆栽摆放在阳台、天台等向阳的地方，可直接栽种在庭院，也可制作成盆景摆放在餐厅、客厅等处。

F 非洲菊

FEI ZHOU JU

【花草名片】

◎ 学名：*Gerbera jamesonii*

◎ 别名：扶郎花、灯盏花、猩猩菊。

◎ 科属：菊科大丁草属，为多年生宿根草本植物。

◎ 原产地：最初产自非洲南部地区，少数生长在亚洲。

◎ 习性：喜欢温暖、潮湿、空气畅通、光照充足的环境，属半耐寒性植物，怕酷热和积水。

◎ 花期：若条件适宜，一般全年都能开花，其中以4-5月及9-10月最为繁盛。

◎ 花色：大红、橘红、浅红、黄、浅黄和粉等色。

净化功能

非洲菊吸收甲醛的能力比较强，还可以将打印机、复印机排放出来的苯分解掉，将烟草里的尼古丁吸收掉。

选盆

栽种非洲菊一般选用素烧陶盆或塑料盆，以多孔的浅盆为好，盆高最好小于盆直径。

择土

非洲菊对土壤没有严格的要求，最适宜生长在土质松散、有肥力、排水通畅且腐殖质丰富的沙质土壤或腐叶土中，不能在黏重土壤中生长，弱酸性土壤较为适宜。盆栽时适宜用腐叶土或泥炭土。

新手提示：非洲菊在中性或弱碱性土壤中也可以生长，但在碱性土壤中植株的叶片容易出现缺铁的症状。

栽培

1 在盆底铺上一层碎瓦片，再填入少量土壤。

2 将非洲菊幼苗置入盆中，继续填土，非洲菊有“收缩根”，所以必须种植得浅一些，令根颈部略露出土壤表面为好。

3 上盆后需马上浇水，并适度遮蔽阳光，令土壤维持湿润，直到植株萌生出充足的叶片为止。

浇水

1 非洲菊在生长过程中需要大量水分，必须常浇水才能满足植株所需，但不可积聚太多的水。

2 夏天水分蒸发得迅速，需适度多浇一些水，可以每3~4天浇一次水，并结合追施肥料进行。

3 冬天需适当少浇水，令土壤保持略干状态为宜，半个月左右浇水一次就可以。

新手提示：浇水最好在早晨或太阳西下后一小时进行。

光照

非洲菊属喜光性植物，每日阳光照射不可少于12小时。盆栽时一定要将盆花置于阳光充足处，能令叶片健康壮实、花梗直立高耸、花朵颜色鲜艳。

温度

非洲菊喜欢温暖，怕酷热，属半耐寒性植物。它的生长适宜温度白天是20~25℃，晚上是14~16℃。非洲菊能忍耐短时间的0℃低温，如果温度在0℃以下，就会遭受冻害；如果温度超过30℃，植株的生长便会受到阻碍，令开花变少。

施肥

非洲菊全年都可开花，自身需要耗费大量肥料，因此在一个完整的生长周期内需接连追施肥料，然而需把握“薄肥勤施”的原则。在植株分化花芽前需加施氮肥及有机肥，以促进植株叶片生长；在花芽形成到开花之前需加施磷、钾肥1～2次；在开花阶段若叶片既小又少，可以适量加施氮肥。

病虫防治

非洲菊的病害主要是枯萎病、白粉病、叶斑病及各种虫害等。

1. 对于枯萎病，可以喷施65%代森锌可湿性粉剂600倍液进行预防和治理。
2. 对于白粉病，可以每7～10天喷洒一次70%甲基托布津1 500倍液或75%粉锈宁可湿性粉剂1 000～1 200倍液，接连喷洒2～3次即可有效预防和治理。
3. 对于叶斑病，可以喷洒50%多菌灵可湿性粉剂500倍液或70%甲基托布津可湿性粉剂800～1 000倍液来预防和治理。
4. 非洲菊的常见虫害为蚜虫与红蜘蛛，出现时可喷施40%氧化乐果乳油2 000倍液进行灭杀。

新手提示：喷洒药液会对花朵颜色造成不良影响，故开花期间不宜使用。

修剪

1. 非洲菊叶片过多，会不利于植株接受阳光照射及通风流畅，容易引起病虫害，所以在生长季节应时常适当摘除叶片。
2. 在保证每一株丛里的每一分株留下3～4片功能叶的前提下，应尽早将病虫叶、枯黄叶和已经被采下花朵的老叶摘除，同时将重叠在相同方向的不必要的叶片摘除。
3. 除了摘除叶片之外，还应对植株适度疏除花蕾。如果在一个相同的时间段内，植株上有多于3个的发育程度相近的花蕾，为了集中营养成分，需把不必要的花蕾摘掉。

繁殖

非洲菊可以采用播种法、扦插法及分株法进行繁殖。

摆放建议

非洲菊色彩艳丽，可直接种植在庭院里观赏，也可以盆栽摆放在窗台、阳台、书房、客厅等处。

小叶女贞
XIAO YE NÜ ZHEN

【花草名片】

◎ 学名：*Ligustrum quihoui*

◎ 别名：小白蜡、小叶水蜡树、小叶冬青、米叶冬青。

◎ 科属：木犀科女贞属，为落叶或半常绿灌木。

◎ 原产地：最初产自中国中部、东部及西南部地区。

◎ 习性：喜欢光照充足的环境，略能忍受荫蔽。喜欢温暖、潮湿的气候，在干燥的地方会生长不好，能忍受炎热，也比较能忍受寒冷。为深根性植物，须根生长旺盛，有很强的适应能力和萌生新枝的能力，长得很快，非常经得住修剪。

◎ 花期：8–9月。

◎ 花色：白色。

花言草语

传说在秦汉年间，江浙临安府一个员外家有一个年轻漂亮的女儿，追求者络绎不绝，但小姐都不喜欢，唯独对她的教书先生动了情。然而，这段感情并没有得到员外的支持。员外因贪图官位而将爱女许给了县令为妾。小姐出嫁那天，含恨撞死在闺房中。教书先生听到小姐殉情的消息，犹如晴天霹雳，整日茶饭不思，忧郁成疾，头发都变白了，经常到小姐坟前凭吊。不久，坟头上忽然长出一棵常绿树木，枝叶繁茂，硕果累累。教书先生摘而食之，顿觉精神倍增。此后病竟好转，白发也乌黑了。教书先生很是震惊，深情吟道："此树即尔兮，求不分离兮。"李时珍在《本草纲目》中曾描述过小叶女贞："此木凌冬青翠，存贞守文操，故以女贞状之。"

净化功能

小叶女贞有比较强的抵抗二氧化碳、二氧化硫、氯气、氯化氢及氟化氢等有害气体的能力。另外，它吸纳、滞留粉尘的能力也比较强，可以使大气的质量变得更好，是抵抗污染、净化空气的良好植物。

选盆

盆栽小叶女贞一般使用紫砂盆或釉陶盆，尽量不用塑料盆。

择土

小叶女贞对土壤没有严格的要求，在除了盐碱土之外的任何土质上都可以生长，但在土质松散、有肥力、腐殖质丰富且排水通畅的土壤中生长得最好。

新手提示：盆栽时一般用腐叶土或已经熟化的田园土来作培养土。

栽培

1. 选取1～2年生粗大健壮的枝条，剪为长10～15厘米的小段，将下部叶片全部去掉，上端保留2～3对叶片。
2. 将剪好的枝条插进盆土中2～3厘米深，再浇足水，使土壤维持潮湿状态。
3. 将花盆放置通风处，时常朝枝条喷水，约两个月后就能长出根来。

新手提示：浇水后可覆上塑料膜保湿，放置于遮荫处。

浇水

1. 平时浇水令土壤维持潮湿状态就可以，然而略湿或略干也不会对植株的生长造成不利影响。
2. 夏天较干旱时，2～3天浇一次水，每日喷洒水。
3. 冬天则要控制浇水次数，约每周浇一次水即可。

光照

小叶女贞喜欢光照充足的环境，也略能忍受荫蔽，然而最适宜将其摆放在光照充足的地方料理，以促进其正常生长和发育。

温度

小叶女贞对温度具有很强的适应能力，能忍受炎热，也比较能忍受极度的寒冷，对温度没有严格的要求。

施肥

在种植小叶女贞时应施用适量的底肥，在生长季节则不适宜施用过多肥料，不然容易导致植株徒长，降低欣赏价值。

病虫防治

小叶女贞经常受叶蜂虫的危害，这种害虫藏于植株的叶背，取食小叶女贞叶，会将叶片啃咬成大量空洞，形如筛状，妨碍了小叶女贞的生长及观赏效果。防治时可以喷洒40％氧化乐果乳油或50％敌敌畏乳油1 500～2 000倍液。

修剪

❶ 在每年春天更换培养土时，需把比较长的须根剪短，并疏除一些绒根，以防止绒根充满整个花盆，对植株根部的呼吸、盆土水分的保持及植株的生长造成不利影响。

❷ 用小叶女贞制作盆景时，适宜用粗扎细剪法来造型，也就是先用棕丝或金属丝把植株的主干和主枝进行适度绑扎，之后再对小枝细致地修剪。

繁殖

小叶女贞可采用播种法、扦插法及分株法进行繁殖。

摆放建议

小叶女贞叶小、常绿，生长迅速，耐修剪，比较适合制作成盆景摆放在客厅、书房、阳台等处。

含笑

HAN XIAO

【花草名片】

◎ 学名：*Michelia figo*

◎ 别名：香蕉花、酥瓜花、笑梅、烧酒花。

◎ 科属：木兰科含笑属，为常绿灌木或小乔木。

◎ 原产地：最初产自中国广东及福建一带，如今由华南到长江流域各省都广泛栽植。

◎ 习性：喜欢温暖、潮湿的气候及通风顺畅的环境。喜欢半荫蔽，畏强烈的阳光久晒。忌水涝，不能忍受干旱，不耐寒。

◎ 花期：3-6月。

◎ 花色：花朵呈淡黄色，花瓣边缘具紫纹，花瓣基部内侧有紫色晕。

净化功能

含笑能够强力抵抗氯气的污染，为净化、绿化、美化工矿区的优良植物。此外，它所释放出来的挥发性芳香油，对杀灭肺炎球菌及肺结核杆菌都很有成效。

选盆

栽种含笑花宜用中深的紫砂陶盆或釉陶盆。

择土

含笑不能在贫瘠的土壤中生长，喜欢有肥力、土层较厚、透气性好且排水通畅的弱酸性土壤，在中性土壤里也可以正常生长，然而在碱性土壤中会生长不好，容易患黄化病。

新手提示：盆栽的时候，培养土可以用腐叶土4份、厩肥3份和河沙3份来混合配制。

栽培

1. 在花盆底部铺上一层薄瓦片，扣住排气孔，再放入一层约1厘米厚的粗沙或碎石子。
2. 将含笑的幼苗放在盆中央，把土壤逐次放入盆中，并加以摇动，使根系与土壤密切接合，轻轻压实，注意盆土距盆沿应留有约2厘米的距离。
3. 入盆后需浇透水分，置于阴处3～5天后，才能让其逐渐见弱光。

浇水

❶ 含笑不能忍受干旱，喜欢潮湿，但也畏水涝，涝害易使其根系腐烂或发生病虫害，故浇水以“见干见湿”为原则。

❷ 在上盆后应浇透水一次，日后伴随着气温增高及生长变快，浇水的量与次数也要渐渐增多。

❸ 春天每隔1～2天浇水一次即可。

❹ 夏天气温较高时，需每日清晨和傍晚分别浇水一次，并朝叶片表面和花盆周围喷水，以维持潮湿环境。

❺ 秋天和冬天不用浇太多水，令盆土维持稍潮湿状态就可以。

光照

含笑喜欢半荫蔽的环境，不能忍受强烈的阳光久晒，在夏天阳光强烈时应适度进行遮蔽，秋天气候凉爽后可多接受一些光照，在冬天则要摆放在房间内朝阳且通风良好的地方。

温度

含笑喜欢温暖的环境，不能抵御寒冷，其生长适宜温度白天是18～22℃，晚上是10～13℃，成龄苗可忍受－2℃的低温，如果温度在－2℃以下则容易遭受冻害。

新手提示：冬天要将含笑移入温室内过冬，当室内温度高于10℃的时候，冬天植株也可开花，然而香气不浓。

施肥

含笑嗜肥，上盆时候需施入充足的底肥，平日“薄肥勤施”，每隔7～10天施用浓度较低的饼肥水一次，肥料要完全腐熟。春夏两季植株生长势强，可多施肥；秋天植株长得慢，宜少施肥；冬天植株步入休眠或半休眠状态，不宜再施用肥料。

病虫防治

含笑的病害主要是叶枯病、立枯病和介壳虫害。

❶ 患上叶枯病时，应尽早把病叶剪除并放在一起焚毁，彻底断绝侵染源，并喷洒50％的托布津可湿性粉剂800～1 000倍液进行治理。

❷ 患上立枯病后，需使用0.5％的波尔多液喷施植株的茎叶，喷完后用清澈的水冲洗植株即可有效治理。

❸ 当介壳虫害不严重时，可以人力用刷子刷掉；当处于幼虫孵化期时，喷施40％氧化乐果乳油2 000倍液即可灭除。

修剪

❶ 为了令含笑多开花，令树冠内部通风流畅、透气性好，使植株长得健康壮实，可以于每年更换花盆及盆土时，及开花期结束后适度进行修剪，主要是将稠密枝、细弱枝、干枯枝和徒长枝剪掉。

❷ 花朵凋谢后若不保留种子，应尽早把幼果枝剪除，以降低营养成分的损耗量。

繁殖

含笑可采用播种法、扦插法、分株法、压条法及嫁接法进行繁殖，其中以扦插法与压条法最为常用。

摆放建议

含笑所散发出来的香味具有杀灭空气中多种病菌的作用，特别适合摆放在卫生间。盆栽含笑也可以用来装饰书房、客厅、卧室和门厅等处。此外，还可以将含笑制作成插花装点居室。

薄荷

BO HE

【花草名片】

◎ 学名：*Mentha haplocalyx*

◎ 别名：苏薄荷、南薄荷、仁丹草、鱼香草。

◎ 科属：唇形科薄荷属，为多年生草本植物。

◎ 原产地：最初产自北温带，如今世界各个地区都有栽植。

◎ 习性：喜欢温暖、潮湿和光照充足的环境，比较能忍受炎热和荫蔽，畏强烈的阳光直接照射以及久晒，抵御寒冷的能力也比较强。喜欢雨量充足的环境，可是也怕水涝。

◎ 花期：6–10月。

◎ 花色：浅红、浅紫红、浅紫或乳白色。

净化功能

薄荷的整个植株能分泌出浓重的具清新凉爽香味的挥发油，有杀灭及遏制众多致病细菌的功用，能预防疾病，同时还有一定的净化空气的功用，能令空气维持干净、卫生。

选盆

栽种薄荷适宜选择比较深的泥盆，最好不用塑料盆。

择土

薄荷对土壤没有太高的要求，然而最适宜在土质松散、有肥力、有机质丰富、排水通畅的含沙土壤中生长，不能忍受贫瘠与干旱的环境，不能在黏重和酸碱性太强的土壤中正常生长。

新手提示：盆栽薄荷时，可以用腐叶土或山泥加上适量的河沙与有机肥混合调配成培养土。

栽培

1. 在花盆底部铺放几块碎砖瓦片，以便于排水。
2. 在花盆中放入少量土壤，然后将薄荷幼苗放在盆中，一层一层填土，轻轻压实。
3. 浇透水分，然后放置阴凉处细心照料。

浇水

1. 薄荷在生长季节需要比较多的水分，需令盆土维持潮湿状态，不能太干燥，不然容易导致叶片变黄。
2. 在夏天干燥时，可以适度加大浇水量，然而不可积聚太多水。
3. 在秋天和冬天则要少浇一些水。

光照

薄荷喜欢光照充足的环境及长日照，也较能忍受荫蔽的环境，然而畏强烈的阳光直接照射以及久晒。

新手提示：在生长季节薄荷需接受充足的阳光照射，在夏天阳光较强烈时则需进行适度遮蔽，防止被强烈的阳光灼伤。

温度

薄荷喜欢温暖，也较能抵御寒冷，生长适宜温度是20~30℃，温度太高或太低皆会减缓其生长速度。当土壤温度为2~3℃时，它的地下茎能萌芽，嫩芽能忍受－8℃的低温。

施肥

每年应对植株追施3～5次肥料，可以结合除草进行。在植株生长的前期，为了促使茎叶长得繁茂，需主要施用氮肥，适量配合施用磷肥和钾肥，适宜“薄肥勤施”，不能施用太多或太浓的肥料。

病虫防治

薄荷经常发生的病害为斑枯病、锈病。

❶ 如果植株患了斑枯病，需立即拔掉病株并集中焚毁，且在发病之初喷洒75%的百菌清可湿性粉剂500～700倍液，每隔7天喷洒一次，连喷3～4次就能有效治理。

❷ 如果植株患了锈病，需在发病之初喷洒25%的粉锈宁可湿性粉剂1 000～1 500倍液或65%的代森锌可湿性粉剂500倍液来治理。但食用的薄荷在收割前20天不要再喷洒药液。

花言草语

人类利用薄荷的历史已经有2 000余年，伴随着社会的发展与人们生活水平的上升，薄荷系列产品的应用范围也日益扩大。薄荷的嫩茎叶可以用来制作使人感觉清爽的饮料和糕饼点心，其芬芳的清爽味道可以促进消化、增强食欲；而薄荷油和薄荷脑则为食品、糖果、饮料等工业的主要原材料。另外，薄荷整株还能用做药物，具清利头目、消除瘙痒、驱散风热、治疗气滞及解除心情抑郁所引起的胸闷等症状的功用，能被用来制作消毒药、祛风药和健胃药等。

修剪

在立春之后可以对老龄植株采取修剪措施，截掉1/2，以促进其萌生新的枝条。

繁殖

薄荷经常采用分株法及扦插法进行繁殖，扦插法常在春季和夏季进行。

摆放建议

薄荷具有提神醒脑的作用，养一盆薄荷可使人头脑清晰、提高工作效率。所以，薄荷适合摆放在书房的窗台、书架和桌案上。要注意的是，不适合在卧室摆放薄荷，否则影响睡眠质量。

太阳花

TAI YANG HUA

净化功能

太阳花对吸收一氧化碳、二氧化硫、氯气、过氧化氮、乙烯和乙醚等有害气体很有成效，也能够较好地抵抗氟化氢的污染。盆栽太阳花在房间内能较好地吸收及抵抗家电设备、塑料制品、装修材料等释放出来的有害气体，减少它们对人们身体健康的伤害。

选盆

太阳花对花盆没有特别要求，用泥盆、瓷盆及塑料盆皆可，也可以用其他底部能排水的容器。

择土

太阳花具很强的适应能力，能忍受贫瘠的土壤，在普通土壤中都可以正常生长，然而最适宜在土质松散、有肥力、排水通畅的沙质土壤中生长。

新手提示：可用3份田园熟土、5份黄沙、2份砻糠灰或细锯末，再加少许过磷酸钙粉均匀拌和成培养土。

栽培

1. 在花盆底部排水的地方需铺放几块碎砖瓦片，以便于排水。
2. 在花盆中放入土壤，然后将太阳花种子播入其中，浇透水分。
3. 太阳花播种后不用细心照料也能成活，只是盆土较干时浇一下水即可。

浇水

1. 太阳花喜欢干燥，畏潮湿，若水分太多会使根茎发生腐坏，在生长季节需把握“见干见湿”的浇水原则，不可积聚太多的水。
2. 在雨季及雨水较多的地区则需留意尽早排除积水，防止植株遭受涝害。

光照

太阳花喜欢光照充足，在生长季节要使其接受充足的阳光照射，夏天也不用遮蔽阳光，如果长时间摆放在昏暗的地方则会令其生长不好。

【花草名片】

◎ **学名：** *Portulaca grandiflora*

◎ **别名：** 半支莲、死不了、午时花、草杜鹃、龙须牡丹、松叶牡丹、大花马齿苋和洋马齿苋。

◎ **科属：** 马齿苋科马齿苋属，为多年生肉质草本植物。

◎ **原产地：** 最初产自南美洲的巴西。

◎ **习性：** 喜欢温暖、干燥、光照充足的环境，不能抵御寒冷，怕水涝，在阴湿的环境里会生长不好。花朵见到阳光就开放，清晨、晚上和天阴时则闭合，光线较弱时花朵不能够完全盛开，因而又被叫做“太阳花”、“午时花”。

◎ **花期：** 6-10月。

◎ **花色：** 红、粉、橙、黄、白和紫红等深浅不一的单色及带条纹斑的复色。

温度

太阳花喜欢温暖，能忍受炎热，在温度较高的条件下长得很快，生长适宜温度是26~29℃，如果温度再略高一点也能正常生长发育。如果温度下降，植株的生长会变得缓慢；如果气温低于15℃，那么植株的生长就会停滞。

新手提示：太阳花不能忍受霜冻，遇到霜冻便会干枯而死，所以秋天长出来的幼苗需要在温室里过冬。

施肥

太阳花通常不需施用肥料，在开花之前施用复合肥一次，能令植株生长繁茂，促使其萌生更多的新枝，令开花繁盛。如果每15天对植株施用1‰的磷酸二氢钾溶液一次，能令其花朵硕大、花色艳丽和花期延长。

病虫防治

太阳花的病害很少，它经常受到的虫害主要是斜纹夜蛾及蚜虫危害。

1. 对于斜纹夜蛾危害时，在幼虫发生期可以用40%乐斯本乳油800～1 000倍液或者50%辛硫磷乳油1 000～2 000倍液进行喷洒灭除。

2. 对于蚜虫危害，在植株的花芽胀大期内可以喷洒吡虫啉4 000～5 000倍液，在萌芽后用吡虫啉4 000～5 000倍液加入氯氰菊酯2 000～3 000倍液便可杀死蚜虫，坐果后则可以喷洒蚜灭净1 500倍液来治理。

修剪

当植株比较大、渐趋老化、枝叶徒长或开花变少的时候，可以采取重剪措施，仅留下高5～10厘米的枝叶，这样能令老植株得到更新，使其恢复原有的优良特性。

繁殖

太阳花经常采用播种法与扦插法来繁殖。

摆放建议

太阳花喜欢光照条件好的环境，可以盆栽摆放在阳台、窗台等光线较充足的地方，也可以直接栽种在庭院里欣赏。

花言草语

太阳花的植株低矮娇小、茎叶茂密、花朵颜色鲜艳，适合陈设花坛、花丛，也能盆栽供室内欣赏，为良好的景观植物。另外，太阳花全株能提取出黑色的染料，还能用做药物，具活血化淤、减轻疼痛、清除内热、消除肿胀及解毒的功用。

紫罗兰

ZI LUO LAN

【花草名片】

◎ 学名：*Matthiola incana*

◎ 别名：草桂花、草紫罗兰、四桃克。

◎ 科属：十字花科紫罗兰属，为一二年生或多年生草本植物。

◎ 原产地：最初产自欧洲地中海沿岸，如今世界各个地区都广泛栽植。

◎ 习性：喜欢冬天温暖、夏天凉爽的气候，喜欢光照充足、通风流畅的环境，也略能忍受半荫蔽，夏天怕炎热。具一定程度的抵抗干旱与寒冷的能力。

◎ 花期：4–5月。

◎ 花色：蓝紫、深紫、浅紫、紫红、粉红、浅红、浅黄、鲜黄及白等色。

净化功能

紫罗兰吸收二氧化碳的能力比较强，对氯气的反应也十分灵敏。此外，它还能把二氧化硫、硫化氢等有害气体经过化学作用转化成低毒或没有毒的盐类。

紫罗兰释放出来的挥发性油类有明显的杀菌功用，对葡萄球菌、肺炎球菌、结核杆菌的生长繁殖有明显的遏制功能。紫罗兰淡雅的花香可以令人身心轻松、爽朗愉快，非常有助于人们的睡眠，同时对人们工作效率的提升也很有帮助。

选盆

栽种紫罗兰通常选用透气性良好的泥盆，尽量不用瓷盆和塑料盆。

择土

紫罗兰对土壤没有严格的要求，但适宜在土层较厚、土质松散、有肥力、潮湿且排水通畅的中性或弱酸性土壤中生长。

新手提示：盆栽时的培养土可以用2份腐殖土、2份园土及1份河沙混合调配。

花言草语

在欧美各个国家，紫罗兰非常流行且很受人们的喜欢。它的花香柔和、清淡，欧洲人用其制作成的香水，非常受女士们的喜爱。此外，在中世纪的德国南部地区，还存在着一种把每年第一束新采摘下来的紫罗兰高高悬挂在船桅上，以庆贺春天返回人间的风俗习惯。

栽培

① 在花盆中置入土壤，轻轻摇晃，使土壤分布均匀。

② 将紫罗兰的种子置入盆土之上，不用覆土，因为紫罗兰的种子喜光，但也不可曝晒。

③ 浇透水分，将花盆移置于阳光充足、通风性良好的地方养护。

浇水

① 紫罗兰的叶片质厚，气孔的数目比较少，有一定的抗旱能力，所以浇水不宜太多，令土壤维持潮湿状态就可以，若水分太多易导致植株的根系腐烂。

② 通常应把握“见干见湿”的浇水原则，当土壤表层干燥变白时则需马上对植株浇水。

新手提示：紫罗兰幼苗长出6～8枚真叶时，控制浇水，会出现两种不同颜色的叶片。

光照

紫罗兰喜欢光照充足，也略能忍受半荫蔽的环境，在生长季节需要充足的阳光照射与顺畅的通风条件，不然容易引起生理性病害，令植株生长不好。

温度

紫罗兰喜欢冬天温暖、夏天凉爽的气候，夏天怕炎热，冬天具有一定程度的抵御寒冷的能力，但如果气温在－5℃以下，则适宜将其搬进房间里过冬。

施肥

对紫罗兰不宜施太多肥，尤其是氮肥，可多施用磷肥和钾肥。在生长季节可以每隔10天对植株施肥一次，在开花期间及冬天则不要施用肥料。

病虫防治

紫罗兰的病害主要是花叶病、白锈病和菜蛾虫害。

① 花叶病主要是经由以桃蚜与菜蚜为主的40～50种蚜虫来传播毒素，也能经由汁液来传播。一旦紫罗兰出现病情，要马上灭除蚜虫，可以喷施植物性杀虫剂1.2%烟参碱乳油2 000～4 000倍液或内吸药剂10%吡虫啉可湿性粉剂2 000倍液来治理。

② 紫罗兰患了白锈病后，在生长季节可以喷施敌锈钠250～300倍液或65%代森锌可湿性粉剂500～600倍液来治理。

③ 紫罗兰受到菜蛾危害后，可利用菜蛾成虫具有趋光性这一特点，使用黑光灯来进行诱杀。在虫害发生之初，可以用20%灭多威乳油1 000倍液，或75%硫双威可湿性粉剂1 000倍液进行喷施来治理。

修剪

在花朵凋谢后应尽早将未落尽的花剪掉，以避免损耗养分，对植株的再次抽生新枝、开花及正常生长发育造成不良影响。

繁殖

紫罗兰采用播种法进行繁殖，通常于8月中下旬到10月上旬进行。

摆放建议

紫罗兰可盆栽摆放在客厅、阳台、天台等光线好的地方。

米兰

MI LAN

【花草名片】

◎ 学名：*Aglaia odorata*

◎ 别名：米仔兰、树兰。

◎ 科属：楝科米仔兰属，为常绿灌木或小乔木。

◎ 原产地：最初产自中国南方及东南亚地区。

◎ 习性：喜欢温暖、光照充足的环境，也能忍受半荫蔽，不能抵御寒冷。喜欢潮湿，不能忍受干旱和积水，畏较高的温度和通风不畅。具有较强的萌生新芽的能力，长得很快，经得住修剪。

◎ 花期：全年都能开花，其中以夏季和秋季最为繁盛。

◎ 花色：黄色。

净化功能

米兰可以很好地将空气里的二氧化硫及氯气吸收掉，1千克叶片可以吸收4.8毫克氯。同时，它对一氧化氮、过氧化氢、氟化氢、乙烯及乙醚等也有比较强的抵抗能力，对汞蒸气和铅蒸气有一定的吸收功用，可以减轻苯、苯酚、三氯乙烯等有毒物质造成的危害。盆栽米兰在室内对家电设备、塑料制品、装修材料散发出来的有害气体具有吸收及抵抗功用，能减轻对人体的伤害。另外，米兰的花朵释放出来的挥发性油类有较强的杀灭细菌的功用。

选盆

栽种米兰适宜选用泥盆，尽量避免使用透气性不好的塑料盆。

择土

米兰喜欢有肥力、土质松散、排水通畅且腐殖质丰富的弱酸性土壤或沙质土壤。

新手提示：盆土可用25%堆肥、50%腐叶土、25%河沙混合配制。

栽培

1 在花盆底部排水的地方需铺放几块碎砖瓦片，然后放入少量土壤。

2 将米兰幼苗植入盆中，继续填土。

3 上盆后需对植株浇透水一次，此后半个月内浇水宜少，以促进其萌生新根。

4 上盆后应先摆放在背阴且凉爽的地方，一周后再搬到温暖朝阳的地方。

浇水

❶ 在生长季节浇水量应适宜，不能太多，不然容易造成植株的根系腐烂，叶片干枯、发黄、凋落。

❷ 在开花期间也不能浇太多水，不然容易使花朵和花蕾凋落；如果浇水太少，则会令植株的叶缘和花蕾干燥枯萎。

❸ 米兰步入生长阶段，需适度加大浇水量，晴朗的天气可以每2～3天浇水一次。

❹ 夏天和秋天植株生长得繁茂，要有足够的水分供应，可以每日浇一次水，温度较高的晴天可以每日浇1～2次水，同时还要时常向枝叶喷雾及向植株四周地面喷洒水。

❺ 进入秋天后植株的生长速度渐渐变慢，可以适当减少浇水，应以“不干不浇，浇则浇透”为浇水原则，通常每隔3～4天浇水一次。

光照

米兰喜欢光照充足的环境，也能忍受半荫蔽，在春天和秋天最适合在太阳光下生长，不用遮蔽阳光；夏天阳光比较强的时候，可以为植株适度遮蔽阳光；冬天需将盆花置于房间里通风良好且朝阳的窗户前。

温度

米兰喜欢温暖，怕较高的温度，也不能抵御寒冷，在长江以北地区栽植时，冬天温度在10℃以下一定要移入房间里料理。

新手提示：冬天室内温度适宜控制在12~15℃，如果室内温度过高、通风不畅，会令植株的生长发育遭到抑制。

施肥

米兰终年常绿，在一年内可以开花多次，所耗费的养分相对比较多，所以应时常在合适的时间对其补施肥料。肥料主要是有机肥，其次是无机肥，还可以适量增施磷肥和钾肥，以确保其有充足的养分。

病虫防治

米兰经常发生的病害主要是炭疽病和各种虫害。

❶ 当米兰患上炭疽病时，喷施70%的甲基托布津可湿性粉剂1 000倍液即可有效预防和治理。

❷ 米兰的虫害主要是介壳虫、蚜虫及红蜘蛛危害，在平日需改善通风效果，一旦出现虫害即可喷施40%的氧化乐果乳油1 000～2 000倍液来灭除。

修剪

❶ 米兰具有比较强的萌生新芽的能力，长得迅速，所以为了避免枝条的过分徒长，应尽早采取摘心措施。

❷ 当新枝生长出5～6层叶片的时候，便需将顶芽摘除，以促使其萌生更多的侧枝与短枝、促进分化花芽及孕育更多的花蕾。

繁殖

米兰采用扦插法及压条法进行繁殖。

摆放建议

米兰是一种著名的香花树种，盆栽适合摆放在客厅、卧室、书房、阳台等阳光充足的地方，也适合在庭院里栽培观赏。

Y 一叶兰

YI YE LAN

【花草名片】

◎ 学名：*Aspidistra elatior*

◎ 别名：一帆青、苞米兰、箬兰、箬竹、蜘蛛抱蛋。

◎ 科属：百合科蜘蛛抱蛋属，为多年生常绿草本观叶植物。

◎ 原产地：最初产自中国南方各省。

◎ 习性：喜欢温暖、潮湿的环境，有很强的忍受荫蔽的能力，不能忍受强烈的阳光照射，比较能忍受寒冷。具有很强的适应能力，生长迅速。

◎ 花期：4–5月。

◎ 花色：花朵外侧为紫色，内侧为深紫色。

净化功能

一叶兰能够将空气里80％以上的众多有害气体吸收掉，尤其对吸收、消除甲醛污染很有成效，也能够较强地吸收掉二氧化碳和氟化氢。

选盆

栽种一叶兰时宜选用泥盆或瓷盆，尽量不用塑料盆。

择土

一叶兰对土壤没有严格的要求，能忍受贫瘠的土壤，然而最适宜在有肥力、土质松散、排水通畅的沙质壤土中生长。

新手提示：通常用2份园土、1份腐叶土、0.5份厩肥与0.5份砻糠灰混合拌匀就可以。

花言草语

一叶兰的地下部分有粗大结实的根茎，叶柄直接由地下茎长出来，一个叶柄一片叶子，挺拔直立且瘦长，因此叫做“一叶兰”。又由于它的果实非常像蜘蛛卵，因而又被叫做“蜘蛛抱蛋”。一叶兰全年都不凋谢，是不老青春的象征。它的叶片形态美观，长得健康茁壮，而且易于栽植管理，为优良的房间内绿化、美化植物，同时其叶片还能用做插花的衬叶，备受人们的喜欢。

栽培

❶ 在花盆底部排水的地方需铺放几块碎砖瓦片，然后放入少量土壤。

❷ 将一叶兰幼苗植入盆中，继续填土，一叶兰需要浅植，深则易影响生长。

❸ 浇透水分，并将花盆摆放在背阴凉爽的地方料理。

新手提示：一叶兰生长迅速，通常每隔1～2年需更换一次花盆。

浇水

❶ 一叶兰的栽植环境要阴暗潮湿。植株在生长鼎盛期需要足够的水分，可以每天浇一次水。

❷ 夏天和秋天气候干燥时，除了每天浇水之外，还要每天朝植株的叶片表面喷1～2次水，以维持较高的空气相对湿度。

❸ 在冬天需少浇水，令土壤维持偏干燥状态就可以，不然容易使植株的根系腐烂。

光照

一叶兰喜欢半荫蔽的环境，对光照有着广泛的适应范围。不论是在全日照条件下，还是在十分荫蔽处，它都能生长。一叶兰有非常强的忍受荫蔽的能力，然而在生长季节要接受十分充足的光照。一叶兰不能忍受强烈的阳光久晒，在夏天阳光较强时应在凉棚下料理，防止叶片变黄或被烧伤。

温度

一叶兰喜欢温暖，也比较能抵御寒冷，生长适宜温度约为15℃，但温度在5℃上下时也不会遭受冻害。冬天温度高于0℃时，它就能顺利过冬。

施肥

在春天和夏天植株生长旺盛期内，主要施用氮肥，可以每月施用1～2次浓度较低的液肥，以促进其萌生新的叶片及健康茁壮生长。冬天则不要再对植株追肥。

病虫防治

一叶兰的病害很少，在房间里没有通风或光线比较昏暗的地方养护时，容易产生介壳虫危害。一旦出现虫害后，可以于每年2–3月幼虫活动期进行人力刷除或用抹布抹掉；也可以用面做成糨糊并加进少量敌敌畏，之后用小刷子或牙刷把糨糊刷在有介壳虫处，3～5天后再用清澈的水把糨糊洗掉就可以；另外，还可以喷洒乐斯本配液来灭除。

修剪

一叶兰生长迅速，平日需留意进行间苗，并尽早把干枯发黄的叶片剪掉，以改善通风效果、降低营养成分的损耗量和减少病虫害的发生。

繁殖

一叶兰采用分株法进行繁殖。全年都能进行，通常于春天结合更换花盆时进行。

摆放建议

一叶兰株形挺拔，叶宽浓绿，且有较强的耐阴性，可盆栽装饰客厅、卧室、书房等处，也可用作插花的配叶材料衬托其他花卉的美丽和娇艳。

君子兰

JUN ZI LAN

【花草名片】

◎ **学名：** *Clivia miniata*

◎ **别名：** 大花君子兰、大叶石蒜、剑叶石蕊、达木兰。

◎ **科属：** 石蒜科君子兰属，为多年生常绿宿根草本植物。

◎ **原产地：** 最初产自非洲南部，如今世界各个地区都有栽植。

◎ **习性：** 喜欢温暖、潮湿且半荫蔽的环境，怕强烈的阳光直接照射。喜欢凉快的气候，畏酷热、干燥和较高的温度，不能忍受积水和寒冷。

◎ **花期：** 主要在冬季及春季开花，有的品种也在6–7月开放。

◎ **花色：** 橙红、橘黄、黄等色。

净化功能

君子兰能够比较强地抵抗空气里的污染物质，对净化空气很有成效。它宽厚结实的叶片能够强力吸收一氧化碳、二氧化碳、硫化氢及氮氧化物，还可以将硫化氢烟雾吸收掉，使房间内不清洁的空气变得洁净。如果室内放置一盆君子兰，将使室内环境得到大大净化，让您的居住空间变成舒适的“氧吧”。

选盆

栽种君子兰适宜选用透气性良好的泥瓦盆或陶盆。

择土

君子兰喜欢在有肥力、土质松散、腐殖质丰富、透气性好且排水通畅的弱酸性土壤中生长。

栽培

1. 在花盆底部铺上几块碎盆片，凹面向下，便于通气排水。
2. 再填入一层2～3厘米厚的用碎盆片、碎石、粗沙等组成的排水物。
3. 将君子兰的幼苗根系理顺，然后将幼苗放在花盆的中央，一手将它扶正，一手将土壤填入花盆中。每填一层土，就要将苗轻轻向上提一下，并碰磕一下花盆，以便使根系舒展。
4. 入盆后立即浇透水分，同时在5～7天内可不用再浇水，以后保持盆土湿润即可。
5. 将盆置于阴凉通风处，7～10天后方可移置阳光充足处养护。

新手提示：如果幼苗是在春秋季上盆，则要罩上塑料薄膜袋保温保湿，以便于其生根成活。

浇水

1. 君子兰喜欢潮湿，但也畏积水，因此浇水量必须要合适，令土壤维持潮湿且不积聚太多水即可。
2. 春天可以每日对植株浇水一次。
3. 夏天浇水可以用细喷水壶喷洒叶片表面和盆花四周地面，晴天以每日浇2次水为宜。
4. 秋天可每隔1～2天浇水一次。
5. 冬天每周浇水一次即可，或者次数更少。

新手提示：在浇水的时候需留意，不可使水流进叶心里，否则会引起烂心病。

光照

君子兰喜欢半荫蔽的环境，无阳光照射不可以，强烈的阳光直接照射也不可以，以在透光率为50%的环境中生长最为适宜。冬天在房间内料理时，需将花盆置于阳光充足处，在开花之前更需接受较好的阳光照射。

温度

君子兰生长的最合适温度是15~25℃，温度在25℃以上时植株就会生长不好，枝叶会徒长，花芽的分化也会受到不良影响；当温度在30℃以上时，植株会进入半休眠状态；当温度在10℃以下时，植株的生长就会停止。

施肥

君子兰嗜肥，然而也不能施用太多的肥料，不然会对植株的正常生长发育造成不良影响，适宜以“薄肥勤施”为原则。盆栽时，需在盆土中施入充足的底肥，以厩肥、堆肥、豆饼肥及绿肥等为主。

病虫防治

君子兰经常发生的病害是炭疽病、白绢病及介壳虫危害。

❶ 当植株患炭疽病时，应马上用50%的多菌灵可湿性粉剂加上800倍水调配为溶液来喷施，6天左右喷施一次，连喷3～5次就能产生效果。

❷ 当植株患白绢病时，每周在植株的茎基部和基部四周的土壤上浇施50%的多菌灵可湿性粉剂500倍液一次，连浇2～3次就能有效治理。

❸ 君子兰经常受到介壳虫的危害，此时可以喷施25%的亚胺硫磷乳油1 000倍液来灭杀。

修剪

❶ 在栽植过程中，若植株的叶片变得干枯发黄，需尽早剪掉，以免耗费太多的营养物质。

❷ 在修剪的时候应尽可能把叶片端部剪为和好叶一样，不能剪为直平头，以叶片端部呈尖状为佳。

繁殖

君子兰可采用播种法及分株法进行繁殖。

摆放建议

君子兰喜欢半荫蔽的环境，可盆栽摆放在客厅、书房、阳台等处。因君子兰夜间会消耗氧气、放出二氧化碳，对睡眠不利，所以神经衰弱和睡眠质量不好的人不宜在卧室摆放君子兰。

蟹爪兰

XIE ZHAO LAN

【花草名片】

◎ **学名**：*Zygocactus truncatus*

◎ **别名**：蟹爪莲、接骨兰、蟹叶仙人掌、仙指花。

◎ **科属**：仙人掌科蟹爪兰属，为多年生常绿植物。

◎ **原产地**：最初产自巴西东部热带雨林地区。

◎ **习性**：为短日照植物，喜欢温暖、潮湿的环境，喜欢光线较弱的散射光，畏强烈的阳光直接照射以及久晒。比较能忍受干旱，不能忍受积水和寒冷。

◎ **花期**：12月–翌年1月。

◎ **花色**：桃红、大红、紫红、杏黄及纯白等色。

净化功能

蟹爪兰在晚上可以吸收掉很多二氧化碳，提高空气里的负离子浓度，非常利于人们的身体和精神健康。

选盆

栽种蟹爪兰适宜选用透气性良好的泥瓦盆。如果是新盆，应在水中泡两天去火；如果是旧盆，则要洗净晒干。

择土

蟹爪兰喜欢土质松散、有肥力、腐殖质丰富且排水通畅的泥炭土及腐叶土。

新手提示：培养土最宜用等量的园土、腐殖土和山泥来混合拌匀，并加入适量的经过发酵的骨粉、有机肥或过磷酸钙等作为底肥，还可以加入少量的草木灰，以令土壤的酸碱度为中性。

栽培

❶ 在花盆底部铺放几块碎小的瓦片或体积为1～2立方厘米的硬塑料泡沫，然后填充培养土。

❷ 将蟹爪兰幼苗植入盆土中，浇透水分。

❸ 将花盆放置在荫蔽处一段时间，多浇水，等到其正常生长后再正常护理。

浇水

❶ 春天和秋天可以每2～3天浇水一次。

❷ 夏天应每1～2天浇水一次，且需时常朝枝茎喷洒水，以枝茎表面略湿润而不向下流水为度，这样可以降低温度，防止植株受到暑热的侵害，促使其加快生长。

❸ 冬天浇水不宜太多，可以每隔4～5天浇水一次，令土壤维持潮湿状态就可以。

❹ 当刚形成花蕾时，也需视具体情况少浇一些水，浇水过多易导致花蕾凋落。在花朵凋谢后植株有一个多月的休眠期，这段时间内浇水要少一些，以土壤略干为宜。

新手提示：在栽植蟹爪兰的过程中，应格外留意梅雨季节的料理。这一期间若在室外培养，一定要将盆花置于通风顺畅、遮蔽阳光且不受雨淋的凉快的地方，不然雨水多，盆土太湿，易使植株的根系腐烂。

光照

蟹爪兰属短日照植物，在每日8～10小时阳光照射的条件下，2～3个月便能开花。它喜欢半荫蔽的环境，畏强烈的阳光久晒，在夏天阳光比较强烈时需留意适度遮蔽阳光。

温度

蟹爪兰喜欢温暖，不能抵御寒冷，其生长的最合适温度是15~25℃。夏天若温度高于28℃，植株就会进入休眠或半休眠状态；当温度在15℃以下时，便可能会使花蕾脱落；当温度在5℃以下时，植株则会生长得不好；冬天应将植株移入室内过冬，室内温度控制在15~18℃为宜。

施肥

从春天到夏初，需大约每隔15天对植株施用一次浓度较低的肥料，主要是施用氮肥；进入夏天后可暂时停止施用肥料；在孕育花蕾到开花之前需加施1～2次以磷肥为主的肥料，以促进其分化花芽。

病虫防治

蟹爪兰经常患的病害是叶枯病、腐烂病及各种虫害。

❶ 患上叶枯病和腐烂病后可喷50％的克菌丹可湿性粉剂800倍液。

❷ 蟹爪兰发生介壳虫危害时，可以每周喷洒一次杀灭菊酯4 000～5 000倍液来治理。

❸ 发生红蜘蛛危害时，可以喷洒50％杀螟松乳油2 000倍液来灭杀。

修剪

❶ 栽培多于3～5年的植株，冠幅常超过50厘米，需于春天对茎节进行短截，并对一些长势差或过分稠密的茎节进行疏剪，以令新茎节翠绿健壮。

❷ 栽植蟹爪兰时需依照植株大小来适当搭设支撑架，尤其是超过5年的植株。

❸ 为防止由于枝冠太厚而导致通风不畅、透光性差，需随着植株枝冠的生长，把枝冠修为两层，用两层支架支撑，形成高低错落的株形。

繁殖

蟹爪兰可以采用扦插法及嫁接法进行繁殖，其中以嫁接繁殖的效果最好。

摆放建议

蟹爪兰可嫁接成各种造型的盆栽，适合摆放在阳台、窗台、案几上，也可制作成吊盆悬挂起来。

龙舌兰

LONG SHE LAN

【花草名片】

◎ 学名：*Agave americana*

◎ 别名：龙舌掌、世纪树、番麻。

◎ 科属：龙舌兰科龙舌兰属，为多年生常绿草本植物。

◎ 原产地：最初产自南美洲墨西哥等地，现在我国华南和西南亚热带地区都广泛栽植。

◎ 习性：喜欢温暖、干燥且光照充足的环境，略能抵御寒冷，怕积水，也怕强烈的阳光久晒。不能忍受荫蔽，十分能忍受干旱，也能忍受较高的温度及酷热。

◎ 花期：6–7月。

◎ 花色：浅黄绿色。

花言草语

龙舌兰最初产自南美洲，其中一些种类在原产地需生长十年或数十年方可开花。它的花序非常大，能长到7～8米高，可谓是世界上最长的花序，花朵呈铃状，有几百朵之多，为白色或淡黄色，然而开花后植株就会干枯死亡，所以龙舌兰被叫做“世纪树”。

净化功能

龙舌兰净化空气的能力非常强。在24小时提供照明的环境下，一盆龙舌兰在面积为10平方米的室内便能将70%的苯、50%的甲醛及24%的三氯乙烯清除掉。

选盆

栽种龙舌兰适宜选用泥瓦盆或紫砂盆，最好不用透气性不好的塑料盆。

择土

龙舌兰喜欢有肥力、土质松散、排水通畅的沙质土壤，能忍受贫瘠的土壤，也能在弱碱及弱酸性土壤中生长。

新手提示：用花盆栽植时的培养土，经常用等量的沙壤土和腐叶土混合，另外再加上少量的骨粉来调配。

栽培

1. 取龙舌兰母株周围的分蘖芽，准备入盆。
2. 在花盆底部铺排水层，然后放入盆土。
3. 将龙舌兰的分蘖芽植入盆土中，轻轻将土壤压实，浇透水。
4. 将花盆放置在半阴处，成活后再移至光线充足的地方。

浇水

1. 在生长季节要令盆土维持潮湿状态，浇水的时候不可让水溅落到叶片上，以免引起褐斑病。
2. 夏天温度较高、气候干旱时，应加大浇水的量，以使植株叶片维持翠绿。
3. 进入秋天后龙舌兰的生长速度渐渐变慢，需控制浇水的量和次数，尽量使土壤保持干燥。

光照

龙舌兰喜欢光照充足的环境，也畏强烈的阳光久晒。在房间里料理时需将它置于通风良好且朝阳的地方，并每隔一段时间就换一下放置的位置，以令植株接受均匀的光照。对有白边或黄边的龙舌兰品种，在夏天阳光比较强烈的时候应适度遮阳。

温度

龙舌兰喜欢温度较高、天气干燥的环境，略能抵御寒冷。其生长适宜温度是15~25℃，在气温高于5℃的条件下能够在露地过冬栽植。当温度降到－5℃时，成年龙舌兰叶片只会遭受程度较轻的冻害；当温度降到－13℃时，它的地上部分会遭受冻害并发生腐坏，然而地下茎不会死亡，翌年可以萌生出新的叶片继续正常生长。在我国北方地区经常用花盆栽植，进入冬天前要将盆花移入房间里过冬，且需摆放在光照充足的地方，房间里的温度控制在8℃就可以，翌年5月上旬再移到房间外养护。

施肥

在生长季节需每月施用一次肥料，可以施用有机肥料，也可以施用氮、磷、钾肥。进入秋天后植株的生长速度变慢，不要再对其施用肥料。

病虫防治

龙舌兰经常发生的病害是炭疽病和介壳虫危害。

1. 如果龙舌兰患上炭疽病，用50%的退菌特可湿性粉剂1 000倍液进行喷施就能预防和治理。
2. 如果龙舌兰受到介壳虫危害，可喷施80%的敌敌畏乳油1 000倍液来杀除。

修剪

若用花盆栽植欣赏，应随着新叶片的生长尽早把下部干枯发黄的老叶片剪除，并将旁边生长出来的蘖芽去掉，以令植株形态好看。

繁殖

龙舌兰可采用播种法及分株法进行繁殖。

摆放建议

龙舌兰是一种观叶植物，适合摆放在阳台、客厅、窗台等光线充足处欣赏，也适合摆放在厨房里。

虎尾兰

HU WEI LAN

【花草名片】

◎ 学名：*Sansevieria trifasciata*

◎ 别名：千岁兰、虎尾掌、虎皮兰、锦兰。

◎ 科属：龙舌兰科虎尾兰属，为多年生肉质草本植物。

◎ 原产地：最初产自非洲热带和印度、斯里兰卡的干旱地区。

◎ 习性：喜欢光照充足、通风顺畅的环境，也能忍受半荫蔽，夏天怕强烈的阳光久晒，冬天要接受充足的光照。具有很强的适应能力，喜欢温暖，能忍受干旱，怕水涝，略能抵御寒冷。

◎ 花期：5-8月。

◎ 花色：浅绿色、白色。

净化功能

虎尾兰能够强效吸收二氧化碳和放射性物质，能够强力消除甲醛、苯、苯酚、硫化氢、氟化氢、三氯乙烯、乙醚及重金属颗粒等。

一盆虎尾兰在面积为10平方米的房间里可以将超过80%的有害气体吸收掉，比如甲醛、苯、硫化氢及三氯乙烯等。2～3盆虎尾兰大体上能令普通房间里的空气变得彻底洁净，尤其具有非常强的吸收甲醛的能力。在晚上，虎尾兰可以吸收掉很多二氧化碳，同时制造并释放出大量的氧气，能够提高房间里的负离子浓度。另外，它还可以吸收掉很多铀等放射性物质，可以强力消除苯酚、氟化氢、乙醚及重金属颗粒等。

选盆

虎尾兰生长很快，株形较大，所以栽种虎尾兰可选用体型较大的泥瓦盆或木桶。

择土

虎尾兰对土壤没有严格的要求，能忍受贫瘠的土壤，然而最适宜在土质松散、透气性好、排水通畅的腐殖土及沙质土壤中生长。

新手提示：用花盆栽植时可以用有肥力的园土3份和煤渣1份来混合配制，并加上少量的豆饼屑或鸡粪作为底肥。

栽培

❶ 将成熟的虎尾兰叶片从植株基部剪下来，截成数段，每段长6～10厘米。

❷ 将叶片段插进盆土中，约插进3厘米深即可，浇透水分，置于半荫蔽且通风良好的地方，令土壤维持湿润状态。

❸ 6～8周左右，虎尾兰就能生出不定根和不定芽，当幼株萌生出2～3枚叶片时就可以正常养护了。

新手提示：刚栽种的虎尾兰浇透水分后可不必再浇水，经常喷水保持盆土湿润即可。

浇水

❶ 对虎尾兰浇水时，水量一定要合适，不能浇太多或浇得太频繁，应以“宁干勿湿”为原则。

❷ 春天植株的根颈处萌生新的植株时，浇水应适度多一些，以令盆土维持潮湿状态。

❸ 夏天温度较高时也需令盆土维持潮湿状态，并需每日向植株的叶片表面喷水。

❹ 暮秋后要控制浇水的量，令盆土维持相对干燥状态，以提高其抵御寒冷的能力。

❺ 冬天植株进入休眠期后应控制浇水，令土壤维持干燥状态就可以。

新手提示：平日浇水时不可将水浇进植株的叶簇里，但可以时常用清水洗去叶片两面的灰尘，以令叶片干净、鲜亮。

光照

虎尾兰喜欢阳光充足，能承受太阳光的直接照射，要将其置于通风顺畅且朝阳的地方料理，然而光线过分强烈时，叶片的颜色会变得暗淡或变白，所以夏天在室外料理时应防止强光久晒。

温度

虎尾兰喜欢温暖，略能抵御寒冷，生长适宜温度是18~27℃，当温度在13℃以下时其生长就会停止。暮秋气温下降的时候，需把花盆移入房间里养护，并置于温暖朝阳的地方，房间里的温度高于5℃就能顺利过冬。

施肥

虎尾兰的需肥量不大，不要对其施用太多的肥料，而且不可施用大量生肥。在生长期内每月对它施用1～2次浓度较低的液肥就可以，以确保叶片嫩绿和肥壮厚实。在栽植期间，如果长时间仅施用氮肥，叶片上的斑纹便会淡化且缺少光泽，因此通常施用复合肥。冬季则不要对植株施用肥料。

病虫防治

虎尾兰容易患叶斑病和象鼻虫害。

❶ 虎尾兰患上叶斑病后，可以每隔7～10天喷洒一次50%的多菌灵可湿性粉剂500倍液或70%的甲基托布津可湿性粉剂1 000倍液，连喷2～3次就能有效治理。

❷ 虎尾兰受到象鼻虫害时，喷洒50%的杀螟松乳油1 000倍液就能杀除。

修剪

在栽植虎尾兰期间，应留意及时将干枯发黄的叶片剪掉，并留意修整植株形态。

繁殖

虎尾兰可采用扦插法及分株法进行繁殖。

摆放建议

虎尾兰以盆栽为主，适合摆放在光线充足、通风的室内。中型虎尾兰盆栽可用来装饰客厅、卧室，小型虎尾兰盆栽可摆放在书架、案几上或电脑旁。

令箭荷花

LING JIAN HE HUA

【花草名片】

◎ **学名**：*Nopalxochia ackermannii*

◎ **别名**：荷令箭、仙人箭、红孔雀、孔雀仙人掌。

◎ **科属**：仙人掌科令箭荷花属，为多年生草本植物。

◎ **原产地**：最初产自中美洲墨西哥中南部及玻利维亚、秘鲁等地区。

◎ **习性**：喜欢温暖、潮湿及半荫蔽的环境，不能抵御寒冷，能忍受干旱，忌积水，畏强烈的阳光久晒。

◎ **花期**：5~7月。

◎ **花色**：白、黄、洋红、粉红、大红、紫红、紫及蓝紫等色。

净化功能

令箭荷花在晚上可以吸收很多二氧化碳，同时制造并释放出很多氧气，具有非常强的净化空气的能力，能够提高房间里的负离子浓度，令空气保持新鲜自然，对人们的身体健康十分有益。

选盆

栽种令箭荷花最好选用泥盆，不可使用塑料盆。

择土

令箭荷花喜欢土质松散、有肥力、排水通畅且有机质丰富的弱酸性或沙质土壤，在黏重的土壤中生长时容易发生根腐病。

新手提示：盆栽时的培养土可以用河泥、山泥及腐叶土混合配制，还应在培养土里添加适量的骨粉作为底肥，以促使植株加快生长。

栽培

❶ 在令箭荷花的母株上剪下组织充实的茎，剪成6~10厘米长，晾2~3天。

❷ 将剪下的茎插进盆土中，插入深度为2~3厘米就可以。

❸ 插好后需及时浇水，并摆放在半阴凉的地方，每隔3天浇水一次，令土壤维持潮湿状态。

❹ 一周后，可逐步让盆花接受散射光，约经过一个月即可长出根来，此后便可正常料理了。

新手提示：刚刚萌生出来的叶状茎细长质软，不容易直立，应尽早搭设支架并适当绑缚，以免断裂。

浇水

❶ 令箭荷花喜欢潮湿，然而盆栽时如果土壤过于潮湿，容易导致根部发霉腐烂或花蕾凋落，因此盆土适宜偏干燥一些。

❷ 春天不适宜浇太多水，以盆土维持稍湿润状态为佳。

❸ 夏天气候干燥时，除了正常浇水之外，还应时常用清澈的水朝植株的变态茎喷雾，并朝花盆四周的地面喷洒水，以增加空气相对湿度，促使植株加快生长及开花。

❹ 进入秋天后应逐渐减少浇水的量和次数，并将盆花置于阳光充足的地方。

❺ 冬天应控制浇水，令盆土稍湿润而偏干燥就可以。

光照

春天和秋天应将盆花摆放在通风顺畅、透光性好的地方。夏天温度较高时，需防止植株被强烈的阳光久晒，可置于背阴、凉爽且没有阳光直射的地方。但不可在荫蔽的地方摆放过久，否则会影响植株的开花。

温度

令箭荷花喜欢温暖和半荫蔽的环境，不能抵御寒冷，北方地区栽植时要在室内过冬。进入室内后应把盆花置于光照充足的地方，室内温度控制在10～15℃就可以，温度太低容易导致植株死去，温度太高则容易令植株徒长，不利于开花及保持良好的植株形态。

施肥

令箭荷花比较嗜肥，在生长季节可以用充分腐熟的麻酱渣、饼肥或马蹄片水加水进行稀释，每15天施用一次。在春节之后，可以每隔10天施用液肥一次，以促使植株加快生长。在现蕾期内需加施速效性磷肥1～2次，能令植株花大色艳。需留意的是，不可施用太多的氮肥，不然会令叶状茎长得过分繁密茂盛，对植株开花造成不良影响。

病虫防治

令箭荷花经常发生的病害主要是褐斑病和各种虫害。

1. 当令箭荷花患上褐斑病后，可以用50%的多菌灵可湿性粉剂1000倍液喷施来预防和治理。
2. 令箭荷花的虫害主要是介壳虫、蚜虫、红蜘蛛，可以喷施50%的杀螟松乳油1000倍液来灭杀。
3. 受根结线虫危害时，可以浇灌80%的二溴氯丙烷乳油1000倍稀释液来预防和治理。

修剪

1. 每年春天或秋天更换花盆时需将植株干枯腐烂的根剪掉，以促使其萌发新的根。
2. 在栽植期间需尽早为植株搭设支架，将柔韧的变态茎绑缚住，以免变态茎断裂及植株歪倒。
3. 在生长季节需尽早将多余的侧芽和基部的枝芽抹掉，以降低养分的损耗量，确保开花繁多茂盛。

繁殖

令箭荷花可采用扦插法与嫁接法繁殖。

摆放建议

令箭荷花姿态娇美俏丽，一般盆栽可用来装点窗台、阳台和门厅。

昙花

TAN HUA

【花草名片】

◎ 学名：*Epiphyllum oxypetalum*

◎ 别名：琼花、韦陀花、月美人、夜会草。

◎ 科属：仙人掌科昙花属，为多年生肉质植物。

◎ 原产地：最初产自墨西哥和巴西的热带森林里，如今世界各个地区都广为栽植。

◎ 习性：喜欢温暖、阴暗、潮湿的环境，不能抵御寒冷，怕强烈的阳光久晒，比较能忍受干旱，畏水涝。

◎ 花期：6–10月。

◎ 花色：白色。

选盆

栽种昙花时宜选用泥盆，避免使用瓷盆或塑料盆，因为这两种盆的透气性较差。

择土

昙花喜欢有肥力、土质松散、腐殖质丰富且排水通畅的弱酸性沙壤土。

新手提示：用花盆栽植时，通常用4份园土、4份腐叶土、2份沙土混合并搅拌均匀调配成培养土。

栽培

❶ 在花盆底部垫一层碎小的砖片或瓦片，以增强透气性，改善排水效果。

❷ 将昙花幼苗放入花盆中，一手扶苗，一手填土，然后浇透水。

❸ 此后宜多浇水，一般1～2天浇1次水，早晚可向植株、地面喷水1～2次，以增加空气湿度。待昙花幼苗正常生长后即可正常料理。

净化功能

昙花抵抗二氧化硫、氯化氢污染的能力比较强，对一氧化碳、二氧化碳及过氮氧化物的吸收能力也比较强。昙花肉质茎上的气孔白天闭合，晚上打开，可以吸收很多二氧化碳，同时制造并释放大量氧气，能够提高空气里负离子的浓度，令房间里的空气始终新鲜洁净，非常有益于人们的身体健康。

花言草语

昙花不仅好看，而且珍贵、稀奇，花朵盛开的时候，芳香浓郁，鲜艳耀眼，令人赞叹不已。昙花一般晚上绽放，因而被称做“月下美人”。由于它开花的时间比较短促，开放3～4个小时后就会凋落，故又有“昙花一现”的说法。人们也经常用“昙花一现”来形容那些出现时间不长、片刻就逝去的事物。

浇水

❶ 昙花喜欢潮湿的土壤及较大的空气相对湿度，然而也不能忍受积水。在暮秋、冬天和春天之初大气温度比较低的时候处在半休眠状态，需严格掌控浇水量和浇水次数，令盆土保持偏干燥，干透后稍浇一点水就可以。

❷ 当春天大气温度升高后，昙花的生长开始逐步恢复，此时可以渐渐增加浇水量。

❸ 夏天温度较高、天气炎热时，浇水需适度多一些，清晨和傍晚还要向植株及四周地面喷水1～2次，以维持较大的空气相对湿度。

光照

昙花喜欢半荫蔽的环境，怕强烈的阳光久晒，在夏天阳光比较强烈时要进行适度遮蔽，可以将其置于房间里能接受光照的通风顺畅的地方或屋檐下面，也可以置于遮蔽度约为50%的树阴下面。

新手提示：需留意的是，放置盆花的地方不可过分荫蔽，否则会导致植株徒长，不利于开花。

温度

昙花喜欢温暖，不能抵御寒冷，13~20℃是其生长的最适宜温度，过冬温度不能在5℃以下。在我国除了华南、西南少数地区和台湾可以在露地上栽植昙花之外，通常皆用花盆栽植。10月上、中旬需搬进房间里过冬，并摆放在朝阳的地方，房间里的温度控制在10℃左右就可以。

施肥

昙花较嗜肥，通常适宜施用腐熟的有机肥，再加入少量的骨粉或过磷酸钙即可。春天新茎萌生出来后，就需开始对植株追施肥料，在生长季节需每半个月施用浓度较低的饼肥水一次。夏天之初植株现蕾后应追施一次1 000倍的磷酸二氢钾，能令花朵肥大。暮秋时则不要再对植株施用肥料。

病虫防治

昙花经常发生的病害是炭疽病及介壳虫危害。

❶ 当昙花患上炭疽病时，用10％抗菌剂401醋酸溶液1 000倍液进行喷施就能治理。

❷ 当昙花受到介壳虫危害时，喷施50％的马拉磷1 000倍液即可灭除。

修剪

❶ 在把昙花搬进房间里过冬之前，需对过分高大的茎枝与杂乱的株形采取整形修剪措施，以方便在房间里对其进行料理，修剪的时间以9月底到10月初为佳。

❷ 对于超过三年生的植株需绑缚稳固，不然易歪倒，对其生长发育及保持优美的株形都不利。

繁殖

昙花采用播种法及扦插法进行繁殖。

摆放建议

昙花素雅幽香，可盆栽摆放在阳台、客厅、天台等光线良好的地方，但应注意避免强光长时间照射。

扶桑花

FU SANG HUA

【花草名片】

◎ 学名：*Hibiscus rosa-sinensis*

◎ 别名：佛桑、火红花、赤槿、朱槿。

◎ 科属：锦葵科木槿属，为落叶或常绿灌木。

◎ 原产地：最初产自中国四川、福建、云南、广东、广西、台湾等省（自治区）和东印度，如今世界各个地区都广为栽植。马来西亚把它定为国花。

◎ 习性：为强阳性植物，喜欢温暖、光照充足的环境，不能抵御寒冷，也不能忍受荫蔽。喜欢潮湿，畏干旱，同时也不能忍受积水。

◎ 花期：一年四季都能开花，其中以夏天和秋天最为繁盛。

◎ 花色：玫瑰红、大红、粉红、浅红、浅黄、橙黄、黄、白、红瓣白条纹和粉边红心等。

净化功能

扶桑花可以将空气里有毒的苯及氯气吸收掉，房间里栽植或摆设扶桑花，对净化房间里的空气很有效果。

选盆

栽种扶桑花一般选择口径15～20厘米的泥盆。

择土

扶桑花对土壤没有严格的要求，具有很强的适应能力，然而最适宜在土质松散、有肥力且排水通畅的弱酸性土壤中生长。

新手提示：盆土可以用培养土、腐叶土及粗沙混合并搅拌均匀来调配。

栽培

❶ 选择1～2年生的健康壮实的枝条，剪为长10～15厘米的小段，并只留下顶端的2枚叶片。

❷ 将枝条插进盆土中，插入深度为枝条总长度的1/3左右即可，浇透水分。

❸ 用塑料袋把花盆罩起来，放置在半阴处，每1～2天喷水一次。

❹ 当枝条长出新叶后，揭去塑料袋，正常护理即可。

浇水

❶ 扶桑花喜欢潮湿，畏干旱，也不能忍受水涝，所以浇水的量和时间一定要合适。

❷ 在炎夏气候干燥时，可以每天在清晨和傍晚分别浇水一次。

❸ 春天和秋天在每天下午浇水一次即可，如果上午盆土已干燥也可以浇少许的水。

❹ 在生长季节应时常向叶片表面喷水，以增加空气相对湿度。

❺ 冬天需依照植株具体的过冬条件来浇水，若在温室里过冬，每隔1～2天浇水一次即可；若在一般的房间里过冬，则应每隔5～7天浇水一次，要注意一次不宜浇太多的水。

光照

扶桑花属强阳性植物，在生长季节需要接受充足的光照。它在荫蔽的地方也能生长，可是花蕾易脱落，花朵少且小，花色较淡。但在夏天光照过强的时候，也要为植株适度遮蔽阳光，防止其被灼伤。

温度

扶桑花喜欢温暖，不能御寒。它的生长适宜温度是15~25℃，其中3-10月是18~25℃，10月到翌年3月是13~18℃。当温度高于30℃时，扶桑花依然可以正常生长，且开花繁多；当温度为2~5℃时，它的叶片就会发黄、凋落；当温度低于0℃时，植株容易受到冻害。

新手提示：冬天要将盆花搬进室内过冬，室内的温度控制在8~10℃即可。

施肥

在生长季节应留意对植株追施肥料，可以每15-20天施用液肥一次。对幼小的植株，适宜薄肥勤施；对成年的植株，施肥适宜略浓一些，前后两次施肥时间可以间隔得略久一些，然而在开花期间不可施用过浓的肥料。

病虫防治

扶桑花较少受到病害的侵袭，主要病害是叶斑病及蚜虫危害。

❶ 扶桑花患上叶斑病后，用70％的甲基托布津可湿性粉剂1000倍液喷施即可预防和治理。

❷ 当扶桑花受蚜虫危害时，喷施40％氧化乐果乳油1000倍液就能进行灭杀。

修剪

❶ 当扶桑花小苗长至20厘米高时，可进行首次摘心处理，以促进其下部萌生腋芽。在基部发芽成枝期间，挑选并留下生长强度相当、分布均匀的3～4个新枝，之后把剩下的腋芽抹掉。

❷ 由于扶桑花的花朵长在枝条顶端，因此春天移出室内前需要进行重剪，最好同时更换花盆。重剪时，每个侧枝茎部只需留存2～3个芽即可。

❸ 夏天通常不需修剪，不然会减少开花量。

❹ 秋天仅适合对纤弱枝和病虫枝进行修剪。

繁殖

扶桑花采用扦插法进行繁殖，一般于早春结合修剪进行。

摆放建议

扶桑花朵艳丽，花期长，适合摆放在客厅、门厅、书房、走廊等处。

冷水花

LENG SHUI HUA

【花草名片】

◎ **学名：** *Pilea cadierei*

◎ **别名：** 铅叶草、透明草、白雪草、花叶荨麻。

◎ **科属：** 荨麻科冷水花属，为多年生常绿草本植物。

◎ **原产地：** 最初产自越南地区，主要分布在热带区域。

◎ **习性：** 喜欢温暖及阳光充足的环境，比较能抵御寒冷，忍受荫蔽的能力也比较强，怕强烈的阳光直接照射。喜欢潮湿而润泽的环境，不能忍受干旱，比较能忍受多湿。

◎ **花期：** 6–9月。

◎ **花色：** 白、淡粉色。

净化功能

冷水花吸收二氧化碳的能力非常强，还可以将房间里装修材料及家具油漆释放出来的甲醛、硫化氢等有害气体清除，使房间里的空气变得洁净，真可谓是经济合算的“天然空气清新剂”。另外，冷水花能够强效吸收油烟里的有害物质，所以它被叫做家庭主妇的“健康花草”。

选盆

栽种冷水花适合用泥盆，也可吊盆栽植，花盆需稍大一些，略浅一些，而且排水要通畅。

择土

冷水花对土壤没有严格的要求，可在弱碱性土壤中生长，但最适宜生长在土质松散、有机质丰富且排水通畅的土壤里。

新手提示：盆栽时的培养土可以用泥炭土或腐叶土5份、珍珠岩3份及河沙2份，并加入较少的底肥混合调配成。

栽培

❶ 选择一年生的健康壮实的枝条，剪下茎先端长5～8厘米的一段，并留下先端的2片叶子。

❷ 将枝条直接插进培养土中，插入深度最好不要多于2厘米。

❸ 将花盆置于半荫蔽的地方，保持土壤湿润，10～20天就能长出根来。

浇水

❶ 冷水花喜欢潮湿，不能忍受干旱，浇水需以“见干见湿”为原则。

❷ 在植株的生长季节浇水应及时，需令盆土维持潮湿状态。

❸ 在夏天浇水的次数需增多，可以每日浇水一次，并时常向叶片表面及植株周围地面喷洒水。

❹ 进入秋天后，浇水量和浇水次数都要减少。

❺ 冬天需严格控制浇水。

光照

冷水花喜欢充足的阳光，也比较能忍受荫蔽环境，怕强烈的阳光直接照射，喜欢接受散射光。

新手提示：在夏天需防止植株被强烈的阳光直接照射，可以把盆花置于向北的窗子前；在冬天则要为植株增添阳光的照射，把盆花置于向南的窗子前即可。

温度

冷水花喜欢温暖，也较能抵御寒冷。它的生长适宜温度是15~25℃，过冬温度最好不要在7℃以下，当温度高于14℃时植株开始生长。冬天要将它搬进室内过冬，温度控制在大约7℃就可以。

施肥

在植株的生长期内，尤其是生长鼎盛期，需每2～3周追施一次浓度较低的液肥，可是不能施用过多的氮肥。另外，也能施用颗粒肥，然而需留意不可让肥料触到叶片表面。立秋以后需加施两次磷肥和钾肥，以令叶片清洁而有光泽。

病虫防治

在夏天气温较高时，冷水花容易遭受蚜虫的危害，应尽早将害虫刮掉或用肥皂水冲洗，虫害严重的时候则可以喷施药液治理。

修剪

❶ 当植株长至约40厘米高的时候，茎干就会开始朝外歪倒，需尽早进行短截，以促进下部萌生腋芽、抽生新枝。

❷ 在生长季节需按时进行修剪，并适度采取2～3次摘心处理，以促使其萌生较多的侧枝，令株形丰满。然而需留意不可过度修剪。

❸ 对栽植1～2年的长得比较高的老枝干，可以于早春发芽前从基部剪掉，以促进植株抽生出新的枝条和叶片。

繁殖

冷水花可采用扦插法及分株法进行繁殖，分株繁殖使用得也较为普遍，也比较容易存活。

摆放建议

冷水花是一种优良的观叶类植物，可盆栽摆放在窗台、茶几、书桌或餐桌上，也可用吊盆栽种，悬挂于柜角、花架上。因其耐阴性强，而且能够吸收油烟中的有害气体，也可摆放在厨房、卫生间等处。

吊竹梅

DIAO ZHU MEI

【花草名片】

◎ 学名：*Zebrina pendula*

◎ 别名：斑叶鸭跖草、吊竹兰、甲由草、水竹草。

◎ 科属：鸭跖草科吊竹梅属，为多年生常绿蔓生草本植物。

◎ 原产地：最初产自墨西哥，如今世界各个地区都有栽植。

◎ 习性：喜欢温暖、潮湿的气候，能忍受酷热与多湿，不能忍受寒冷与干旱。喜欢光照充足的环境，也能忍受半荫蔽，但怕炎夏强烈的阳光直接照射。

◎ 花期：7–8月。

◎ 花色：紫红、白色。

净化功能

吊竹梅可以将甲醛吸收掉，也有比较强的抵抗氯气污染的能力。此外，它还能检测出家庭装修材料是否有放射性，若有放射性，其紫红色的花朵就会很快变白。

选盆

盆栽吊竹梅时宜选用泥盆，避免使用瓷盆或塑料盆。

择土

吊竹梅对土壤及土壤酸碱度的要求都不严格，有很强的适应能力，也比较能忍受贫瘠的土壤，然而最适宜在有肥力、土质松散、排水通畅的土壤中生长。

新手提示：用花盆栽植时，可以用同量的腐叶土、园土及河沙混合配制成培养土。

栽培

❶ 选择健康壮实的吊竹梅枝条五六株（上盆时要把五六株合栽），剪为长10～15厘米的小段，留下顶端的2枚叶片。

❷ 将枝条插进盆土中，插入深度为枝条总长度的1/3左右即可，浇透水分。

❸ 将花盆放置在荫蔽处半个月左右，生根后即可正常护理。

浇水

❶ 吊竹梅喜欢多湿的环境，在平日料理时应令盆土维持潮湿状态，不要过于干燥，不然植株下部的老叶易干枯、发黄、凋落。

❷ 在生长季节植株对湿度有着比较高的要求，除了要每日浇水一次之外，还需时常向叶片表面和植株四周环境喷洒水，以促使枝叶加快生长。

❸ 当植株处于休眠期时，需注意控制浇水。

光照

吊竹梅喜欢阳光充足的环境，也喜欢半荫蔽，畏强烈的阳光直接照射久晒。在它全部的生长过程中，阳光都不适宜过于强烈，以散射光为宜，不然叶片容易被灼伤，叶片颜色会淡且缺少光泽；然而也不适宜将它长期摆放在过于昏暗的环境中，不然植株容易徒长，节间会增长，叶片上的斑纹也会变少或失去，影响美观。

新手提示：春天和秋天适宜将植株置于室内有充足散射光的地方；夏天要为植株适当遮蔽阳光；冬天则要将植株摆放在有太阳光照射的地方。

温度

吊竹梅喜欢温暖，不能抵御寒冷，生长适宜温度是15~25℃，冬天要搬进房间里过冬，房间里的温度不可在10℃以下。

施肥

吊竹梅对肥料没有很高的要求，可以依照具体生长态势适量施肥。在茎蔓刚开始生长期间，应每半个月追施浓度较低的液肥一次；在生长季节可以每2～3周施用一次液肥，同时增施2～3次磷肥和钾肥，以促进枝叶的生长，令叶片表面新鲜、光亮。

病虫防治

吊竹梅极少患病和遭受虫害。

修剪

❶ 吊竹梅在合适的条件下长得很快，所以在生长期间要依照具体需求对枝蔓采取适度摘心、修剪、调整措施，令其分布匀称、造型优美。

❷ 平日应留意进行摘心，以促使植株萌生新枝，令株形饱满。

❸ 吊竹梅的根系比其叶片活得时间长，随着茎蔓长得越来越长，基部的叶片便会渐渐干枯、发黄、凋落。此时，应将过于长的枝叶剪掉，以促进基部萌生出新芽、新枝。

❹ 盆栽两年后，应把老蔓都剪掉，并于春天更换花盆时把根团外面的须根剪除，以促进其萌发新的茎蔓和根系。

繁殖

吊竹梅采用扦插法及分株法进行繁殖。

摆放建议

吊竹梅植株娇小可爱，具一定的忍受荫蔽的能力，适宜装点客厅、书房、卧室、厨房等处，可以摆放在花架或橱顶上让其自然低垂，也可以悬吊于窗户前。

绿帝王

LÜ DI WANG

花言草语

绿帝王是近几年来新引进的优良室内盆栽观叶植物。它凭借着株形优美，叶片宽大鲜亮，大气端庄，气势不凡等特点深受人们青睐；同时，它耐阴性很强，适合在室内盆栽养护，因此在国内外极为流行，成为室内观叶植物的一颗新星。

【花草名片】

◎ **学名**：*Philodendron cv.Wendimbe*

◎ **别名**：帝王、绿帝王喜林芋、绿帝王蔓绿绒、红苞蔓绿绒。

◎ **科属**：天南星科喜林芋属，为多年生常绿藤本植物。

◎ **原产地**：最初产自南美洲的热带雨林中，如今世界各个地区都广泛栽植。

◎ **习性**：喜欢温暖、潮湿的环境，略能抵御寒冷，可以忍受一定的低温，不能忍受干旱。喜欢充足的散射光，怕强烈的阳光直接久晒。

◎ **花期**：一般家养很少开花，一旦开花，花期可维持一个月左右。

◎ **花色**：暗红色或淡黄色花苞，不张开。

净化功能

绿帝王吸收甲醛及其他有害气体的能力比较强，尤其对家具和装饰材料所释放的甲醛、二甲苯、苯等有毒化学气体更是作用明显，能够很好地净化房间里的空气，可谓是吸毒能手。

选盆

绿帝王对花盆没有严格要求，任何材质都可以，但体型宜偏大些。

择土

绿帝王喜欢在土质松散、有肥力、有机质丰富、排水通畅的弱酸性土壤中生长，不能忍受贫瘠的土壤。

新手提示：培养土可以用腐殖质丰富的土或弱酸性的泥炭土加上较少的沙土或珍珠岩调配成，并施入适量腐熟的农家肥作底肥。

栽培

❶ 选取一段绿帝王的茎，切口应在节下，除去部分叶片。

❷ 将茎段插入培养土中，浇透水分，在25~30℃的温度下，保持盆土的湿润。

❸ 约1个月后，茎段就会长出新根，再过1个月左右会长出新芽。

浇水

❶ 绿帝王喜欢潮湿，不能忍受干旱，所以要令盆土时常维持潮湿状态，若浇水就浇透，然而不能积聚太多的水。

❷ 在夏天气候干燥时，除了每日浇水之外，还需时常朝叶片表面及植株四周喷洒水，以增加空气相对湿度，促使植株加快生长。

❸ 春天和秋天每2~3天浇一次水，同时需经常向叶面及植株周围喷水，促使它快速生长。

❹ 冬天要控制浇水的次数，大约一周浇一次水即可，不必向植株喷洒水分，以免因为温度过低而冻伤它。

新手提示：冬天由于浇水次数减少，叶片时常会落上一层灰，这时可用湿布轻轻擦拭叶片表面，增加叶片的光泽度。

光照

绿帝王喜欢充足的散射光，畏强烈的阳光直接照射久晒，可以长期置于房间里有充足散射光照射的地方。

新手提示：在夏天需遮蔽50%的阳光，防止强光久晒，不然会令叶片上呈现出褐斑或使叶片变黄。

温度

绿帝王喜欢温暖，抵御寒冷的能力不太强，生长适宜温度是20~30℃，能够忍受一定程度的低温。在秋天，温度需高于14℃；在冬天，要将盆花搬进房间里料理，温度高于10℃就能顺利过冬。

施肥

在植株的生长季节，可以根据其生长势适量追施肥料。4-9月植株处于生长鼎盛期，需每月施用1～2次以氮肥为主的液肥，以令叶片又宽又大且具光亮，并要供应足够的水分，以令盆土维持潮湿状态。

病虫防治

绿帝王抗性强，极少患上病虫害。

修剪

在更换花盆时需把残枝上枯老的叶片剪掉，以维持优美的植株形态。

繁殖

可采用扦插法及分株法进行繁殖。

摆放建议

绿帝王是典型的观叶植物，一般家养可盆栽摆放在客厅、书房、卧室等光线较好的地方，不宜长期放置在阴暗处，也不宜在强光下曝晒。

白鹤芋

BAI HE YU

【花草名片】

◎ 学名：*Spathiphyllum kochii*

◎ 别名：白掌、异柄白鹤芋、银苞芋、苞叶芋。

◎ 科属：天南星科白鹤芋属，为多年生常绿草本植物。

◎ 原产地：最初产自美洲及亚洲热带地区。

◎ 习性：喜欢温度较高、潮湿及半荫蔽的环境，怕强烈的阳光久晒及刮西北风，不能抵御极度的寒冷。具有比较强的萌生新芽的能力，长得比较迅速。

◎ 花期：春季、夏季。

◎ 花色：白色。

花言草语

白鹤芋的叶片碧绿，苞片纯白淡雅，为世界著名的赏花及观叶植物。由于其卷曲为匙状的花苞白似雪莲、形如合掌，所以白鹤芋又被叫做“白掌”。白鹤芋直立高耸、形姿优美，是纯洁宁静、平安吉祥的象征，为非常优良的花篮及插花装扮材料。它纯白的苞片好似绿色的水面上扯起帆的白色小舟，因而在社会交往中寄托着“一帆风顺”之意，激励人生努力上进、事业蓬勃兴盛，一直备受人们的青睐。

净化功能

白鹤芋吸收甲醛的能力非常强，蒸腾效率也比较高，对提高房间里的湿度及负离子浓度皆很有效，对人们的身体健康特别有好处。此外，白鹤芋对氨气、丙酮、苯等也有一定的吸收能力。

选盆

选用透气性好的普通泥盆即可。花盆的口径以15～19厘米为宜。

择土

白鹤芋对土壤没有严格的要求，然而最适宜在有肥力、土质松散、腐殖质丰富且排水通畅的沙质土壤中生长，不喜黏重的土壤。

新手提示：用花盆栽植白鹤芋的时候，培养土最好以泥炭土、腐叶土及较少的河沙或珍珠岩调配而成，并在种植前加入较少的骨粉或饼末作为底肥。

栽培

1. 在早春新芽萌生出来之前把全株由盆里磕出来。
2. 先剔除根际的陈土。
3. 用锋利的刀在株丛基部把根茎切分开，令每一个分开的小株丛最少要有3个芽，并尽可能多带一些根，这样对新株比较迅速地抽生新的叶片有利。
4. 分别栽植上盆就可以。

浇水

❶ 白鹤芋的叶片比较宽大，对湿度的反应较为灵敏。在生长季节需令盆土维持潮湿状态，然而不可积聚太多的水，如果盆土长时间太湿，容易令植株干枯发黄及导致根系腐烂。

❷ 在夏天及天气干旱时，需时常向叶片表面及植株四周地面喷洒水，确保空气相对湿度高于50%，以促进植株的生长和发育。

❸ 暮秋时应少浇水。

❹ 冬天应注意适当控制浇水，令盆土稍湿润就可以。

新手提示：在气候比较干燥、空气湿度比较低的时候，要注意及时为它补水，因为此时新长出来的叶片易卷皱、变小、变黄，甚至会焦枯、凋落。

光照

白鹤芋畏强烈的阳光久晒，比较能忍受荫蔽，仅需约60%的散射光便可满足生长的需求，因此可以长期将其置于房间内有充足的散射光照射的地方养护。在夏天要遮蔽60%～70%的阳光，防止强烈的阳光直接照射，不然植株的叶片会发黄，严重时则会发生日灼病。然而如果长时间阳光不充足，则植株不容易开花。在北方冬天于温室内栽植时，可以不用遮蔽阳光或少遮蔽阳光。

温度

白鹤芋喜欢温暖，能忍受较高的温度，不能抵御极度的寒冷。它的生长适宜温度是22~28℃，在3–9月是24~30℃，在9月到翌年3月是18~21℃。冬天晚上温度最低需保持在14~16℃，白天大约需25℃。

新手提示：当温度在10℃以下时，植株的生长会受到阻碍，叶片容易遭受冻害，所以应于10月下旬将其搬进房间里过冬，房间里的温度不可低于15℃。

施肥

在生长旺盛期，植株需要较多的肥料，要1～2周施用浓度较低的复合肥或充分腐熟的饼肥水一次，这样不仅能使植株长得健康茁壮，而且能促使其连续开花。

新手提示：当北方冬天温度比较低的时候，不要再对植株施用肥料。

病虫防治

❶ 白鹤芋经常发生的病害主要是细菌性叶斑病、褐斑病及炭疽病等，可以用50%的多菌灵可湿性粉剂500倍液喷施来防治。

❷ 白鹤芋常遭遇的虫害是红蜘蛛及介壳虫，可喷50%的马拉松乳油1 500倍液。

修剪

注意修根和剪除枯萎的叶片。

繁殖

白鹤芋可采用播种法及分株法进行繁殖。

摆放建议

白鹤芋喜欢高温潮湿的半荫蔽环境，适合摆放在卫生间、厨房等阴湿环境。盆栽的白鹤芋也可用来装饰客厅、书房等处。

绿巨人

LÜ JU REN

【花草名片】

◎ **学名**：*Spathiphyllum floribundum*

◎ **别名**：绿巨人白掌、巨叶大白掌、大叶白掌、大银苞芋。

◎ **科属**：天南星科苞叶芋属，为多年生阴生常绿草本植物。

◎ **原产地**：最初产自南美洲哥伦比亚地区。

◎ **习性**：喜欢温暖、潮湿及半荫蔽的环境，不能抵御寒冷，不能忍受干旱，畏阳光直接照射。根系生长得旺盛，有很强的萌生新芽的能力，长得比较迅速。

◎ **花期**：5-9月。

◎ **花色**：刚开放时是白色的，后来变成绿色。

净化功能

绿巨人消除甲醛及氨的能力比较强。有关测量结果显示，每平方米的植物叶面积24小时内便可将1.09毫克甲醛及3.53毫克氨消除掉，能够很好地净化房间里的空气。

选盆

在选择花盆时多选用泥盆或者缸瓦盆，由于绿巨人的根系较发达，因此在选择花盆时要注意选择筒较深的花盆，花盆口径为18～34厘米。

择土

绿巨人适宜种植在土质松散、有肥力、有机质丰富、保持水分和肥料能力较强的中性至弱酸性土壤中。

新手提示：用花盆栽植时，可以用腐叶土、泥炭土、堆肥土等混合调配成培养土。

栽培

❶ 当植株的分蘖芽生长出4～6枚小叶片，新芽长至15～20厘米左右时，把母株由花盆里脱出。

❷ 用锋利的刀把小苗和母株切分开，插于珍珠岩或粗沙中，让其长根。

❸ 长根后用新盆种植。

❹ 种植后要浇足定根水，并将盆花摆放在半荫蔽的地方料理。

❺ 平日要时常转动花盆，以令植株接受匀称的光照，使其生长得健康茁壮，维持均匀、好看的形态。

❻ 通常每隔1～2年就需要更换一次花盆，以在早春进行为佳。

新手提示：1.分切时注意带部分茎部，用木炭灰沾伤口，以防腐烂。2.在植株没有存活前不可施用肥料，等到恢复生长后再进行正常护理。

浇水

❶ 在新苗期间应浇透水，保持空气湿度在80%以上。

❷ 在生长季节，可以每隔1～2天对植株浇一次充足的水。

❸ 在炎夏及气候比较干燥的时候，除了每日清晨和傍晚要分别浇水一次之外，还要时常向叶片表面及植株四周的地面喷洒水，可以起到洗去灰尘、降低温度、防止阳光灼伤、提高空气相对湿度等诸多作用。

❹ 在秋天和冬天则需注意对植株适度制控浇水。

光照

绿巨人喜欢半荫蔽的环境，怕强烈的阳光久晒，可以长时间将其置于房间里散射光照射的地方料理。在5-9月，要把盆花置于半荫蔽的地方料理，尤其是夏天阳光比较强烈时更要进行遮蔽，防止强烈的阳光直接照射。冬天则可以将盆花摆放在房间里光线充足的地方料理。

温度

绿巨人喜欢温暖，不能抵御寒冷，生长适宜温度是18℃～25℃，过冬温度需高于8℃。

施肥

绿巨人长得很快，要及时为其供应平衡的肥料，在生长季节可以每10～15天施用以氮肥为主的肥料一次，平日可以每周追施弱酸性的且浓度较低的液肥一次。

新手提示：施肥时不可施用太浓的肥料，也不可施用过于频繁，否则会导致叶片枯黄或根系腐烂。

病虫防治

绿巨人可能发生的病虫害是蚜虫及绿蝽象。因此用花盆栽植时，植株不可过密，以叶片相互交接为准，并需改善通风效果，这样就可预防上述虫害的发生。如果出现虫害，要尽早人力抹掉或喷洒杀虫剂来治理。

修剪

平日要经常把干枯发黄的叶片剪去，以降低营养成分的损耗量，维持优美的植株形态。

繁殖

绿巨人经常用分株法来繁殖，通常于春天结合更换花盆时进行。

摆放建议

绿巨人叶片宽大，是典型的观花、观叶类植物，可直接栽种在庭院里观赏，绿巨人盆栽可用来装饰客厅、阳台、书房等处。

W 万年青

WAN NIAN QING

【花草名片】

◎ **学名**：*Rohdea japonica*

◎ **别名**：冬不凋、百沙草、九节莲。

◎ **科属**：百合科万年青属，为多年生宿根常绿草本植物。

◎ **原产地**：最初产自中国及日本。在我国分布得比较广泛，华东、华中和西南区域都有栽植。

◎ **习性**：喜欢温暖、潮湿、通风顺畅的半荫蔽环境，略能抵御寒冷，不能忍受干旱，也畏水涝，怕强烈的阳光直接照射。

◎ **花期**：6-8月。

◎ **花色**：白绿色。

净化功能

万年青可以很好地将三氯乙烯吸收掉，能够消除其造成的污染，使室内空气得到净化，很适宜摆放在室内观赏。然而需特别注意的是，万年青具一定程度的刺激性及毒性，其茎叶含有哑棒酶与草酸钙，人们触碰后皮肤就会奇痒，不慎误尝则会导致中毒。

选盆

选择透气性能及渗水性能好的泥盆，花盆口径为24～34厘米。

择土

一般土壤即可，但若能采用有肥力、土质松散、透气良好、排水通畅的弱酸性沙质土壤效果会更好。

栽培

❶ 在装好培养土的花盆里播种。

❷ 播后及时浇水，然后将花盆放在遮蔽阳光的地方料理。

❸ 令盆土维持潮湿状态，使温度控制在25~30℃，约经过25天便可萌芽。

浇水

❶ 平日给盆土浇适量的水就可以，需以“不干不浇”为原则，宁愿偏干燥也不能过分潮湿。

❷ 夏天一定要让盆土维持潮湿状态。为了让小气候保持潮湿，可于每日清晨和傍晚分别向花盆周围的地面喷水。

❸ 春天和秋天浇水皆不适宜过分频繁，只需令空气维持潮湿状态即可。

❹ 冬季要减少浇水量，以免根部腐烂。

❺ 在雨季，需留意防止植株遭雨淋，尤其是在花期内，要将其摆放在荫蔽、干燥、通风良好且避雨的地方养护。

新手提示：高温季节每天都应浇水2次，且叶面最好喷雾2～3次。

光照

万年青极耐阴，可长期放置在室内养护，它喜欢半荫蔽的环境，怕强烈的阳光直接照射，如果短时间久晒，叶片表面就会先变为白色，之后干枯、发黄。在夏天生长鼎盛期内，可将植株摆放在遮蔽阳光的地方，防止其欣赏价值降低。

温度

万年青喜欢温暖，略能抵御寒冷，北方栽植时冬天要搬进房间里过冬，并需置于光照充足、通风顺畅处料理，房间里的温度不能低于12℃，控制在12~18℃就可以。

施肥

每月最好施1次以氮和钾为主的液肥；夏初植株的生长势比较强，可以每隔约10天追施液肥一次，肥料里可兑入0.5%的硫酸铵，这能够促进植株的生长发育，令叶片颜色深绿且具光亮。

新手提示：在植株的开花期内，可以每隔约15天施用0.2%磷酸二氢水溶液一次，以促进其分化花芽及更好地结果实。

花言草语

在中国，万年青具有久远的栽植历史，由于其名字及果实颜色（红色）很吉祥，经常被视为富裕、幸运、安宁、长寿的象征，长期以来始终备受人们的喜欢。在清朝的《花镜》里载道："以其盛衰占休咎，造屋移居，行聘治塘，小儿初生，一切喜事无不用之。"由此可以看出它的应用范围之广泛、人们对它的喜欢之深厚。

病虫防治

万年青生长期间易受叶斑病危害。

病斑起初为褐色小斑，周边呈水浸状褪绿色，并呈轮纹状扩展，圆形至椭圆形，边缘褐色、内灰白色。发病初期或后期均可用0.5%～1%的波尔多液或50%多菌灵可湿性粉剂1000倍液喷洒。

修剪

每年春天更换花盆时，需将植株的老根及干枯的叶片剪掉；在立夏前后要把成株外围的老叶片剪掉一部分，以促进其萌生新的芽和叶片，以及抽生出花莛。

繁殖

可采用播种法、扦插法及分株法进行繁殖。

摆放建议

万年青是一种典型的观叶植物，可直接栽种在庭院中观赏，也可以盆栽摆放在阳台、窗台、书桌或案几上。

花叶万年青

HUA YE WAN NIAN QING

【花草名片】

◎ **学名**：*Dieffenbachia picta*

◎ **别名**：黛粉叶、银斑万年青、斑叶万年青、六月雪万年青。

◎ **科属**：天南星科花叶万年青属，为多年生常绿灌木状草本植物。

◎ **原产地**：最初产自南美的亚马逊河区域。

◎ **习性**：喜欢温暖、潮湿、阳光充足的环境，也喜欢半荫蔽，不能抵御寒冷，不能忍受干旱，畏强烈的阳光久晒。

◎ **花期**：4-6月。

◎ **花色**：苞片为绿色。

花言草语

花叶万年青的叶片颜色鲜亮，形态优美，有非常高的欣赏价值，是当前深受尊崇的一种室内赏叶植物。它适合用花盆栽植欣赏，可以用来装饰客厅、书房和光线较弱的公共区域。然而应留意的是，花叶万年青的叶片及茎部的汁液有毒，会刺激皮肤及呼吸道黏膜，皮肤触及后会令皮肤奇痒且刺痛，不慎误食后则会令舌头强烈地疼痛且不能发出声音，因此要将其置于孩童和宠物不容易触碰到的地方。在扦插过程中也要尽可能不触及它的汁液，扦插完后要用肥皂清洗双手，以免中毒。

净化功能

花叶万年青吸收甲醛、一氧化碳、氯气、三氯乙烯及苯类化合物等有害气体的能力比较强，能够很好地净化房间里的空气。

选盆

选择透气性及渗水性好的泥盆。口径以15～20厘米为宜。

择土

一般土壤即可，但以疏松、透气性好、弱酸性壤土最为适宜。种植前需施适量的长效片肥作为底肥，以促使植株快速生长。

栽培

1. 当植株基部萌发的新芽比较多时，将植株由盆里磕出来。
2. 将茎基部的根茎剪断。
3. 在剪口处涂抹上草木灰或晾半天，等到剪口干燥后再分别入盆种植即可。
4. 种植后要及时浇足水，约经过10天便可萌芽。

新手提示：早春时分割萌蘖苗，连根一起种植，成活更容易。

浇水

❶ 花叶万年青喜欢潮湿，不能忍受干旱。

❷ 春天浇水要充足，可以每隔1～2天浇一次水。

❸ 在炎夏气候干燥时，要将空气相对湿度控制在60%～70%，除了每日浇水之外，还需时常向叶片表面和植株四周的地面喷洒水，以令植株健康茁壮生长；如果长期不喷洒水，植株的叶片表面就会变得毛糙，缺少光泽。

❹ 冬天需控制浇水，空气相对湿度控制在约40%就可以。

❺ 从11月到次年3月间，要令盆土保持“见干见湿”的状态。

新手提示：如果将盆花摆放在房间里，需经常用柔软的布擦拭叶片表面，以令叶片洁净且有光泽。

光照

花叶万年青在充足散射光的条件下长得最好，可长期置于室内通风顺畅、光照充足的地方。在春天和秋天，早晨及傍晚可以让植株多接受一些光照，正午前后则要适度遮蔽阳光。夏天阳光比较强烈，要将盆花摆放在比较荫蔽的地方。冬天可以摆放在屋里朝阳的地方。

温度

花叶万年青喜欢温暖，不能御寒，生长适宜温度是25～30℃。2－9月为18~30℃，9月到翌年2月为13~18℃。

新手提示：当温度在10℃以下时，植株容易遭受冻害；室内温度始终高于15℃就能顺利过冬。

施肥

在3~8月，每两周对花叶万年青施用液肥一次即可。6~9月是植株的生长鼎盛期，要每月施用一次浓度较低的液肥，以促使植株加快生长，主要是施用氮肥，但不能施用太多。进入秋天后要加施2次磷肥和钾肥，这样能令植株叶片颜色新鲜、光亮。冬天要少施用肥料。对成年植株也要少施用肥料。

新手提示：当室内温度在15℃以下时，则不要再对植株施用肥料。

病虫防治

❶ 常见的病害主要是炭疽病、褐斑病及叶斑病，用50%的多菌灵可湿性粉剂500倍液喷施就能预防和治理。

❷ 通风不畅或过分潮湿可能会使植株患上茎腐病与根腐病，除了改善通风效果、降低湿度之外，用75%的百菌清可湿性粉剂800倍液喷施也可有效治理。

修剪

宜经常剪除老叶，若植株长得比较高，可以仅将基部的2～3节留下，把地上部剪掉，这样可以促进其萌生新的枝条。

繁殖

花叶万年青可采用扦插法及分株法进行繁殖。

摆放建议

花叶万年青叶片宽大，是一种典型的观叶植物，盆栽可以摆放在书房、客厅、阳台等处。

鸾凤玉

LUAN FENG YU

【花草名片】

◎ 学名：*Astrophytum myriostigma*

◎ 别名：多蕊仙人球、多柱头花星仙人球、多柱星仙球。

◎ 科属：仙人掌科星球属，为多年生肉质草本植物。

◎ 原产地：最初产自墨西哥北部及中部高山地区。

◎ 习性：喜欢温暖、干燥及光照充足的环境，能忍受强烈的阳光照射，也略能忍受半荫蔽。能忍受干旱，畏积水，具有一定的抵御寒冷的能力。

◎ 花期：春季、夏季。

◎ 花色：橙黄色或具红心。

净化功能

鸾凤玉在夜间可以吸收大量的二氧化碳，能有效提高房间里负离子的浓度，使空气变得洁净、清新。

选盆

栽种鸾凤玉应选择排水性好的泥瓦盆，尽量不使用塑料盆。

择土

鸾凤玉强壮健康，喜欢在有肥力、土质松散、石灰质丰富且排水通畅的沙质土壤中生长。

新手提示：培养土可用2份田土、1份腐熟的泥炭或腐叶土和1～2份沙混合在一起调配而成。

栽培

❶ 在盆底垫一块瓦片，将选好的花土过细筛后装入花盆。将花盆坐入水盆中，采用盆底渗水的方法使土壤保持湿润。

❷ 将当年收取的种子在常温水中浸泡1小时后均匀撒在花土表面。

❸ 在种子上面均匀铺一层薄薄的花土（也可以不覆土）。

❹ 将花盆连同水盆放置在20~30℃的半荫蔽环境中，8天后，种子就会萌芽。

❺ 种子萌芽后撤去下面的水盆，每隔2～3天采用喷淋法浇少量的水。

❻ 当花盆中的小苗长得过分拥挤时，进行分苗移栽。

❼ 移苗后1～2天，再次用盆底渗水法使土壤湿润。

❽ 撤去水盆后，每隔2～3天采用喷淋法浇少量水，使土壤“见干见湿”即可，并逐渐延长光照时间。

新手提示：鸾凤玉根系较浅，移栽时不宜深植。要注意花盆中始终不能有积水，防止花苗烂根。

浇水

❶ 鸾凤玉能忍受干旱，忌积水过多。

❷ 在4–10月鸾凤玉的生长期，要掌握好土壤的湿度，以盆土稍湿润而略干燥为宜。

❸ 冬天需控制浇水，盆土维持略干燥状态。

新手提示：为鸾凤玉浇水的时间最好选在早晨和傍晚。

光照

鸾凤玉喜欢光照充足的环境，适合摆放在房间里光照充足的地方。但在夏天阳光比较强烈时，也要注意适当为鸾凤玉遮蔽阳光，以免植株被灼伤。

新手提示：在鸾凤玉生长季节，应保证鸾凤玉接受充足的光照，否则鸾凤玉表面的白色星点会减少或颜色变淡，影响观赏。

温度

鸾凤玉喜欢温暖，同时也具有一定的抵御寒冷的能力。冬天进入休眠期时，应将鸾凤玉摆放在室内温度不高的地方。鸾凤玉在5~10℃的环境里即可以安全过冬。

施肥

❶ 栽植前应以适量的有机肥及骨粉作为底肥，以促使鸾凤玉生长。

❷ 在鸾凤玉的生长季节，应每个月施一次肥。

病虫防治

鸾凤玉易患灰霉病、疮痂病和红蜘蛛虫害。

❶ 在栽植鸾凤玉期间，主要病害有灰霉病和疮痂病，可使用70%甲基托布津可湿性粉剂1 000倍液喷洒来治理。

❷ 鸾凤玉的主要虫害是红蜘蛛，可用40%氧化乐果乳油1500倍液进行喷杀。

繁殖

家庭种植鸾凤玉宜采用播种法及嫁接法进行繁殖。

摆放建议

鸾凤玉株形奇特，生命力顽强，一般在家庭栽种采用盆栽，可摆放在客厅、书房、卧室、饭厅、阳台、门厅等处。

花言草语

据说红叶鸾凤玉是由一个日本植物学家在他的花园里无意中发现的。一开始，鸾凤玉的红色斑块很小，随着气候越冷，红块逐渐扩大。到了夏天，鸾凤玉的红色斑块又会逐渐缩小。经过多年选育，鸾凤玉红块才固定下来。到了今天，红叶鸾凤玉不仅有绿底红斑，还有黄底红斑和各类黄红斑，颜色非常鲜艳漂亮。

大丽花

DA LI HUA

【花草名片】

◎ 学名：*Dahlia pinnata*

◎ 别名：大丽菊、大理花、东洋菊、天竺牡丹。

◎ 科属：菊科大丽花属，为多年生草本球根植物。

◎ 原产地：最初产自墨西哥、哥伦比亚和危地马拉等地区，如今世界各个地区都广泛栽植。

◎ 习性：喜欢温暖、凉快、朝阳且通风顺畅的环境，然而若光照太强烈则会不利于正常开花。不能抵御寒冷，也不能忍受较高的温度和炎热，不能忍受干旱，同时也不能忍受积水。

◎ 花期：6–10月。

◎ 花色：红、黄、橙、紫、粉和白等，也有两种颜色相间的。

净化功能

大丽花吸收空气里的二氧化碳、硫化氢等有毒气体的能力比较强，可以有效净化空气。此外，它还可以监测空气里氮氧化物的污染状况。

选盆

宜选用排水性能好的泥盆，且是口面大的浅泥盆，同时把盆底的排水孔尽量凿大，下面垫上一层碎瓦片作排水层。

择土

大丽花适宜生长在土质松散、有肥力、腐殖质丰富、排水通畅的沙质土壤中。

新手提示：盆栽时，培养土可以用5份菜园土、2份腐叶土、2份沙土及1份大粪干来调配。

栽培

1. 通常10月中旬上盆，每盆可种植1～2棵植株。
2. 种植前应在盆土中施入适量的底肥。
3. 当苗长高到10～12厘米时，留2个节摘顶，培养每盆枝条达6～8枝，最后一次摘心在离春节前40～50天进行，以便控制春节期间开花。
4. 在最后一次摘心并定枝后，开始绑竹，每枝条一支竹片，同时摘除过多的侧枝，以便通风。
5. 当花蕾长到花生米大小时，每枝留2个花蕾，其他花蕾摘除。
6. 当花蕾露红时，再摘除1个花蕾。

新手提示：在平日应留意及时翻松盆土，以免盆土表层变硬，影响植株生长，并应尽早清除盆里积聚的过多的水，否则植株的根系容易腐烂。

浇水

❶ 以“不干不浇，浇则浇透”为浇水原则。

❷ 在幼苗阶段，由于需要的水分比较少，在晴朗的天气每天浇一次水，令土壤维持略潮湿的状态就可以。

❸ 在生长季节，应严格控制浇水，避免茎和叶徒长，以促进茎干长得粗大壮实、花朵肥大。

❹ 夏天温度较高时，需常向叶片表面喷洒清水，以促使茎和叶健壮生长，但盆土不能太潮湿。

❺ 在雨季，需控制浇水的量及尽早排除积水，宜用砖把花盆垫高，以免花盆底部的排水孔被堵住和地面积聚的水渗进盆中。

新手提示：在晴朗的天气或刮北风的天气，正午时分或黄昏植株容易缺少水分，应留意适度增加浇水量。

光照

大丽花喜欢光照充足的环境，不能忍受荫蔽，需种植或放在光照充足的地方。然而大丽花也畏强烈的阳光直接照射，尤其是炎夏雨后放晴的久晒，在这种情况下需为其略加遮蔽阳光，以免影响植株的生长发育。

温度

它的生长适宜温度是10~25℃，然而在生长季节对温度的要求不太严格，温度在5~30℃都可正常生长。当冬天温度在0℃以下时，大丽花容易遭受冻害。

施肥

在幼苗阶段，每隔10～15天施用浓度较低的液肥一次；从7月中下旬到植株开花，每7～10天施用浓度较低的液肥一次，且肥料的浓度应渐渐提高。

新手提示：在气温比较高的时候不可对植株施用肥料。

病虫防治

❶ 大丽花经常发生的病害是褐斑病、白粉病，可以喷施50%的托布津可湿性粉剂1000倍液来治理。

❷ 大丽花的虫害主要为蚜虫、红蜘蛛。如果发生蚜虫及红蜘蛛危害，可以用40%的三氯杀螨醇乳油1 000倍液喷施来杀除。

修剪

大丽花开花的时候容易歪倒，因此需采取修剪、整枝及摘心措施，并及时搭设立柱或插竹竿进行支撑。

繁殖

大丽花采用播种法、扦插法及分株法进行繁殖。

摆放建议

大丽花花色艳丽，极具观赏价值，可盆栽摆放在阳台、窗台、书架和案几上，也可制成插花装点居室。

紫露草

ZI LU CAO

【花草名片】

◎ 学名：*Tradescantia albiflora*

◎ 别名：紫鸭跖草。

◎ 科属：鸭跖草科紫露草属，为多年生常绿宿根草本植物。

◎ 原产地：最初产自北美洲。

◎ 习性：喜欢温暖、潮湿的气候，不能抵御寒冷，能忍受干旱，畏积水。喜欢阳光充足的环境，也能忍受半荫蔽，怕强烈的阳光久晒。生长得强壮健康，有很强的适应能力。

◎ 花期：5-7月。

◎ 花色：蓝紫色。

净化功能

紫露草可以强效吸收甲醛，还可以吸滞粉尘，对净化房间里的空气很有效果。

选盆

适宜紫露草家庭栽植的花盆有泥盆或缸瓦盆，因为这类盆透气性较好。

择土

紫露草有很强的适应能力，对土壤没有严格的要求，然而以在有肥力、土质松散、排水通畅的沙质土壤中生长最为适宜。

栽培

❶ 种植时间最好是在春天，一般于3月下旬到4月上旬幼叶钻出土面时结合分株进行移植及定植。

❷ 上盆后放在向阳的或半向阳的地方。

新手提示：在种植前需在土壤中施入充足的底肥，以促使植株枝叶健壮、开花繁茂。

花言草语

紫露草的植株娇小可爱，露地栽植或用花盆栽植都可以，而且料理起来简单、方便，所以很受人们喜欢。盆栽紫露草不仅能绿化房间里的环境，也能置于走廊等地方，装点四周的风景。另外，它还能用来陈设花坛，也能在城市花园广场、公园、路旁、湖边、山坡、林间等处呈条形、环形或片形栽植，并利用灌木或绿篱作为背景而构成美丽的园林画面，也能作为地被植物。紫露草不著名、不珍贵、不娇弱，普通而真切，然而却总是为人们带来欢乐。

浇水

❶ 紫露草喜欢潮湿，同时也畏积水，在生长季节要令盆土维持潮湿状态。

❷ 在夏天和气候干燥时，除了每日浇水之外，还要每日朝枝叶喷洒1～2次清水，以维持比较大的空气湿度，并留意加强通风效果、降低温度。

❸ 冬天需注意控制浇水，并需时常用水温和室内温度相近的清水喷洒、冲洗植株的枝叶，以免灰尘附着在枝叶表面，影响观赏。

光照

紫露草喜欢充足的光照，也能忍受荫蔽，怕强烈的阳光直接久晒，能长期置于室内有充足散射光照射的地方。在夏天若植株受到强烈的阳光直接照射，叶片就会被灼伤，故需适度遮蔽阳光；冬天将植株置于窗户前等光照比较充足处养护即可。

新手提示：如果植株长时间在光线较弱的环境中生长，或在房间里昏暗的地方摆放太长时间，容易令花枝变少、茎叶缺少光泽，植株容易徒长歪倒，所以通常约两周便需更换一次摆放位置。

温度

紫露草喜欢温暖，不能抵御寒冷，生长适宜温度是15~25℃，冬天要进入室内过冬，室内的温度控制在10℃上下就可以。

施肥

在植株的生长旺盛期，需大约每隔半个月施用以氮肥为主的复合肥一次，施完肥后应马上浇水，以免肥料损伤根系。

病虫防治

紫露草的病虫害较少。

修剪

为了令植株形态维持优美及令开花时间变长（从嫁接口往上10～15厘米处剪截，截面涂漆以防失水），可以于8-9月进行一次平茬，以促使新的蘖芽加快生长。

繁殖

紫露草可采用扦插法及分株法繁殖。扦插法全年皆能进行，但以初春或秋末扦插最为适宜。分株法可于春天或秋天进行，常在春天结合更换花盆时进行。

摆放建议

紫露草怕冷，一般盆栽摆放在卧室、客厅、书房、厨房等处，也可栽种在吊盆里悬挂起来。

紫叶鸭跖草

ZI YE YA ZHI CAO

花言草语

淡紫色的紫叶鸭跖草花茶不仅色泽好看，更由于其花瓣薄、多褶且透光，因此即使以冷水冲泡，精华一样可以释出。喝起来味道十分温润，受到许多人的喜欢。紫叶鸭跖草对呼吸道的帮助很大，能舒缓感冒引起的咳嗽、喉咙痛等症状，对支气管炎也有调理之功效。气管不好者可以经常饮用，当做日常预防保健。

【花草名片】

◎ 学名：*Setcreasea purpurea*

◎ 别名：紫叶草、紫竹梅、紫锦草、鸭舌红。

◎ 科属：鸭跖草科紫叶鸭跖草属，为多年生常绿草本植物。

◎ 原产地：最初产自墨西哥，如今世界各个地区都广泛栽植。

◎ 习性：喜欢温暖、光照充足的环境，略能抵御寒冷，怕强烈的阳光直接照射久晒。喜欢潮湿，也比较能忍受干旱。

◎ 花期：5–10月。

◎ 花色：粉红色、玫瑰紫色。

净化功能

紫叶鸭跖草可以强效吸收甲醛，能很好地净化房间里的空气。

选盆

紫叶鸭跖草对于花盆并不挑剔，因此种植紫叶鸭跖草时可选择泥盆、缸瓦盆、瓷盆、紫砂陶盆等。

择土

紫叶鸭跖草对土壤没有严格的要求，在一般的土壤中就能正常生长，但以在土质松散的土壤中生长最为适宜。

新手提示：培养土可以用泥炭土、腐叶土，再加上少量的河沙及底肥来混合调配。

栽培

❶ 一般于春、夏、秋三个季节进行。

❷ 在生长季节剪下长约10厘米的枝条作插穗。

❸ 把其下部的1～2片叶子除去，将插穗直接插在盆土中，盆土中应铺好底肥，每一盆共可以插3～4株。

❹ 摆放在遮蔽阳光的地方，令盆土维持潮湿状态，并将温度控制在15~20℃，插后两周即可长成新株。

新手提示：在水里进行扦插也可以，也非常容易存活。

浇水

❶ 紫叶鸭跖草喜欢潮湿，也比较能忍受干旱，几天不浇水也不会枯萎死去，因此应以“不干不浇”为浇水原则。

❷ 在夏天气候干燥时，需加大浇水量，令土壤维持潮湿状态，并需时常朝植株喷洒清水，以增加空气相对湿度，促使植株加快生长。

❸ 在冬天需控制浇水，令盆土维持略潮湿状态就可以。

光照

紫叶鸭跖草喜欢光照充足的环境，畏强烈的阳光久晒，在生长季节，除了炎夏6–9月正午前后要遮蔽阳光之外，在别的季节均要令其接受充足的阳光照射。如果阳光充足，植株就会长得健康茁壮，颜色会较为艳丽；如果长期置于过分荫蔽的地方，植株的叶片就会变细弱、颜色变淡且缺乏光泽，会令节间增长、枝蔓不直、缺少生气，降低欣赏价值。

温度

紫叶鸭跖草喜欢温暖，略能抵御寒冷，生长适温是15~25℃。在北方家庭栽植时，冬天要将植株搬进房间里料理，房间里的温度要控制在10℃上下。

施肥

紫叶鸭跖草需肥量不太大，在生长季节每隔1～2周施用液肥一次就可以。

新手提示：不可施用太多氮肥，否则会导致植株徒长，不利于株形美观。

病虫防治

基本没有病虫害。

修剪

为了促进植株萌生新的枝条，要在种植后翌年春天2–3月结合更换花盆时，对生长势头较弱、生长凌乱及影响植株形态的枝节进行一次修剪整形。当茎干略长的时候需留意进行摘心，以促使植株萌生新枝，令株形愈加饱满。

繁殖

紫叶鸭跖草可采用扦插法及分株法进行繁殖。分株繁殖可于春天或秋天进行，通常于春天结合更换花盆时进行。

摆放建议

紫叶鸭跖草适合盆栽观赏，其茎下垂生长，一般摆放在花架、柜角或窗台上，也可栽种在吊盆里悬于卧室、客厅、书房、厨房一角等处。

W 文竹

WEN ZHU

择土

文竹通常用花盆栽植，盆栽的时候适宜用土质松散、有肥力、排水通畅的沙质土壤。

新手提示：一般用4份园土、2份堆肥土、2份腐叶土及1份河沙来混合调配成培养土。

【花草名片】

◎ **学名：** *Asparagus setaceus*

◎ **别名：** 云竹、云片竹、松山草、芦笋草。

◎ **科属：** 百合科天门冬属，为多年生常绿草本植物。

◎ **原产地：** 最初产自非洲南部，如今世界各个地区都有栽植。

◎ **习性：** 喜欢温暖和半荫蔽的环境，怕强烈的阳光直接照射久晒，抵御寒冷的能力比较弱，不能忍受霜冻。喜欢潮湿，不能忍受干旱，怕积水和刮西北风。

◎ **花期：** 2-3月或6-7月。

◎ **花色：** 白色。

净化功能

文竹抵抗二氧化硫污染的能力非常强，在晚上可以将二氧化碳、二氧化硫等有害气体吸收掉。另外，文竹全株所释放出来的气味还能杀灭细菌、抑制细菌生长繁殖。

选盆

各类花盆都可，但不宜选用大盆，以小盆为佳，以免养分充足长成藤本状文竹。也可用竹筒栽种，其透水性、存水性都好，不必盆底钻孔。

新手提示：花盆不宜太大，较低的植株适合选8～10厘米口径的花盆。

栽培

❶ 播种常于3–4月进行，播种前先将种子浸泡24小时，再将种子点播在10厘米深的盆中，浇足水并盖上塑料薄膜。

❷ 温度控制在20~25℃，播后20～40天即可萌芽。

❸ 当小苗长至5～10厘米高，长出2～3根主茎时，就能定植，上盆养护。

❹ 盆栽植株需于每年春天更换一次花盆，更换花盆时应剔除陈土。

新手提示：上盆时应多带一些土，避免损伤植株的根系，种植深度以比原来的略深一些为宜，以便萌生新的枝条。

浇水

❶ 浇水以“不干不浇，浇则浇透”为原则，时常令盆土维持潮湿状态。

❷ 夏天酷热干燥时，可以每日浇1～2次水，并需时常朝叶片表面和植株周围喷洒清水，以增加空气相对湿度。

❸ 冬天可适度少浇一些水，每2～4天喷洒一次即可，水温需和室温相近。

新手提示：浇完水后应尽早翻松盆土，以免盆土表层变硬，影响植株生长。

光照

文竹适合在半荫蔽且通风顺畅的环境中生长。夏天阳光较强，需要遮光。春秋两季将植株摆放在室内或室外都可以。冬天则宜置于室内朝阳的地方。

温度

文竹喜欢温暖，不能忍受霜冻，生长适宜温度是15~25℃，冬天要进入屋里过冬，室内温度控制在5~10℃即可。

施肥

文竹施肥以“薄肥勤施”为原则，过浓或过多的肥料会导致植株干枯。

❶ 春天和秋天要每隔10～15天追施一次肥料，主要施用氮肥和钾肥。

❷ 夏天温度较高时不宜施用肥料，否则会导致植株根系腐烂。

❸ 冬天不宜再对植株施用肥料。

新手提示：文竹喜欢微酸性的土壤，所以可以每个月施用一次矾肥水来替代追肥，以优化土壤酸碱度。

病虫防治

文竹可用50%的托布津可湿性粉剂1000倍液喷施来防治灰霉病及叶枯病；用敌敌畏乳剂2000倍液来防治介壳虫危害；用40%的氧化乐果乳油1000倍液来防治蚜虫危害。

修剪

三龄的文竹会萌生枝蔓，需尽早搭设支架；若不想搭设支架，可把有攀缘性的枝条齐根剪掉。平日需常对稠密枝、干枯枝、老枝及较长的枝进行修剪。

繁殖

文竹可采用播种法及分株法进行繁殖。

摆放建议

姿态幽雅的文竹盆栽适合摆放在卧室、客厅一角的花架以及书房的书桌、书架上，但要注意避免强光直射。

金橘 JIN JU

【花草名片】

◎ 学名：*Fortunella margarita*

◎ 别名：金柑、枣橘、牛奶金柑、羊奶橘。

◎ 科属：芸香科金柑属，为常绿灌木。

◎ 原产地：最初产自中国暖温带及亚热带地区，广布于长江流域及以南的各省区。

◎ 习性：喜欢温暖、光照充足的环境，略能忍受荫蔽，比较能抵御寒冷。喜欢潮湿，也能忍受干旱，怕水涝。

◎ 花期：6–8月。

◎ 花色：乳白色。

净化功能

金橘在抵抗和吸收一氧化碳、二氧化硫、过氧化氮、氯气、氟、乙醚、乙烯、汞蒸气及铅蒸气等有害气体方面很有功效。室内的盆栽金橘对家电设备、塑料制品、装饰材料释放出的有害气体也有一定的吸收及抵抗功用。另外，金橘能释放出植物杀菌素，将对人们的身体健康有危害的微生物杀灭。

选盆

种植金橘时，应该尽量选用特大型花盆，透气、渗水、轻便的泥盆或缸瓦盆是最好选择。

择土

金橘喜欢在土质松散、土层较厚、有肥力、腐殖质丰富且排水通畅的中性或酸性沙质土壤中生长。

新手提示：用花盆栽植时，培养土可以用5份沙土、4份腐叶土和1份饼肥来混合调配。

栽培

❶ 嫁接时，在3~4月宜用切接法；在6–9月选择芽接法；在6月适宜进行靠接，盆栽常用此法。

❷ 嫁接成活后的第二年萌芽前可移栽，要多带宿土。

❸ 每隔1～2年，春季出室时进行换土，换土后放在阴处养护半月，然后放到阳光下培育。修剪后既要使枝条不错乱，又要保持相当密度，形成圆头形树冠。

❹ 7月秋梢新发，对过密和影响树形的嫩枝应及时摘除。

❺ 养护过程中还要注意向日性，花盆朝南的，移动后仍需朝南，不能紊乱光照，否则树势不旺。

新手提示：栽后通常每两年要更换一次花盆，并在更换花盆的同时更换盆土，即去掉陈土、换上新的培养土。

浇水

❶ 金橘浇水要以“见干见湿”为原则，即“不干不浇，浇则浇透”。

❷ 春天生长鼎盛期内要为植株供应足够的水分，盆土需维持潮湿状态。

❸ 在夏梢生长期需控制水分，等到腋芽日渐胀大，从绿色变成白色，花芽分化结束的时候，才能正常浇水；炎夏不要在正午前后而要在清晨和傍晚浇水，并要时常朝叶片表面喷洒清水。

❹ 秋天可以适度浇水，以增强植株抵抗寒冷的能力。

❺ 在冬天，盆土不干燥就不要浇水，果实成熟后需控制浇水，以使挂果时间变得更长。

光照

金橘对阳光有着比较高的要求，在房间里料理时，春天和冬天皆需将它置于光照充足的地方，并留意放置好后不可随便挪动，以防止影响植株的生长势头。夏天需防止强烈的阳光久晒，适宜将植株置于稍荫蔽的地方。

温度

金橘喜欢温暖，当温度低于0℃时易遭受冻害，北方栽植时冬天要移入室内过冬，室温只要不低于0℃即可。

新手提示：冬天室内温度不宜太高，否则会导致植株休眠不足，不利于次年的开花和结果。

施肥

在初春首次修剪后需及时施用较淡的充分腐熟的液肥一次，不宜过浓。在生长季节，要每周施用20%～30%腐熟的饼肥水一次，主要是提供氮肥，可以促使植株萌芽及加快枝叶的生长。

病虫防治

❶ 金橘常发生的病害为炭疽病。发病时可每半个月用50%的甲基托布津可湿性粉剂800～1 000倍液或50%的退菌特可湿性粉剂500～600倍液喷施一次。

❷ 金橘常发生的虫害为介壳虫危害，可人工直接用刷子把害虫刷掉，也可用乙酰甲胺磷1 000倍液喷施来治理。

修剪

金橘要合理修枝，在2–3月进行，剪去密生枝、细弱枝、交叉重叠枝、下垂枝和病枯枝。强枝不必剪，徒长枝应打头，衰老枝剪短，促使它更新。

繁殖

金橘采用压条法及嫁接法进行繁殖。

摆放建议

金橘是一种典型的观果植物，可直接种植在庭院里欣赏，也可以盆栽摆放在客厅、卧室、书房、阳台等向阳的地方。

C 垂叶榕

HUI YE RONG

【花草名片】

◎ 学名：*Ficus benjamina*

◎ 别名：垂枝榕、垂榕、白肉榕、白榕、柳叶榕、细叶榕、小叶榕。

◎ 科属：桑科榕属，为常绿乔木。

◎ 原产地：最初产自亚洲热带和亚热带地区，分布在印度、越南和中国的贵州、云南、广东、海南等地区。

◎ 习性：喜欢温暖、潮湿的环境，怕较低的温度和干燥。对光照的要求不太严格，比较能忍受荫蔽，怕烈日久晒。

◎ 花期：11月。

◎ 花色：白色。

净化功能

垂叶榕能增加室内的空气湿度，对人们的皮肤及呼吸系统皆很有好处。它还可将甲醛、氨气和二甲苯吸收掉，并可使污浊的空气变得洁净，可以说是非常好的“空气净化器”。

选盆

可以选择口径为15～20厘米的塑料盆、瓷盆作为花盆。

新手提示：如果选择口径为15厘米的花盆，每年春天都要更换一次花盆；如果选择口径为20厘米的花盆，则每两年更换一次花盆就可以。

择土

垂叶榕对土壤没有严格的要求，可以适应很多种土壤，在沙土、黏重土壤、酸性土壤和钙质土壤中都能生长。

新手提示：盆栽时的培养土主要是一般的园土，再掺入1/5的腐叶土和较少的河沙混合配制而成，并加入较少的农家肥作为底肥。

栽培

❶ 剪下长10~12厘米的顶端嫩枝作为插穗，留下2～3枚叶片。

❷ 把下部叶片剪掉，剪口需平整，剪口处常会分泌汁液，需用清水冲洗掉。

❸ 等枝条晾干后再进行扦插。

❹ 室内温度宜保持在24~26℃，并维持较高的空气相对湿度，插后约一个月即可长出根来，约45天就能栽种上盆。

新手提示：也可以用长约2米、直径约为6厘米的粗壮枝干，剪去枝叶，并在顶端裹上泥，直接插干种植。

浇水

❶ 浇水以“宁湿勿干”为原则。

❷ 在生长鼎盛期内一定要经常对植株浇水，为其供应足够的水分。

❸ 春秋需令盆土维持潮湿状态。

❹ 夏天炎热，要时常朝叶片表面喷洒清水。

❺ 冬天温度较低，需等到盆土干燥的时候再行浇水，以防止盆土过分潮湿，导致植株的根系腐烂。

光照

垂叶榕对光线没有严格的要求，但夏天阳光比较强烈时要适度遮蔽阳光，防止强烈的阳光久晒。

温度

垂叶榕喜欢温暖，生长适宜温度是13~30℃，其中在2-10月是24~30℃，在10月到翌年2月是13~18℃。

新手提示：普通的垂叶榕过冬温度是3~5℃；斑叶品种的垂叶榕过冬温度则在7~8℃，温度过低易导致叶片脱落。

施肥

垂叶榕长得比较迅速，通常在生长期内需每月施用1～2次液肥，以促使枝叶长得繁密茂盛。暮秋和冬天可以对植株少施用或不施用肥料。

病虫防治

垂叶榕经常发生的病害是叶斑病，在发病之初喷施200倍的波尔多液，连续喷施2～3次即可有效治理；在生长季节常发生红蜘蛛危害，喷施40%的三氯杀螨醇乳油1000倍液就能进行杀除。

修剪

在垂叶榕茎叶生长茂盛的时候要尽早进行修剪，以促使其萌生更多的侧枝，并将内向枝及交叉枝剪掉，为塑型打下基础。平时要尽早把稠密枝、干枯枝及病弱枝剪掉，以加强通风效果、改善透光条件，降低营养成分的损耗量。

繁殖

垂叶榕可采用播种法、扦插法、压条法及嫁接法进行繁殖。

摆放建议

垂叶榕的气根状如丝帘，十分奇特。中小型盆栽垂叶榕适合摆放在客厅、书房或门厅。

花言草语

在热带雨林里，垂叶榕经常以寄生或绞杀别的植物的方法来获取生存空间，且还可以构成“独树成林”的生态奇观。垂叶榕经常会由又高又大的枝丫上生出很多条气生根，刚开始时像铁丝那样纤细，随风飘摆，只要一触及地面，便会深深插进地里很快生长，并渐渐生长为圆柱形的支柱根，之后再缓慢地向周围扩展分散，最后构成“独树成林”的景象。

W 无花果

WU HUA GUO

【花草名片】

◎ 学名：*Ficus carica*

◎ 别名：蜜果、明月果、映日果、天仙果。

◎ 科属：桑科榕属（也称为无花果属），为落叶灌木或小乔木。

◎ 原产地：最初产自欧洲地中海沿岸及中亚地区。

◎ 习性：喜欢温暖、潮湿及光照充足的环境，不能抵御极度的寒冷，比较能忍受干旱，不能忍受积水。

◎ 花期：4-6月。

◎ 花色：白色。

净化功能

无花果吸附二氧化硫、三氧化硫、硫化氢、氯化氢、二氧化氮、苯、硫酸雾及硝酸雾等有毒气体的能力比较强，还可以吸纳、滞留一些灰尘。它抵抗和吸收氟的能力比普通花木要高出160倍，所以特别适合作为大气污染严重区域的绿化树种。另外，无花果还可以杀灭空气里的细菌，能很好地净化空气，对人们的身体健康非常有益。

选盆

选用排水性能好的泥盆或瓦盆，以内径35厘米以上的大花盆为宜。

择土

无花果具有很强的适应能力，对土壤没有严格的要求，在沙质土壤、黏重土壤、酸性土壤、弱碱性土壤及经过改良的盐碱地中都可长得较好，但在土层较厚、排水通畅的沙质土壤中生长得最好。

新手提示：用花盆栽植无花果时，培养土可以用4份腐叶土、4份园土及2份肥土来混合调配，并加上较少的马粪作为底肥。

栽培

1. 选取1～2年生的健壮枝条，截为15～20厘米的小段作为插穗。
2. 把下部剪为马耳形，并留下2～3个芽。
3. 将其倾斜45度插进土里，浇足水。
4. 1个月后长出新根新芽，可移植到新盆中。
5. 每隔2～3年需更换一次花盆和盆土。

新手提示：由于无花果比较嗜肥，因此在移植时要施用适量的底肥。

浇水

1. 对新栽种上盆的植株，不适宜浇太多水，在上盆或更换花盆时接连浇2次充足的水之后，每日浇1次水就可以。
2. 在夏天及气候干燥时，每日除了浇1次水之外，还需向枝叶喷洒2～3次清水。
3. 在雨季或接连阴雨的天气，需留意尽早清除积水，防止植株遭受涝害。
4. 冬天将植株移入室内后则不要再浇水。

新手提示：在植株的果实成熟之后，要少浇一些水。

光照

无花果喜欢温暖和光照充足的环境，不能抵御极度的寒冷，常种植在朝阳的地方。在炎夏温度较高、天气极热时，要适度遮蔽阳光。

温度

在进入冬天前将幼苗搬进低温的房间里过冬，温度控制在0℃上下就可以，翌年4月底或5月初再搬到户外朝阳的地方料理。

施肥

平日需时常施肥。对无花果进行追肥的时候以磷及钙为主，并施用适量的氮及钾，基本上把氮、磷、钾、钙的比例控制在0.5∶1∶0.8∶2.5左右。

新手提示：在幼果胀大期，需施用一次以磷肥和钾肥为主的液肥；在每年秋天叶片凋落后，还要对植株施用充分腐熟的有机肥一次。

病虫防治

无花果经常发生的病害为炭疽病，可以用70%的甲基托布津可湿性粉剂1 000倍液喷施来预防和治理；经常发生的介壳虫危害，可以喷施80%的敌敌畏乳油1 000倍液来灭除。

修剪

用盆栽植无花果时，植株宜控制在30～50厘米，所以在栽植期间要留意进行修剪。一般以3月进行为佳，这样能很好地避免发生抽干现象。

新手提示：在植株的盛果期，为了增加产量，也要适度修剪，主要是回缩稠密枝及过度旺盛枝。

繁殖

无花果可采用扦插法及分株法进行繁殖。

摆放建议

无花果是典型的观果类植物，可盆栽摆放在窗台、阳台等光线较好的地方，适合装点客厅、书房等处。

花言草语

无花果为人类最先驯化栽植的古果树中的一种，迄今已经具有将近5 000年的栽植史。古罗马时有一棵无花果树，由于曾经掩护罗马建立者罗慕路斯王子逃过凶狠的妖婆及啄木鸟的追击，而被赐予“守护之神”的称呼。在地中海沿岸国家的古雅而不同时俗的传说里，无花果被叫做“圣果”，是祭祀时使用的果品。

无花果味道甜美、富含营养元素，不仅可食，也是一种中草药的原料，具增进食欲、滋补、润肠及催奶等功用。据《本草纲目》记载：“无花果味甘平，无毒，主开胃，止泻痢，治五痔、咽喉痛。”

孔雀竹芋

KONG QUE ZHU YU

【花草名片】

◎ **学名**：*Calathea makoyana*

◎ **别名**：五色葛郁金、马克肖竹芋、孔雀肖竹芋、蓝花蕉。

◎ **科属**：竹芋科肖竹芋属，为多年生常绿草本观叶植物。

◎ **原产地**：最初产自热带美洲和印度洋的岛屿上。

◎ **习性**：喜欢温暖、潮湿和半荫蔽的环境，不能忍受寒冷及干旱，畏水涝及西北风，怕强烈的阳光直接照射以及久晒。

◎ **花期**：夏天。

◎ **花色**：紫红、粉白色。

净化功能

孔雀竹芋消除甲醛及氨气的能力比较强。据测定，每平方米孔雀竹芋的叶面在24小时内可将0.86毫克甲醛及2.91毫克氨消除掉，堪称净化室内空气的“能手”。

选盆

可以选用排水性好，通气性强的泥盆、陶土盆，花盆应口径大且筒浅。

择土

孔雀竹芋对土壤没有严格的要求，以腐殖质丰富、土质松散、排水通畅的弱酸性土壤为佳，不宜在黏重的园土中生长。

新手提示：盆栽孔雀竹芋时，培养土可用3份腐叶土、1份锯末、1份河沙来混合调配，并加上少量豆饼作为底肥。

栽培

❶ 把母株由盆里磕出，剔除陈土。

❷ 用锋利的刀顺着地下根茎生长的方向把长得繁茂的植株切分开，令每一个子株具3～4个芽及5～7片叶子，并尽可能地留下较多健壮的根系。

❸ 切分后要于切口处涂抹上木炭粉，以免切口腐烂。

❹ 将子株上盆栽植并浇足水，先放在半荫蔽的地方养护5～7天左右，再搬到光照良好的地方正常料理。

❺ 栽后通常每两年需更换一次花盆，多于春夏交替之际进行。

新手提示：上盆之前要先在花盆底部垫上厚约3厘米的粗沙作为排水层，以便于排水通畅。

浇水

❶ 孔雀竹芋喜欢潮湿，不能忍受干旱，空气相对湿度宜保持在70%～80%。

❷ 在生长季节要为植株供应足够的水分，尤其是夏天气候干燥时，除了要每日浇水令盆土维持潮湿之外，还要每日向叶片表面喷洒2～3次清水，以降低温度、保持一定的湿度，促进植株的生长发育。

❸ 暮秋后要逐渐减少浇水量。

❹ 进入冬天后需注意控制浇水，令盆土维持不干燥状态就可以，以便于过冬，等到翌年春天植株抽生出新的叶片后再正常浇水。

光照

孔雀竹芋较能忍受荫蔽，畏强烈的阳光直接照射，可以长期摆放在房间里有充足散射光照射的地方料理。

新手提示：夏天需将植株置于凉棚下或半荫蔽的地方，遮蔽50%的阳光；冬天则要将植株摆放在房间里向南窗口、光照充足的地方养护。

温度

孔雀竹芋喜欢温暖，生长的适宜温度是18~25℃。在北方，每年10月到翌年4月气温较低时，要将植株搬进室内过冬，室温控制在13~18℃。

施肥

平日可每隔10天直接向叶片表面喷施0.2%的液肥一次。在生长季节，需每月追施低浓度的液肥一次。施肥时以磷肥和钾肥为主，不宜施用太多的氮肥。

新手提示：冬天不需要再对植株施用肥料。

病虫防治

❶ 孔雀竹芋常发生的病害是叶斑病，发病后要马上将病残叶和杂草全部除掉，并喷施50%的代森锰锌可湿性粉剂500倍液。

❷ 孔雀竹芋受到介壳虫、粉虱等的危害时，用25%的亚胺硫磷乳油1000倍液或40%的氧化乐果1500倍液喷洒即可。

修剪

每年更换花盆的时候应将干枯根及残败叶剪掉，以促使植株加快生长及保持优美的株形。

繁殖

孔雀竹芋采用分株法进行繁殖。

摆放建议

孔雀竹芋的叶片极具观赏价值，盆栽孔雀竹芋可以摆放在书房、客厅、卧室等处，也可以用吊盆吊放在花架、门廊等处。

合果芋

HE GUO YU

【花草名片】

◎ **学名**：*Syngonium podophyllum*

◎ **别名**：箭叶芋、紫梗芋、白蝴蝶、丝素藤。

◎ **科属**：天南星科合果芋属，为多年生常绿蔓性草本植物。

◎ **原产地**：最初产自中美洲、南美洲的热带雨林里，如今世界各个地区都广泛栽植。

◎ **习性**：喜欢温度较高、潮湿和半荫蔽的环境，不能抵御寒冷，不能忍受干旱和水涝，怕强烈的阳光久晒。但具有很强的适应能力，能适应不同的光照条件。

◎ **花期**：夏季、秋季。

◎ **花色**：花序外面具苞片，其内部呈红色或白色，外部则呈淡绿色或黄色。

花言草语

合果芋有很多品种，其中白纹合果芋、翠玉合果芋、白蝴蝶合果芋、粉蝶合果芋、银叶合果芋及箭头叶合果芋等皆为常见的栽植品种。因它易于繁殖，栽植简单方便，非常能忍受荫蔽而且有很好的装扮作用，如今在世界各个地区广为使用，已经成了国际市场上十分畅销的一种室内盆栽赏叶植物。

净化功能

合果芋对房间里的很多有害物质皆有比较强的吸收及净化作用，能吸收大量甲醛及氨气。与此同时，它有比较高的蒸腾效率，具一定程度的调整室内湿度的功能，还能散放出比较多的负离子，提高房间里的负离子浓度，令房间里的空气维持清爽新鲜，对人们的身体和精神健康皆非常有益。

选盆

可选用塑料盆。常用口径为10～15厘米的花盆。

新手提示：如果悬吊栽植则可以用15～18厘米口径的吊盆。

择土

合果芋喜欢在有肥力、腐殖质丰富、土质松散、排水通畅的沙质土壤中生长。

新手提示：用花盆栽植合果芋时，培养土可以用泥炭土、腐叶土及较少的粗沙来混合调配。

栽培

❶ 选择生有2～3枚叶片的幼嫩的茎段作为插穗，将其插进沙床或别的基质里。

❷ 给基质浇足水并保持湿润，然后摆放在半荫蔽的地方养护，令温度控制在20℃上下，10～15天后即可长出根来，非常易于存活。

❸ 栽后通常每2～3年要更换一次花盆，以春天进行为宜。

浇水

❶ 在其生长季节，浇水要以“宁湿勿干”为原则，然而也不可积聚太多的水。

❷ 合果芋喜欢比较大的空气湿度，在夏天生长鼎盛期和气候干旱时，除了浇水要充足之外，还要每日向叶片表面喷洒2～3次清水，以维持比较大的空气相对湿度，促使植株健壮生长，令叶片洁净而有光泽。

❸ 冬天将植株搬进房间里料理时，则不要再向叶片表面喷洒清水，待盆土干燥后再行浇水，注意盆土千万不可太湿，不然容易令植株叶片发黄凋落或根部腐坏死去，不利于欣赏。

光照

合果芋喜欢半荫蔽的环境，畏强烈的阳光久晒，能长期摆放在房间里散射光充足的地方养护。平日可以将植株置于光线明亮的地方，并留意防止强烈的阳光直接照射。夏天以遮蔽70%～80%的阳光为好，可以将它置于户外半荫蔽的地方料理；冬天要将它放在房间里有足够的散射光照射的地方料理。

新手提示：不能长时间将合果芋放在过度荫蔽的地方，以防止茎干及叶柄徒长变长，令叶片变得窄小，影响植株形态。

温度

合果芋喜欢温暖，不能抵御寒冷，生长适宜温度是22~30℃。在中国大部分地区栽种时，冬天需移入室内，并将室温保持在10℃以上。

施肥

在植株的生长季节，每半个月施用浓度较低的液肥一次即可。冬天不要对植株施用肥料。

新手提示：为了令叶片颜色碧绿，可以每月用0.2%的硫酸亚铁溶液喷洒一次。

病虫防治

合果芋的病害主要是灰霉病及叶斑病，用等量式波尔多液或70%的代森锌可湿性粉剂700倍液喷洒就能有效预防和治理。它的虫害主要是蓟马及粉虱危害，用40%的氧化乐果乳油1500倍液喷洒便能很好地预防和治理。

修剪

在夏天，合果芋植株的茎叶长得比较迅速，盆栽欣赏时要留意进行摘心整形。在春天更换花盆时，成年植株可以进行修剪，以促使其重新开始萌发新茎叶。

新手提示：用吊盆栽植的时候，茎蔓向下低垂，应按期进行疏剪，修整株形，防止茎蔓太长或过于稠密，以令植株形态维持美观。

繁殖

合果芋可采用扦插法及分株法进行繁殖。

摆放建议

合果芋是一种观叶类植物，一般采用盆栽。小型盆栽合果芋可悬垂、吊挂在客厅、书房、门厅等处，大型支柱式合果芋盆栽一般摆放在客厅。

花叶芋

HUA YE YU

【花草名片】

◎ 学名：*Caladium hortulanum*

◎ 别名：彩叶芋、二色芋。

◎ 科属：天南星科花叶芋属，为多年生常绿草本植物。

◎ 原产地：最初产自南美洲的热带地区，在巴西及亚马逊河流域分布得最为广泛。

◎ 习性：喜欢较高的温度、潮湿及半荫蔽的环境，非常不能忍受寒冷，也不能忍受干燥和水涝，畏强烈的阳光久晒，在遮荫较少或阴蔽的环境中方可长得较好。

◎ 花期：春季。

◎ 花色：黄色至橙黄色。

净化功能

花叶芋的纤毛可以拦截并吸滞空气里飘浮的极细小的颗粒、烟雾及尘埃，被叫做“天然除尘器”。此外，它还能分泌出植物杀菌素，可以压制或杀灭有害细菌。

选盆

种植花叶芋通常选用口径为12～15厘米的泥盆。

择土

花叶芋不能忍受盐碱及贫瘠的土壤，喜欢在有肥力、腐殖质丰富、土质松散且排水通畅的泥炭土或腐叶土中生长。

新手提示：用花盆栽植花叶芋时，培养土可以用泥炭土或腐叶土和等量的沙壤土来混合调配，并加上较少的充分腐熟的豆饼末或骨粉作为底肥，也可以用土壤2份、腐叶土2份、充分腐熟的有机肥1份、细沙或砻糠灰1份来混合调配。

栽培

1. 选取1～2块优质的块茎。
2. 将盆土放入花盆中，植入块茎，不必太深。
3. 植入块茎后马上浇水，并令土壤维持潮湿状态。

新手提示：花叶芋栽后通常每年春天要更换一次花盆。

浇水

1. 花叶芋喜欢潮湿，不能忍受干燥，然而也怕积聚太多的水。
2. 植株萌芽初和秋天皆需掌控浇水，在盆土表层变得干燥后再浇水。
3. 6-9月是花叶芋生长的鼎盛期，要保证浇水充足，但也不可积聚太多水，以防止块茎腐坏。
4. 在夏天气候比较干燥的时候，除了要每日浇水之外，还要每日向叶片表面喷洒2～3次清水，以增加空气相对湿度，令叶片挺拔、叶色鲜艳而有光泽。
5. 进入秋天之后，植株渐渐步入休眠状态，要减少浇水量和浇水次数，令盆土维持稍干燥状态就可以。

光照

花叶芋喜欢半荫蔽的环境，也喜欢充足的阳光，然而畏强烈阳光直接照射以及久晒。夏天需置于房间里光照充足的地方，也可把花盆置于荫棚下或适度遮蔽阳光，防止强烈的阳光直接照射灼伤叶片。春天和秋天将盆花置于半荫蔽的地方，能令叶片颜色维持鲜艳、光亮。然而如果长时间光线不充足，植株容易徒长，叶柄会变长而且容易断裂，叶片弱而嫩，叶色变得暗淡，植株形态会不端正。

温度

花叶芋喜欢温暖，不能抵御寒冷，生长适宜温度是25~30℃，如果温度超过30℃，则新叶萌生得比较迅速，叶片薄且柔弱，令赏叶期变短。10月到翌年6月是块茎的休眠期，最适合的温度是18~24℃；冬天块茎休眠时温度需高于15℃才能顺利过冬，如果室内温度低于15℃，则块茎容易腐坏。

施肥

花叶芋的生长时期是6~10月，施用肥料时谨记“薄肥勤施”，要每个月施用2~3次浓度较低的液肥，氮肥、磷肥和钾肥配合着施用，主要施用氮肥，比如豆饼、腐酱渣的浸泡液，也可以施用较少的复合肥。10月后花叶芋的叶色会渐渐暗淡而步入休眠状态，在这段时期内不要对其施用肥料。

新手提示：施用肥料时千万不可让肥液污染叶片，否则叶片会干枯。施完肥后要马上浇水，以防止肥料损伤植株的根系。

病虫防治

花叶芋的病害主要为干腐病及叶斑病。

❶ 花叶芋的块茎在储藏期间容易患干腐病，使用50%的多菌灵可湿性粉剂500倍液浸泡或喷粉就能有效预防。

❷ 花叶芋在舒展叶片期间，容易患叶斑病，用50%的托布津可湿性粉剂700倍液喷施就能预防和治理。

修剪

❶ 在平时料理期间，如果看到叶片发黄或向下低垂，应马上摘掉，以促进植株萌生新的叶片，有利于植株保持整齐、洁净、漂亮。

❷ 为了避免营养物质过度损耗，抑制植株的生殖生长，可以尽早将不必要的花蕾摘掉。

繁殖

花叶芋可采用播种法、扦插法及分株法进行繁殖。

摆放建议

花叶芋是一种观叶类植物，小型盆栽可摆放在窗台、桌案、书柜等处，大型盆栽一般用来装饰客厅、门厅。

蜀葵

SHU KUI

【花草名片】

◎ 学名：*Althaea rosea*

◎ 别名：蜀季花、一丈红、棋盘花、斗篷花。

◎ 科属：锦葵科蜀葵属，为多年生半灌木状草本植物。

◎ 原产地：最初产自中国和亚洲各个地区，由于最先于四川发现，所以叫做“蜀葵”。

◎ 习性：喜欢阳光充足的环境，略能忍受半荫蔽。喜欢凉爽的气候，地下部分具有比较强的抵御寒冷的能力，在华北地区栽植时根部能露地过冬。能忍受干旱，怕积水。

◎ 花期：6-8月。

◎ 花色：红、粉红、水红、紫、墨紫、黄、乳黄和白色。

净化功能

蜀葵抵抗空气里的二氧化硫、三氧化硫等有毒气体以及氯化氢的能力比较强，为良好的绿化植物。

选盆

宜选用透气性好、排水良好的泥盆或陶盆，且应该是深盆，盆口较大。

择土

蜀葵对土壤的要求不高，一般的土壤均可，但以有肥力、土层较厚、土质松散且排水通畅的土壤为佳。

栽培

1 春天种子播下后，约7天即可萌芽。

2 当小苗长出来后，要适度拔掉弱苗，以降低营养成分的损耗量，促使留存下来的植株健壮生长。

3 当小苗生出2～3枚真叶的时候，要进行定植分盆。

4 每年老根萌发新芽时，要马上浇足水。

5 栽培3～4年后，植株容易衰弱老化，要尽早进行更新。

新手提示：在进行定植分盆时，要在土壤里入进合适量的底肥。

花言草语

蜀葵不仅艳丽好看，其根、茎、叶、花及种子还可以作为药材使用，具清除内热和解毒的功用，内服能医治便秘、解除河豚毒、促进排尿，外用则能医治疮疡、烫伤等病症。

根据《西墅杂记》所载，明朝成化甲午年间，日本使者来至中国，看到栏前的蜀葵花却不认识，询问后方知晓，于是题诗道：“花如木槿花相似，叶比芙蓉叶一般。五尺栏杆遮不尽，尚留一半与人看”。在古代端午节的时候，人们除了认为吃黄豆芽、黄瓜、黄鱼、黄鳝及喝雄黄酒能消除疾病、健体强身之外，还会在家中的瓶里插上蜀葵、蒲莲等，以驱逐鬼祟、避开邪祟。

浇水

蜀葵能忍受干旱，不能忍受水涝，在生长季节浇水需适时、适量。

新手提示：为了让开花时间变长，可以维持足够的水分，然而千万不可积聚太多的水，否则会对植株的正常生长发育造成不良影响。

光照

蜀葵喜欢光照充足的环境，也略能忍受半荫蔽，怕强烈的阳光久晒，在炎夏要为其适度遮蔽阳光。

温度

蜀葵喜欢凉爽的气候，畏较高的温度和炎热，其萌芽的适宜温度是18~25℃，开花的适宜温度是15~25℃。它的地下部分具有比较强的抵御寒冷的能力，过冬温度需高于10℃。

施肥

在幼苗的生长阶段，要施用2～3次以氮肥为主的液肥，并需时常清除杂草、翻松土壤，以促进植株健壮生长。当蜀葵的叶腋长出花芽之后，要马上施用磷、钾肥一次。

病虫防治

1. 对蜀葵危害比较严重的一种病害是炭疽病。在病情发生之初，可以用50%的苯来特可湿性粉剂2 000倍液喷洒进行治理。
2. 老植株和天气干旱时，植株容易患锈病，在播种之前对种子采取消毒措施，在春天和夏天向植株喷洒波尔多液就能有效治理。
3. 蜀葵容易受到红蜘蛛及蚜虫的危害，喷洒80%的敌敌畏1 000倍液能有效预防和治理红蜘蛛危害，喷洒40%的氧化乐果乳油1 500～3 000倍液则能很好地预防和治理蚜虫危害。

修剪

在开花之后距离植株的根部约15厘米的部位割断，能促进萌生出新的植株，也可以很好地掌控植株的高度。

繁殖

蜀葵可采用播种法、扦插法及分株法进行繁殖。

摆放建议

花朵艳丽、枝叶繁茂的蜀葵适合栽种在庭院里欣赏，盆栽需选用较大的花盆，适合摆放在阳台、天台等处。

棕竹

ZONG ZHU

【花草名片】

◎ 学名：*Rhapis humilis*

◎ 别名：棕榈竹、矮棕竹、筋头竹、观音竹。

◎ 科属：棕榈科棕竹属，为常绿丛生灌木。

◎ 原产地：最初产自中国南方地区。

◎ 习性：喜欢温暖、潮湿和通风的环境，略能抵御寒冷，能忍受0℃上下的低温，不能忍受干旱，比较能忍受荫蔽，畏强烈的阳光照射和西北风。具有很强的适应能力，生长旺盛，萌生新枝的能力也比较强，比较经得住修剪。

◎ 花期：4–5月。

◎ 花色：浅黄色。

净化功能

棕竹对房间里的很多种有毒物质皆有非常强的吸收及净化作用，其中消除重金属污染和二氧化碳的效果比较明显。同时，它也有非常高的蒸腾效率，对提高房间里的湿度及负离子的浓度都很有效果，能令房间里的空气维持清爽新鲜。

选盆

栽种棕竹需用体型较大的泥盆或瓷盆，也可用木桶来种植。

择土

棕竹喜欢腐殖质丰富、湿润且排水通畅的酸性土壤，不喜欢表层已经变硬的土壤，更不能忍受贫瘠及盐碱。

新手提示：盆栽的培养土可用等量的园土、腐叶土及河沙来调配，同时还可以加入适量的底肥。

栽培

❶ 播前宜先用温度为30~35℃的水浸泡棕竹的种子1～2天，等到种子开始萌动的时候再进行播种。

❷ 把种子播于盆土里，然后盖上2～3厘米厚的细土。

❸ 播种后需浇水或喷水，并保持土壤湿润，经过30~50天即可萌芽。当小苗的子叶长至8～10厘米长的时候就可正常料理。

浇水

❶ 棕竹喜欢潮湿，不能忍受干旱，所以浇水需以“宁湿勿干”为原则。

❷ 在植株的生长季节，要令盆土维持潮湿状态。

❸ 夏天气候干燥的时候，除浇水之外，还需每日向植株的枝叶喷洒1～2次清水，以促使植株健壮生长。

❹ 秋天要适度减少浇水的量和浇水次数。

❺ 冬天盆土最好以“见干见湿”为原则，并要每隔一周用接近室温的水向植株的枝叶喷洒或淋洗一次，以令枝叶维持洁净、光亮。

光照

棕竹属于典型的室内赏叶植物，比较能忍受荫蔽，畏强烈的阳光照射，在光线充足的房间里能长时间欣赏。如果房间里比较昏暗，连着放置三个月后就要变换一次放置的地方。在生长期内要注意遮蔽阳光，遮阴度约达到50%就可以。

新手提示：夏天阳光强烈的时候需格外留意，要为植株适度遮蔽阳光，防止强烈的阳光直接照射以及久晒，并要保持通风顺畅，不然叶片容易变黄，或叶片的尖部容易被灼伤，不利于植株的正常生长发育和美观。

温度

棕竹喜欢温暖，略能抵御寒冷，生长适宜温度是20~30℃。冬天室内温度控制在5℃之上，它就能顺利过冬，然而也可以忍受比较短时间的0℃上下的低温，在我国华南和西南一些区域能露地成丛栽植。

施肥

在植株的生长季节，需每月施用1～2次浓度较低的液肥，且主要施用氮肥。冬天则不要再对植株施用肥料。

病虫防治

棕竹经常发生的病害为叶斑病及介壳虫危害。

❶ 当棕竹患上叶斑病，连续喷施数次100倍的波尔多液就能预防和治理。

❷ 当它受到介壳虫危害时，只要看到虫害就要马上人工刮掉，或喷施50%的氧化乐果乳油1000倍液来杀除，并要改善通风透气效果。

修剪

平日要尽早将干枯枝、病虫枝及枯黄的叶片等剪掉，这样不仅可以降低营养成分的损耗量，促进植株萌生新的枝叶，而且还可以增强通风透气效果，避免发生病虫害。

繁殖

棕竹可采用播种法及分株法进行繁殖。

摆放建议

棕竹是一种喜阴类的观叶植物，盆栽可摆放在客厅、书房一角。

蒲葵

PU KUI

【花草名片】

◎ 学名：*Livistona chinensis*

◎ 别名：葵树、蒲叶葵、扇叶葵、木葵。

◎ 科属：棕榈科蒲葵属，为常绿高大乔木。

◎ 原产地：最初产自中国南部，广泛栽植于福建、广东、广西、海南及台湾等地区。

◎ 习性：喜欢温暖、潮湿的热带气候，不能忍受寒冷及干旱，能忍受较短时间的积水。喜欢光照充足的环境，也比较能忍受荫蔽，怕阳光直接照射。无主根，然而侧根长得非常旺盛，且比较稠密，抵抗风侵袭的能力比较强，能在沿海区域生长。

◎ 花期：3–5月。

◎ 花色：浅黄、黄白或青绿等色。

花言草语

蒲葵终年常绿，叶片很大，形似扇子，气魄不凡，具浓郁的热带风景气息。在热带区域，它是主要的园林绿化植物；在寒冷区域，它则常作为室内盆栽，可以装扮住宅、公共地方等。除了欣赏之外，蒲葵的树干可以用来做手杖、伞柄、屋柱，叶片可以用来编蒲扇，叶柄及叶脉则可以用来制造牙签等。它的种子还能用做药物，有抗癌的功用；它的根用做药物后具缓解疼痛的功用，可以制为注射剂医治多种疼痛。

净化功能

蒲葵抵抗及吸收二氧化硫、氯气的能力很强，对氯化氢也有比较强的抵抗能力，还可以强效吸纳、滞留粉尘，能很好地净化空气，是厂矿地区优良的绿化植物。

选盆

栽种蒲葵最好选用泥盆或瓷盆，超过10年生的植株则可以栽植在木桶里料理。

择土

蒲葵喜欢在潮湿、有肥力且有机质丰富的黏重土壤中生长。

新手提示：用盆栽植时可以用腐殖培养土作为盆土，并加上合适量的干粪等缓效肥作为底肥。

栽培

❶ 将清洗干净的几粒种子放在沙质土壤中一段时间，促使其提前发芽。

❷ 从其中挑选出被幼芽刚钻破种皮的种子，再把其点播进盆土中，浇透水分。

❸ 通常播种后30～60天，种子便可萌芽，此后正常料理。

浇水

❶ 蒲葵喜欢潮湿，不能忍受干旱，所以要令盆土维持略干燥或潮湿状态，但也不能过于潮湿，否则会导致根系腐烂。

❷ 在植株的生长鼎盛期，除了要充分浇水之外，还需时常向叶片表面喷洒清水，以满足植株对水分的需求。

❸ 蒲葵可以忍受短时间的积水，但雨季仍需及时排除积水，防止遭受涝害。

❹ 冬天需控制浇水次数。

光照

蒲葵喜欢充足的阳光，也比较能忍受荫蔽，怕阳光直接久晒。炎夏阳光比较强烈的时候，要把它置于半荫蔽的地方，并增强通风效果，不能让其在烈日下久晒，不然会导致叶片焦枯。冬天植株移入房间后可以置于向南的窗口附近，以使其受到足够的阳光照射。

温度

蒲葵喜欢温暖，不能抵御寒冷，生长适宜温度是20~28℃，能忍受1～2小时0℃的低温。

新手提示：10月中旬以前要把它搬进房间里料理，房间里的温度控制在5℃之上就能顺利过冬。春天4月再将它搬到户外料理。

施肥

春天、夏天和秋天是植株的生长鼎盛期，要每月施用2次以氮肥为主的液肥，或每隔20～30天施用20%充分腐熟的饼肥水或人粪尿一次，能令植株长得繁盛，叶片颜色深绿。冬天则不需再对植株施用肥料。

病虫防治

蒲葵抵御病虫害侵袭的能力比较强，一般不会患上病虫害。

修剪

对成龄植株需重剪其地上部分，特别需将基部已经老化的叶片剪掉，这样能使植株的茎干升高，优化通风透光效果，提高欣赏价值。

繁殖

蒲葵经常采用播种法进行繁殖，比较适合于春天到夏天进行。

摆放建议

蒲葵是一种典型的观叶类植物，可盆栽摆放在客厅、书房。

Y 鱼尾葵

YU WEI KUI

花言草语

鱼尾葵，树姿优美潇洒，叶片翠绿，树形奇特，有不规则的齿状缺刻，酷似鱼尾，富含热带情调，是优良的室内大型盆栽树种，适合于布置客厅、会场、餐厅等处，羽叶可作切花配叶，深受人们喜爱。

【花草名片】

◎ **学名**：*Caryota ochlandra*

◎ **别名**：丛生鱼尾葵、红棕竹、孔雀椰子、假桄榔。

◎ **科属**：棕榈科鱼尾葵属，为多年生常绿乔木。

◎ **原产地**：最初产自亚洲热带、亚热带和大洋洲，中国广东、广西及海南等地区分布得也较广。

◎ **习性**：喜欢温暖、潮湿和光照充足的环境，抵御寒冷的能力不太强，不能忍受干旱和积水，比较能忍受荫蔽，畏强烈的阳光直接照射以及久晒。根系生长旺盛，长得比较迅速。

◎ **花期**：5–7月。

◎ **花色**：黄色。

净化功能

鱼尾葵抵抗二氧化硫及氯气污染的能力比较强，同时具有抵抗氟化氢污染的能力。

选盆

宜选用通气好、排水性好的大型泥盆或瓦盆。

择土

鱼尾葵喜欢在土质松散、腐殖质丰富、排水通畅的中性土壤中生长，不能忍受贫瘠、盐碱和强酸性的土壤。

新手提示：培养土可以用等量的园土、草炭土及河沙来混合调配。

栽培

1. 在培养土里加进较少的充分腐熟的饼肥作为底肥，以促使植株健壮生长。
2. 把根基部萌发的新芽切下来。
3. 将切下的植株上新盆，浇足水，在25℃左右的温度下培育1个月后便可定植。

新手提示：栽后每1～2年需更换一次花盆，更换花盆时需剪去一些枯老的根系和干枯的老叶片，并添些新土。

浇水

1. 鱼尾葵喜欢潮湿，故在植株的生长季节，每2天需浇一次水。
2. 夏天每天都要浇水，并要常向枝叶和植株四周的地面喷洒清水，以增加空气湿度，但要注意不可积聚太多的水。
3. 冬天只需“见干见湿”即可。

光照

鱼尾葵喜欢光照充足的环境，也有比较强的忍受荫蔽的能力，不能忍受强烈的阳光直接照射和久晒，不然叶片表面会变成黑褐色，甚至焦黄干枯。

新手提示：在炎夏要为植株适度遮蔽阳光，防止强烈的阳光直接照射，在别的季节都要摆放在光照充足的地方养护。

温度

鱼尾葵喜欢温暖，抵御寒冷的能力不太强，生长适宜温度是15~25℃。它的过冬温度白天是15~20℃，晚上适宜控制在10℃之上，不可在5℃以下，然而也可以忍受较短时间的－4℃的温度。

施肥

鱼尾葵嗜肥，在生长季节，要每半个月对植株追施一次肥料，冬天则不要再施用肥料。

病虫防治

常见的病害是炭疽病、黑斑病及介壳虫危害。

1. 炭疽病在发病之初可以用50%的多菌灵可湿性粉剂800倍液或75%的百菌清可湿性粉剂500～800倍液进行喷洒，每10天喷洒一次，连喷多次就能有效治理。

2. 一旦发生黑斑病，要马上剪掉病叶并将其烧毁，在发病之初用1%等量式波尔多液或70%的代森锰可湿性粉剂500倍液喷洒就能治理。

3. 常见的虫害为介壳虫危害，可以人工刮掉或用氧化乐果乳油800倍液喷洒来治理。

修剪

在植株生长期间，要随时把基部干枯萎缩及残破损坏的叶片剪掉，以避免降低欣赏价值。当植株长得太高时可以进行截顶处理，以促进其萌生侧芽，令植株形态愈加丰满。

繁殖

鱼尾葵经常采用播种法和分株法进行繁殖。

摆放建议

鱼尾葵叶片浓绿富有生机，很有观赏性，冬季可摆放在客厅，夏季可用来装饰庭院和阳台。

散尾葵

SAN WEI KUI

【花草名片】

◎ 学名：*Chrysalidocarpus lutescens*

◎ 别名：黄椰子。

◎ 科属：棕榈科散尾葵属，为常绿灌木或小乔木。

◎ 原产地：最初产自非洲马达加斯加岛，如今世界各个热带地区大多有栽植。

◎ 习性：喜欢温暖、潮湿、通风顺畅及半荫蔽的环境，不能抵御寒冷，畏强烈的阳光久晒。幼苗期长得比较慢，成龄后长得很快。

◎ 花期：3-5月。

◎ 花色：金黄色。

净化功能

散尾葵可以很好地消除甲醛、氨、甲苯及二甲苯等有毒气体。据测定，每平方米散尾葵的叶面24小时内可消除0.38毫克甲醛和1.57毫克氨。它抵抗二氧化硫、氟化氢、氯气等有害气体的能力也比较强。此外，散尾葵每天可蒸发1升水，能显著提高室内的空气湿度，因此被誉为天然“增湿器”。

选盆

选用盆体较深的泥盆或者瓦盆。

择土

散尾葵喜欢在排水通畅、腐殖质丰富的沙质土壤中生长。

新手提示：用盆栽植的时候，培养土可以用3份泥炭土、3份腐叶土、1份河沙及较少的底肥来混合调配，不可用细沙或别的透气性比较不好的土壤。

栽培

❶ 分株繁殖一般于春天4月结合更换花盆进行。

❷ 选取基部有比较多的分蘖的植株，先剔除一些宿土。

❸ 用锋利的刀从基部相连的部位把其切分为若干丛，需留意不可伤及根系，不然分株后会长得较慢。

❹ 分栽上盆后要放在房间里料理，温度最好控制在20~25℃，并需时常向植株喷洒清水，令盆土维持潮湿状态，以促使植株尽快恢复生长势头。

❺ 幼株需每年或每隔2~3年更换一次花盆，老株则每隔3~4年更换一次花盆即可，通常于初春或初夏进行。

新手提示：为了方便栽植及有利于欣赏，每一丛以2~3株为宜。为了利于新植株的根系朝土壤里生长，种植时要埋得略深一些。

浇水

❶ 散尾葵喜欢潮湿，因此要令盆土时常保持潮湿状态，浇水时要以“干透浇透”为原则。

❷ 在夏天和秋天温度较高的时候，除了要每日浇水之外，还需时常向叶片表面及植株四周的地面喷洒清水。

❸ 雨季需留意及时排除积水，防止发生涝害。

❹ 秋末后及天阴下雨时，则需注意控制浇水。

❺ 冬天要时常朝叶片表面喷洒清水或擦拭叶片表面，以令叶片维持洁净且有光泽，增强其欣赏性。

新手提示：注意花盆中千万不可积聚太多的水，不然会导致植株的根系腐烂。

光照

散尾葵喜欢半荫蔽的环境，畏强烈的阳光久晒，在房间里栽植欣赏时，适合摆放在有比较充足的散射光的地方；在昏暗的房间里，也可以连着摆设4～6周，之后应把盆株搬到户外光照良好的地方料理，待其恢复生长势头后再移入房间里料理，不然会令植株生长不好，影响欣赏。

温度

散尾葵喜欢温暖，抵御寒冷的能力不太强，生长适宜温度是25~35℃，大气温度低于20℃时叶片就会变黄，冬天白天温度最好保持在25℃上下，晚上温度要高于15℃。

施肥

盆栽的散尾葵比较嗜肥，在5-10月植株的生长鼎盛期内可以每1～2周施用浓度较低的液肥一次，以令植株生长繁茂、叶色深绿。肥料最好是用迟效性的复合肥。在秋天和冬天则可以少施肥或不施肥。

新手提示：种植时宜在盆底放入适量碎骨块，10天后施一次低浓度的有机肥液。

病虫防治

散尾葵经常发生的病害是叶斑病。植株发病的时候，其叶片尖部及边缘最容易遭受危害，经常会变得干枯、卷皱，在发病之初用50%的可菌丹可湿性粉剂500倍液喷施就能有效治理。

修剪

大型散尾葵的枝丛生长得比较稠密，在更换花盆时除了要把纤弱枝、干枯枝、病虫枝、残破叶及枯黄叶等剪掉之外，还需把稠密枝剪掉，以令枝丛变得稀疏。

繁殖

散尾葵可采用播种法及分株法进行繁殖，其中以分株繁殖为主。

摆放建议

散尾葵可以盆栽摆放在阳台、客厅、书房、卧室、阳台，在南方也可以栽种在庭院观赏，但秋冬季节需移至室内。

元宝枫

YUAN BAO FENG

【花草名片】

◎ **学名：** *Acer truncatum Bunge*

◎ **别名：** 平基槭、色树、元宝树、枫香树。

◎ **科属：** 槭树科槭树属，为落叶乔木。

◎ **原产地：** 最初产自中国东北和华北山地，主要分布在辽宁、河北、山西、山东、河南和陕西等省。

◎ **习性：** 为弱阳性树，喜欢温凉、潮湿且润泽的气候，抵御寒冷的能力很强，然而如果天气过分干燥且寒冷或温度过高则会生长不好。略能忍受荫蔽，不能忍受酷热和强烈的阳光久晒，具一定程度的忍受干旱的能力。

◎ **花期：** 4–5月。

◎ **花色：** 黄绿色。

花言草语

元宝枫由于其翅果的形状很像中国古代的金元宝而获得这一美名。它树形美观、叶形秀美，进入秋天后叶片的颜色会变成黄色或红色，为我国北方有名的红叶树种中的一种。它不仅能用做庭荫树、行道树或防护林，而且也适合同别的色叶树种或常绿树种搭配种植，互相映照、衬托，更显秋天的景色之美。此外，元宝枫的种子可以用来榨油，树皮纤维可以用于制作纸张，木材坚固、柔韧且细密，为极佳的建筑、家具、雕刻及细木工用料。

净化功能

元宝枫能够有效地清除空气里的氨。根据有关测算，每平方米元宝枫叶24小时便可清除1.33毫克氨。另外，元宝枫抵抗二氧化硫和氟化氢的能力也比较强，还可以较好地吸附粉尘，为净化空气的良好植物，非常适合种植在工厂矿区和道路两旁。

选盆

由于元宝枫株形较大，所以宜选择较深较大、透气性好的盆，其中以紫砂盆或泥盆最为适宜。

择土

元宝枫对土壤没有严格的要求，在中性、酸性和石灰性土壤上都可生长，也能忍受贫瘠的土壤，然而最适宜在土层较厚、有肥力、潮湿且排水通畅的土壤中生长。

新手提示：培育幼苗的时候不适合选用黏性过重的土壤，不然容易导致根系腐烂。

栽培

1. 播种前宜用温度为40~50℃的水将元宝枫的数粒种子浸泡2小时，之后捞出种子并清洗干净。
2. 将种子同两倍量的粗沙搅拌均匀，放在房间里促使其提前发芽。
3. 当种子萌芽后，选取一个芽比较健壮的进行播种。
4. 在种子上面盖上厚约2厘米的土，略压实，并令盆土保持潮湿状态，经过15~20天便可长出幼苗。

浇水

① 元宝枫喜欢潮湿，也具一定程度的忍受干旱的能力，然而不能忍受积水。

② 在植株的生长期内要令土壤维持潮湿状态，若浇水则需浇透。

③ 进入秋天后土壤适宜维持干燥状态，以有利于叶片改变颜色。

新手提示：注意不可积聚太多的水，不然会造成根系腐烂。

光照

元宝枫略能忍受荫蔽，怕强烈的阳光久晒，适合种植在风不能直接吹到、潮湿且侧方有遮阴处。

温度

元宝枫属于温带树种，喜欢温凉的气候，若环境温度比较高则不利于其生长发育。它具有比较强的抵御寒冷的能力，能忍受－25℃的低温。

施肥

在生长季节要每月结合浇水施用氮肥一次，以促使植株健壮生长。成株后每隔1～2年施用有机肥一次即可。

病虫防治

元宝枫常发生的病害为褐斑病、白粉病、锈病及天牛危害。

① 一旦发生褐斑病及白粉病，可以每半月用50%的多菌灵可湿性粉剂800～1 000倍液喷施一次，连喷2～3次就能有效治理。

② 一旦发生锈病，可以每半月用25%的粉锈宁乳油1 500倍液喷施一次，连喷2～3次便可治理。

③ 元宝枫常发生的虫害为天牛危害，只要看到害虫，就要立即向蛀洞里注入40%的氧化乐果乳油100～200倍液，之后用泥土封堵住洞口就能治理。

修剪

① 春天移植后需留意主干的培育，要尽早将侧枝剪掉。

② 在植株的休眠期内，要适度对其进行修剪整形。当植株长至高于3米的时候，则不用再对其进行修剪。

繁殖

元宝枫可采用播种法、扦插法及嫁接法进行繁殖。

摆放建议

一般家养元宝枫采用大型花盆栽植，盆栽元宝枫幼株一般摆放在客厅或书房等处。

波士顿蕨

BO SHI DUN JUE

【花草名片】

◎ 学名：*Nephrolepis exaltata var.Bosteniensis*

◎ 别名：肾蕨、玉羊齿、蜈蚣草、石黄皮。

◎ 科属：肾蕨科肾蕨属，为多年生常绿草本观叶植物。

◎ 原产地：最初产自热带和亚热带地区，在中国南方各省亦有分布。

◎ 习性：喜欢温暖、潮湿及荫蔽的环境，经常生长在溪旁、林下、岩石缝中，或附生在树木上。不能抵御寒冷，稍能忍受干旱，不能忍受炎热，怕强烈的阳光直接照射。长得很快，病虫害比较少。

◎ 花期：不开花。

净化功能

在蕨类植物中，波士顿蕨堪称吸收甲醛的高手，其每小时便可吸收掉0.02毫克左右的甲醛，所以被叫做最有效的生物“净化器”。它还可以吸收烟雾，故时常碰触油漆、涂料，或周围有喜欢抽烟的人，适宜在工作地点摆设最少一盆蕨类植物，以减轻甲醛及烟雾对人的身体的损害。另外，波士顿蕨对电脑显示器、打印机及复印机所释放出的甲苯与二甲苯还有一定的抑制及吸收作用。同时，它还能提高空气相对湿度，保护人们的呼吸系统，非常有益于人们的身体和精神健康。

选盆

选择透气性好、排水性好的泥盆或瓦盆，盆体宜比较深。

择土

波士顿蕨具有很强的适应能力，能忍受贫瘠，但最适宜在土质松散、有肥力、腐殖质丰富、透气性好及排水通畅的中性或弱酸性土壤中生长。

新手提示：用花盆种植时，可以用泥炭土或腐叶土、粗沙或培养土的混合基质作为盆土，若条件允许，用水苔作为培养基则对植株的生长更有益。也可以用质量比较轻且干净卫生的纯膨化塑料人造土作盆土。

栽培

1. 将母株小心地剥开，把匍匐枝分开另外再行栽种，每一盆可以栽种2～4丛匍匐枝。
2. 在花盆底部铺放几块碎小的瓦片或砖块。
3. 栽完后马上浇水并置于半荫蔽的地方料理，令盆土维持潮湿状态，可以使其迅速恢复生长。
4. 当根茎上萌生出新的叶片后，再放在遮阳网下料理即可。
5. 波士顿蕨生长迅速，通常每隔1～2年就要更换一次花盆，多于春天进行。

浇水

❶ 波士顿蕨对水分有着较为严格的要求，喜欢潮湿的土壤及较大的空气相对湿度，盆土不适宜过分潮湿或过分干燥，维持潮湿状态就可以。

❷ 春天和秋天要充分浇水，使盆土保持潮湿。

❸ 在夏天除了要每日浇1～2次水之外，还要时常向叶片表面和植株四周喷洒清水，尤其是悬吊栽植的植株。

❹ 冬天则要对植株适度控制水分，令盆土维持略潮湿的状态就可以。

新手提示：在喷洒清水时，除了需向叶片正面喷洒之外，还需多向叶片背面喷洒。

光照

波士顿蕨喜欢半荫蔽的环境，在充足的散射光条件下可以长得较好，要防止阳光直接照射，但也不能置于过于昏暗的地方养护。

新手提示：冬天要让植株接受适度的阳光照射，可以把盆栽摆放在向北或向东的窗口边养护。

温度

波士顿蕨喜欢温暖，不能抵御寒冷，3－9月的生长适宜温度是15～25℃，9月到翌年3月则是13～15℃。冬天要将植株搬进室内过冬，温度控制在10～15℃即可。

施肥

波士顿蕨需肥量不大，在生长季节每月施用1～2次浓度较低的腐熟的饼肥水就可以，要留意不可施用速效化肥。在4－9月期间，可以每15天对植株施用观叶植物液体肥料一次，以令叶片变得更碧绿且具光亮。

新手提示：在施用肥料的时候千万不可让肥液污染植株的叶片，以防止对其造成损害。

病虫防治

波士顿蕨易患生理性叶枯病，可喷施65%的代森锌可湿性粉剂600倍液。在室内栽植通风不顺畅时，植株易受到红蜘蛛及蚜虫危害，可喷施肥皂水或40%的氧化乐果乳油1000倍液。

修剪

在植株的生长季节，要结合整形随时将干枯叶、焦黄叶、残破叶及老叶剪掉，以增强空气流通效果，维持叶片光鲜及优美的植株形态。

繁殖

波士顿蕨经常采用分株法进行繁殖，全年都能进行，以5－6月大气温度稳定的时候进行为佳。

摆放建议

波士顿蕨适应性强，盆栽波士顿蕨可摆放在客厅、书房的窗台、案几、书柜或电脑台旁。

Y 鸭脚木

YA JIAO MU

【花草名片】

◎ 学名：*Schefflera octophylla*

◎ 别名：鹅掌柴、手树、小叶伞树、舍夫勒氏木。

◎ 科属：五加科鹅掌柴属，为常绿木本观叶植物。

◎ 原产地：最初产自澳大利亚、新西兰、印度尼西亚和中国台湾等地区。

◎ 习性：喜欢温暖、潮湿、光照充足的环境，抵御寒冷的能力不太强，具一定的忍受干旱的能力，也略能忍受半荫蔽，怕强烈的阳光久晒。具有很强的适应能力，长得比较迅速。

◎ 花期：冬季、春季。

◎ 花色：最初呈绿白色，后来变成浅红色、白色。

净化功能

鸭脚木对很多有害物质都有较好的吸收作用。它每小时可吸收9毫克左右甲醛，还可吸收尼古丁等有害物质。另外，鸭脚木具有非常高的蒸腾效率，能调整室内的湿度；它还能释放出较多的负离子，令房间里的空气维持清爽、新鲜。

选盆

各种质地的花盆都可。根据植株大小选择相应大小的花盆。

择土

鸭脚木喜欢土层较厚、土质松散且有肥力的酸性土壤，略能忍受贫瘠的土壤。

新手提示：用花盆栽植时，可以用腐叶土、黏质土壤和干牛粪混合配制成基质，也可以用腐叶土、泥炭土、珍珠岩及较少的底肥作为培养土。

栽培

1. 剪下8～10厘米长、具3～5节的一年生的成熟枝条作为插穗。
2. 把下部的叶片除去，仅留下先端的1～2枚叶片，如果叶片比较大，可以将叶片的1/3剪掉。
3. 把插穗插到插床上，浇足水并维持比较高的空气湿度，温度控制在约25℃，大约经过一个月便可长出根来上盆。
4. 栽后通常每年要更换一次花盆，多于春天进行。

浇水

1. 鸭脚木喜欢潮湿，盆土要时常维持潮湿状态，在盆土尚未干透的时候便需马上浇水。
2. 在春天和秋天，每隔3～4天对植株浇一次水即可。
3. 夏天除了要每日浇一次水之外，还要常向叶片表面喷洒清水，以增加空气湿度，促使植株健壮生长。
4. 雨季需尽早排除积水，防止植株遭受涝害。
5. 冬天要对植株减少浇水，适度控制水分。

光照

喜欢阳光充足，也略能忍受半荫蔽，畏强烈的阳光直接照射以及久晒。在房间里培养时，每天约有4小时直接照射的阳光便可较好地生长，也可以长时间置于房间里散射光充足、湿度合适且通风顺畅处。

新手提示：夏天要遮蔽约50%的阳光，以防止叶片被灼伤，或叶片颜色变暗淡。

温度

喜欢温度较高的环境，生长适宜温度是15~25℃，也具一定的抵御寒冷的能力。

施肥

鸭脚木长得过于迅速，需肥量比较大，在生长期内要每3～4周施用浓度较低的液肥一次。斑叶品种则不适宜施用过多的肥料，尤其是氮肥。

新手提示：为了令斑叶品种的斑块色彩变得更明亮、艳丽，可于植株的根外喷洒0.2%的磷酸二氢钾溶液。

病虫防治

❶ 鸭脚木常发生的病害为叶斑病。发病后可用20%的甲基托布津可湿性粉剂1 000倍液喷施病株的叶片表面，每隔7～10天喷施一次，连喷2～3次即有效果。

❷ 鸭脚木常见的虫害为介壳虫危害，在发生之初可以每隔15天用25%扑虱灵可湿性粉剂1 500～2 000倍液喷洒一次，或在卵孵化旺盛期用40%的氧化乐果乳油1 000倍液喷施来治理。

修剪

平日要留意进行修剪整形。在每年春天可以结合更换花盆进行修剪，包括修剪植株的根系、剪掉干枯枝及病虫枝、对徒长枝进行短截等。在夏天植株生长期间也能进行修剪。

繁殖

鸭脚木可以采用播种法、扦插法及高压法进行繁殖。

摆放建议

鸭脚木株形优美，是一种优良的盆栽植物，盆栽鸭脚木适合摆放在客厅、书房、卧室、阳台，也可直接种植在庭院中观赏。

橡皮树

XIANG PI SHU

【花草名片】

◎ 学名：*Ficus elastica*

◎ 别名：印度橡皮树、印度胶榕、印度橡胶树、缅树。

◎ 科属：桑科榕属，为常绿木本观叶植物。

◎ 原产地：最初产自印度、缅甸、斯里兰卡和马来西亚等地区。

◎ 习性：喜欢温暖、潮湿、光照充足的环境，不能抵御寒冷，畏炎热，能忍受干旱和半荫蔽。

◎ 花期：夏天。

◎ 花色：白色。

花言草语

橡皮树的叶片肥大厚实、终年常绿，而且富有光泽，有比较高的欣赏价值，为经常见到的赏叶植物。它适合用花盆种植，可以用来装饰大型建筑物的门厅两旁及节日广场。它在南方区域则通常露天种植在溪边及路旁，有极佳的遮阳乘凉的作用。另外，橡皮树还象征着左右逢源、招财进宝、吉祥如意，经常被用来作为商务礼节和仪式上的花卉。

净化功能

橡皮树可以吸收掉房间里的大多数有害气体，比如一氧化碳、二氧化碳及氟化氢等，对消除甲醛也很有效果。另外，它还能较好地吸滞粉尘。

选盆

可选用泥盆、塑料盆、瓷盆、陶土盆，一般要求盆径在20～30厘米。

择土

橡皮树喜欢在土质松散、有肥力且排水通畅的腐殖土或沙质土壤中生长，能忍受贫瘠的土壤，也能在弱碱及弱酸性土壤中生长。

新手提示：用花盆种植的时候，培养土可以用1份园土、1份腐叶土、1份河沙和较少的底肥来混合调配。

栽培

1. 当温度高于15℃的时候，选取植株上部及中部1～2年生的健康壮实的枝条作为插穗。
2. 每一段插穗要含3～4个芽，把插穗下部的叶片去掉，把上部的2枚叶片合到一起并用塑料绳轻轻绑缚好。
3. 把插穗插在河沙与泥炭的混合基质上，插入的深度约为土深的1/2就可以，浇足水并放在荫蔽的地方料理，令土壤维持潮湿状态，温度控制在18~25℃上下，插后15～20天便可长出根来。
4. 移植时要带着土坨，以便于存活。
5. 在生长季节应经常翻松盆土，以防止盆土表层变硬，影响植株的生长。
6. 幼年植株可以每年更换一次花盆，成龄植株则可以每2～3年更换一次花盆。5～7年生的成龄植株，可以移栽至大木桶里，以后通常不用再更换盆。

浇水

1. 春天需令土壤维持潮湿状态，然而还需防止盆中积聚太多的水。
2. 炎夏除了每日清晨和傍晚要分别对植株浇一次水之外，还要时常向叶片表面喷洒清水，以增加空气湿度，避免叶片边缘干枯。
3. 秋天和冬天要适度少浇水，5～6天浇一次水就可以。

光照

橡皮树喜欢光照充足、空气流动顺畅的环境，从春天至秋天可以将其摆放在户外朝阳的地方料理。6-9月期间阳光比较强烈，宜适度遮蔽阳光。冬天适合把它置于房间里向南有明亮光照的地方。

病虫防治

① 橡皮树经常发生灰斑病。在灰斑病发病之初可以用50%的多菌灵可湿性粉剂1 000倍液或70%的甲基托布津可湿性粉剂1200倍液喷施来治理。

② 经常发生的虫害为介壳虫及蓟马危害，可以喷施40%的氧化乐果乳油1 000倍液来杀除。

修剪

当植株长到7～10厘米高的时候，摘掉顶芽并施用以磷肥、钾肥为主的肥料。植株长至60～80厘米高的时候，需及时采取摘心措施，以促使其尽快萌生侧枝。侧枝萌生出来之后选留3～5个枝条，此后每年对侧枝进行一次短剪，2～3年便可得到浑圆饱满的大型植株。

新手提示：每次修剪后，要马上用胶泥或木炭灰把伤口封好，防止由于汁液流失太多而对植株的生长造成不利影响。

温度

橡皮树喜欢温暖，不能抵御寒冷，生长适宜温度是22~32℃。10月中旬要把盆株移入房间里料理，室内温度控制在10℃之上便可顺利越冬。4月底到10月初可以将盆株置于阳台上料理。

新手提示：如果温度长时间过低及盆土过湿容易导致植株烂根死去。

繁殖

橡皮树可采用扦插法及压条法进行繁殖，皆比较容易存活。

施肥

在生长季节可以每隔约20天施用低浓度的液肥一次，主要是氮肥，以促进植株生长繁茂。在植株的生长期内，每周向叶片正面及背面均匀喷洒0.1%的高锰酸钾一次。冬天则不要再对植株施用肥料。

新手提示：为了利于植株吸收，以在晴朗天气的黄昏盆土偏干燥的时候施用肥料最为适宜。

摆放建议

橡皮树叶片肥厚，5年以下的植株可选用大盆栽种，摆放在客厅、书房、阳台、天台等光线充足的地方。

绿宝石

LÜ BAO SHI

【花草名片】

◎ 学名：*Philodendron erubescens cv. Green Emerald*

◎ 别名：绿宝石喜林芋、长心叶蔓绿绒。

◎ 科属：天南星科喜林芋属，为多年生常绿蔓性藤本观叶植物。

◎ 原产地：最初产自美洲的热带及亚热带地区。

◎ 习性：喜欢温暖、潮湿及半荫蔽的环境，不能忍受寒冷及干旱，怕强烈的阳光久晒。具有很强的攀缘能力，经常攀缘生长于树干及岩石上。

◎ 花期：春季，一般很难开花。

◎ 花色：白色。

净化功能

绿宝石吸收甲醛的能力较强，每小时可吸收4～6微克甲醛，并将它转化成对人的身体没有危害的物质。它还可吸收空气里的苯及三氯乙烯，堪称“高效空气净化器”，尤其适合置于刚装潢完的房间内。另外，绿宝石还可以增加房间里的空气相对湿度，对人们的皮肤及呼吸系统非常有好处。

选盆

栽种绿宝石一般使用透气性良好的泥盆，也可使用瓷盆。

择土

绿宝石适合在有肥力、腐殖质丰富、土质松散且排水通畅的土壤中生长。

新手提示：培养土可用等量园土、腐叶土及泥沙混合调配。

栽培

❶ 剪下绿宝石茎部的3～4节，把下部的叶片摘掉。

❷ 将节段插进培养土中，浇足水分，并令保持盆土的潮湿状态，使温度控制在22~24℃，插后20～25天便可长出根来。

❸ 长出根后，要在花盆中设立柱，以利于小苗攀附生长。

浇水

❶ 绿宝石喜欢湿度较高的环境，盆土要时常维持潮湿状态，但不可积聚太多的水，不然叶片容易变黄。

❷ 春天要每日浇一次水。

❸ 夏天除了要每日浇水之外，还要每日向叶片表面喷洒2～3次清水，以增加空气湿度，促使植株健壮生长。

❹ 秋天可以每3～5天浇一次水。

❺ 冬天则要减少浇水的量和次数，以盆土保持稍干燥就可以，但不能彻底干透。

新手提示：对绿宝石植株浇水时，主要采用喷雾的方式进行。

光照

绿宝石喜欢半荫蔽的环境，畏强烈的阳光直接照射以及久晒，在生长期内要遮蔽50%～60%的阳光。绿宝石可以在昏暗的房间里生长，然而如果长期光照太弱则容易导致徒长，令节间增长、枝节纤弱，不利于欣赏。

温度

绿宝石喜欢温暖，不能抵御寒冷，生长适宜温度是20~28℃，过冬温度是5℃，冬天要进入房间里料理，房间里的温度控制在5~10℃就能顺利过冬。

施肥

在植株的生长鼎盛期要常追肥，可每月施1次肥，以氮肥为主。但肥料不可过多或过浓，不然会令新叶不伸展，且顶尖变为干褐色；老叶则会干枯、发黄、凋落。若出现以上情形，就要马上停止施肥，并可用清水冲掉一些肥料。暮秋及冬天则不宜再施肥。

病虫防治

绿宝石易患灰霉病和细菌性叶斑病。

❶ 灰霉病的发病初期，叶上会产生水渍状病斑，且有不明显的轮纹，病部有不太鲜明的灰色霉层。此时可用50%的速克灵可湿性粉剂2 000倍液或70%的甲基托布津可湿性粉剂1 000倍液交替进行喷洒。

❷ 细菌性叶斑病发病初期叶片上会产生水渍状坏死，病斑逐渐变成深褐色，边缘黄褐色。此时可用72%的农用链霉素可湿性粉剂4 000倍液或0.1%的高锰酸钾溶液进行喷洒。

修剪

在生长季节要尽早把干枯焦黄的叶片剪掉，以降低营养成分的损耗量，促使植株萌生新的叶片，维持优美的植株形态。

繁殖

绿宝石可采用扦插法及分株法进行繁殖。

摆放建议

绿宝石是一种典型的观叶类植物，株形规整雄厚，一般培养成大中型盆栽后摆放在客厅、书房等处。

B 八宝景天

BA BAO JING TIAN

【花草名片】

◎ 学名：*Sedum spectabile Boreau*

◎ 别名：华丽景天、大叶景天、长药景天、蝎子草。

◎ 科属：景天科景天属，为多年生肉质草本植物。

◎ 原产地：最初产自中国东北地区和河北、河南、山东、安徽等地，在日本亦有分布。

◎ 习性：喜欢温暖、干燥、光照充足及通风顺畅的环境，比较能抵御寒冷，具有很强的抵抗干旱的能力，怕积水。生长得强壮健康，具有很强的适应能力。

◎ 花期：7–9月。

◎ 花色：浅红、桃红、红、紫红和白色。

花言草语

在民间，八宝景天被叫做“蝎子草”，因为其叶片汁液具有清除内热和解毒的功用，可治疗蝎子及马蜂的蜇毒。八宝景天作为景天科植物里少有的优良观赏品种，填补了夏天和秋天交替之际观赏花卉比较少的空缺。

净化功能

在晚上，八宝景天可以吸收大量的二氧化碳，同时制造并释放出大量氧气，能提高房间里空气中的负离子浓度，对人们的身体和精神健康都十分有利。

选盆

八宝景天适宜栽种在透气性良好的泥盆里，最好不使用塑料盆。

择土

八宝景天对土壤没有严格的要求，能忍受贫瘠和盐碱的土壤，然而最适宜在土质松散、有肥力且排水通畅的沙质土壤中生长。

新手提示：用花盆种植的时候，盆土最好用腐殖质丰富的沙质土壤，也可以用4份腐叶土、4份炉渣、2份河沙再加上少量腐熟的家禽粪来混合调配。

栽培

❶ 剪下长约10厘米的嫩茎，令每一段插穗具2～4个茎节。

❷ 将嫩茎插到培养土中，浇透水分。

❸ 插后放置通风处，通常10～15天便可长出根来，当年即可开花。

新手提示：每年春季新叶萌发前，应为八宝景天翻盆换土一次。

浇水

❶ 八宝景天喜欢干燥，能忍受干旱，怕积水，在生长期内浇水时要做到“宁干勿湿”，待表层盆土彻底干燥后再行浇水就可以。

❷ 在雨季要尽早排除积水，防止植株遭受涝害，并严格掌控浇水的量和次数，以免由于盆中积聚太多的水而令植株的根系腐坏及发生病害。

新手提示：八宝景天抗逆性非常强，日常料理宜粗放，不需要过多地浇水和施肥，每年新株萌发时浇一次透水、追施一次充分腐熟的有机肥即可。

光照

八宝景天喜欢阳光，要放在有明亮的光照、通风顺畅的窗口前或阳台等地方料理，以令叶片颜色维持深绿。

温度

八宝景天喜欢温暖，也能抵御霜寒，能忍受－20℃的较低温度，盆栽植株在冬天仅需放在朝阳的且风不能直接吹到的地方便可顺利过冬。

施肥

八宝景天的抗逆能力比较强，料理较为粗疏，需肥量不大，在生长季节适量加施1～2次完全腐熟的有机液肥，便可令枝叶长得繁密茂盛。

病虫防治

❶ 土壤过湿时，八宝景天易发生根腐病，应及时排水或用药剂防治。

❷ 此外，可有蚜虫为害茎、叶，并导致煤烟病；蚧虫为害叶片，形成白色蜡粉。对于虫害，应及时检查，一经发现立即刮除或用肥皂水冲洗，严重时可用氧化乐果乳油防治。

修剪

盆栽可于7月开花之前修剪一次，以使植株萌生更多新枝，花开更繁盛；露地种植的植株可在开花后将地上部分剪掉，以令其翌年萌生更多新植株。

繁殖

八宝景天可采用播种法、扦插法及分株法进行繁殖。

摆放建议

八宝景天形态优美，花开如烟，十分有观赏价值，可以单独种植在庭院中作为观赏植物，可以用来补充花坛，也可以作为盆栽摆放在客厅、书房、阳台等向阳的地方。

F 翡翠景天

FEI CUI JING TIAN

【花草名片】

◎ 学名：*Sedum marganianum*

◎ 别名：玉串驴尾、串珠草、松鼠尾、白葡萄景天。

◎ 科属：景天科景天属，为多年生常绿或半常绿植物。

◎ 原产地：最初产自墨西哥，如今世界各个国家多有栽植。

◎ 习性：喜欢温暖及半荫蔽的环境，不能抵御寒冷，畏强烈的阳光直接照射以及久晒。喜欢空气干燥，具有比较强的忍受干旱的能力。

◎ 花期：4–6月。

◎ 花色：桃红色至紫红色。

净化功能

翡翠景天能够强效吸收房间里的一氧化碳、二氧化碳及过氮氧化物。在晚上，它还可以吸收掉很多二氧化碳，同时制造并释放出很多氧气，提高房间里的负离子浓度。

选盆

可选用泥盆、塑料盆、瓷盆、陶土盆，花盆口径为16～28厘米。

新手提示：为了和家庭装修相协调，大多采用装饰性强的瓷盆。

择土

翡翠景天对土壤没有严格的要求，然而最适宜在有肥力、土质松散且排水通畅的沙质土壤上中生长。

新手提示：用花盆栽植的时候，培养土可以用等量的草炭土和细沙来混合调配。

栽培

❶ 剪下长5～8厘米的嫩茎作插穗，且要带有3～4个叶节。

❷ 将下部的叶片去掉，然后在阴凉处晾1～2天，待伤口干燥后再插到土壤上。

❸ 令土壤及插穗维持略潮湿状态，温度控制在25℃上下，插后25～30天就能长出新根、萌发新芽。

❹ 在上盆前先在花盆底部铺放上厚2～3厘米的粗粒基质或陶粒作为滤水层，并在上面撒一层厚1～2厘米的完全腐熟的有机肥作为底肥，再覆上厚1～2厘米的基质，之后再放好植株，以免肥料烧伤其根系。

❺ 浇透水，并放在半荫蔽的地方料理5～7天，等到植株恢复生长势头后再进行正常料理。

❻ 通常每年春天要更换一次花盆。

浇水

❶ 翡翠景天的植株本身便富含水分，因此不用对其浇太多水，令盆土维持半干状态就可以，浇水时要做到“不干不浇，浇则浇透”。

❷ 翡翠景天忍受干旱的能力非常强，喜欢较为干燥的空气环境，空气相对湿度最好在40%～60%，在干旱的环境中可以长得较好，然而也不可长期不供应其水分。

❸ 在炎夏温度较高的时候，植株常会步入休眠状态，应注意掌控浇水并时常向植株喷洒水雾，以在清晨或黄昏温度比较低的时候进行为好。

❹ 冬天也要减少浇水的量和次数，以利于植株安全过冬。

新手提示：它的根系畏水涝，盆中不能积聚太多的水，也不能浇水太频繁，不然容易导致根系腐烂。

光照

翡翠景天喜欢半荫蔽的环境，畏强光直接久晒，能长时间置于室内有散射光的地方。夏天时需把它放在半荫蔽的地方，或采取遮蔽措施。在冬天则可以把它搬进房间里光照充足的地方料理。

温度

翡翠景天喜欢温暖，畏高温和严寒，生长适宜温度是15~32℃。在炎夏，当温度高于33℃时，植株就会进入休眠状态。在冬天，当温度低于4℃的时候，植株也会进入休眠状态；若温度靠近0℃，植株则会由于遭受冻害而死去。所以，冬天要把它搬进房间里料理，温度控制在高于10℃时便可顺利过冬。

施肥

在植株的生长鼎盛期，要施用2～3次浓度较低的液肥。在夏天温度较高时，植株经常会进入休眠状态，需肥量不大，应少施用肥料。在冬天休眠期内，则不要再对植株施用肥料。

新手提示：注意施用肥料不宜太频繁，否则会导致植株的根系腐烂。

病虫防治

翡翠景天的虫害主要是介壳虫、蚜虫等，发现虫害后用木片刮除即可。

修剪

在生长季节，要尽早把干枯焦黄的叶片剪掉，以降低营养成分的损耗量，促使植株萌发新的叶片，令植株形态保持优美。

繁殖

翡翠景天经常采用扦插法进行繁殖，在春天和秋天均能进行。

摆放建议

翡翠景天是一种典型的垂吊花卉，株型好像一串串玛瑙，十分美丽。一般被栽种在吊盆里，悬挂于客厅、书房的窗前作为装饰。

Y 玉吊钟

YU DIAO ZHONG

【花草名片】

◎ 学名：*Kalanchoe fedtschenkoi*

◎ 别名：变叶景天、洋吊钟、细叶落地生根。

◎ 科属：景天科伽蓝菜属，为多年生肉质草本植物。

◎ 原产地：最初产自非洲的马达加斯加岛。

◎ 习性：喜欢温暖、干燥、光照充足的环境，不能抵御寒冷，畏水涝，能忍受半荫蔽，怕强烈的阳光久晒。

◎ 花期：冬季。

◎ 花色：赤橙、深红色。

花言草语

玉吊钟的花朵颜色鲜艳、形似吊钟，每当微风轻轻掠过，更加曼妙多姿、娇媚动人。在我国华南地区种植的时候，它的开花时间适逢元旦、春节和情人节等节日，给人们增加了许多欢乐和吉庆的气氛。此外，玉吊钟也是主要的切花，把其枝条摘下来赠送他人，则代表"情有独钟"的意思。

净化功能

在晚上，玉吊钟可以吸收掉很多二氧化碳，提高房间里的负离子浓度，对人们的身体和精神健康都很有利。

选盆

栽种玉吊钟适宜选用泥盆或紫砂盆，不宜用塑料盆。

择土

玉吊钟喜欢在有肥力、土质松散且排水通畅的沙质土壤中生长。

新手提示：用花盆栽培时的培养土可以用2份腐叶土、1份泥炭、1份园土或粗沙及少许底肥来混合调配。

栽培

❶ 剪下长10～12厘米肥大厚实的顶端茎。

❷ 等到剪口略干燥后插到盆土中，然后浇足水分，并让盆土保持潮湿状态。

❸ 经过10～15天便可长出根来，当新生根长至2～3厘米长的时候便能正常护理。

浇水

❶ 玉吊钟的茎和叶皆呈肉质，比较能忍受干旱，所以不用时常浇水。

❷ 在生长季节，盆土不适宜过度潮湿，不然容易令植株基部的叶片干枯、焦黄、凋落，或者导致其根系腐烂。

❸ 在夏天雨水较多的时期，要少浇水并留意及时排除积水，防止植株遭受涝害。

❹ 冬天要留意控制浇水。

光照

玉吊钟属于短日照植物，通常于冬天开花，如果光照多于12小时，开花时间则会延迟至初春。它喜欢散射光充足的环境，在炎夏要适度遮蔽阳光，防止强烈的阳光久晒。

新手提示：然而也不可把它长时间放在过度荫蔽的地方，不然茎叶容易徒长、柔嫩、松散，叶片颜色会变浅且缺乏光亮，不利于欣赏。

温度

玉吊钟为热带植物，喜欢温暖，当温度高于13℃时方可正常开花；它难以抵御寒冷和霜冻，仅可以忍受非常短时间0℃上下的低温。在我国华南地区种植时，它通常能在户外顺利过冬，在北方冬天时需要将其搬进室内养护，室内温度不可低于5℃。

施肥

在植株的生长季节要每月施用一次肥料，需留意不适宜施用太多的氮肥，以防止花茎长得太肥嫩，容易被风折断。与此同时，还要对植株间隔补充磷肥和钾肥，这样能令叶片上的斑块更加显著。冬天则不要再对植株施用肥料。

病虫防治

❶ 玉吊钟经常发生的病害有褐斑病及茎腐病，可以用65%的代森锌可湿性粉剂600倍液喷洒进行预防和治理。

❷ 玉吊钟经常发生的虫害为介壳虫及粉虱危害，可以用40%的氧化乐果乳油1 000倍液喷洒来杀除。

修剪

❶ 在生长期内要尽早摘心，促使新枝萌生。

❷ 春天更换花盆时，要将纤弱枝、歪斜枝、稠密枝、病虫枝等剪掉，并对留下的枝条进行短截。

繁殖

玉吊钟经常采用扦插法进行繁殖，全年都能进行，而以春天或秋天进行最好。

摆放建议

玉吊钟是叶和花均可用作观赏的花卉，一般采用盆栽，可摆放在客厅、门厅、书房的桌案、窗台、花架、书柜等处，也可点缀花坛、假山等庭院景致，还可用做切花表达心意。

褐斑伽蓝

HE BAN JIA LAN

【花草名片】

◎ 学名：*Kalanchoe tomentosa*

◎ 别名：月兔耳。

◎ 科属：景天科伽蓝菜属，为多年生肉质草本植物。

◎ 原产地：最初产自非洲的马达加斯加岛。

◎ 习性：喜欢温暖、相对干燥、光照充足的环境，不能抵御寒冷，怕积水，能忍受干旱。

花言草语

整个褐斑伽蓝植株都被绒毛所包围，叶片为肉质，形状酷似兔耳，因此俗称“月兔耳”。褐斑伽蓝的叶片边缘着生深褐色斑纹，酷似大熊猫，因此又有“熊猫植物”的美称。现在，褐斑伽蓝凭借着其可爱有趣的外型，常用于盆栽观赏，用它装饰居室，可谓充满了无穷的乐趣。

净化功能

褐斑伽蓝可以在夜间吸收二氧化碳，提高房间里的负离子浓度，维持室内空气清新，是非常好的空气净化器。

选盆

栽种褐斑伽蓝时需要两个花盆，都宜选择透水性好的泥盆，尽量避免使用塑料盆或瓷盆。另外，花盆的体型宜偏小一些。

择土

褐斑伽蓝喜欢在有肥力、土质松散且排水通畅的沙质土壤中生长。

新手提示：配制培养土可以将等量的沙壤土和腐叶土混合，再掺入少许骨粉。

栽培

❶ 在一个花盆里填8～10厘米高的沙质土壤或泥炭土，拍实。

❷ 在褐斑伽蓝的生长季节，从母株上剪下一根5～7厘米长的茎节较短且叶片肥大厚实的嫩枝作为插穗。

❸ 将插穗晾晒1～2个小时，待插穗剪口略干燥后将其插入盆中，深度约2厘米。

❹ 浇足水并使盆内的土壤维持潮湿状态，20～25天插穗即可长出根来。

❺ 约30天后，将插穗连根掘出，轻轻敲掉根部泥土，剪除受伤和过长的根须。

❻ 将插穗竖直插入另一个花盆里扶正，填入培养土并轻轻压实，待培养土填到盆高2/3时，轻提插穗，使其根部伸展。

❼ 继续填土，直至培养土达到盆沿下2厘米处。

浇水

❶ 刚种植上盆或更换完花盆后，不宜浇太多的水，使盆土维持略干燥状态即可。

❷ 在褐斑伽蓝的生长季节不宜过量浇水，每周浇2～3次水即可。

❸ 夏天要适度控制土壤湿度，避免过于干燥。

新手提示：土壤过于潮湿或过于干燥，都会使褐斑伽蓝基部的叶片枯萎、凋落，因此要控制好浇水的量和次数。

光照

褐斑伽蓝喜欢充足的阳光，在生长季节应让褐斑伽蓝接受足够的阳光照射。冬天应把褐斑伽蓝摆放在室内光照充足的地方。

新手提示：夏天应为褐斑伽蓝适度遮蔽阳光，但不能过度荫蔽，否则褐斑伽蓝的茎枝及叶片会变得纤弱、缺乏光亮，叶面上则会形成斑点或斑纹。

温度

褐斑伽蓝喜欢在温暖的环境下生存，不耐寒，冬天应把褐斑伽蓝搬进室内。褐斑伽蓝在10℃左右的环境下能顺利过冬，但如果低于10℃则不利于褐斑伽蓝的生长，如果温度再低些，则无法生存。

施肥

褐斑伽蓝生命力比较顽强，需肥量不大，每月施用一次浓度较低的液肥即可。

病虫防治

褐斑伽蓝容易患叶斑病、萎蔫病、粉虱及介壳虫危害。

❶ 褐斑伽蓝经常发生的病害为叶斑病及萎蔫病，可以用50%的克菌丹可湿性粉剂800倍液喷洒来预防和治理。

❷ 褐斑伽蓝经常发生的虫害为粉虱及介壳虫危害，可以用40%的氧化乐果乳油1 000倍液喷洒来灭除。

繁殖

家庭种植褐斑伽蓝主要采用扦插法进行繁殖，一般四季皆可进行。

摆放建议

外形独特可爱的褐斑伽蓝一般采用盆栽的方式种植，可摆放在客厅、阳台、天台等光照充足的地方。

天门冬

TIAN MEN DONG

【花草名片】

◎ 学名：*Asparagus cochinchinensis*

◎ 别名：天冬、大当门根、郁金山草、武竹。

◎ 科属：百合科天门冬属，为多年生常绿攀缘草本植物。

◎ 原产地：最初产自非洲南部地区。

◎ 习性：喜欢温暖、潮湿及光照充足的环境，不能抵御极度的寒冷，比较能忍受干旱，怕水涝，能忍受半荫蔽，畏强烈的阳光久晒。

◎ 花期：6-8月。

◎ 花色：白、黄白、浅红色。

净化功能

天门冬抵抗氟化氢污染的能力比较强，也能除去重金属微粒，对净化房间里的空气很有效果。另外，天门冬全株所释放出来的物质，还有杀灭细菌的功效，非常有益于身体健康。

选盆

栽种天门冬适宜用透气性较好的陶盆或泥盆。

择土

天门冬对土壤没有严格的要求，喜欢在土层较厚、腐殖质丰富、土质松散且排水通畅的沙质土壤中生长，能忍受贫瘠的土壤，但不适宜在黏重土壤中或排水不通畅处生长。

新手提示：用花盆栽植的时候，可以用等量的园土、腐叶土及河沙混合后再加上少许底肥作为培养土。

栽培

1. 把长得茂密旺盛的超过两年生的母株从盆中磕出来后，剔除旧土，并剪掉不必要的根须或太长的枝茎。
2. 把根团分为3～5簇，令每一簇带有1～2个芽，之后每盆1簇分别栽植就可以。
3. 栽植后放在半荫蔽的地方料理，浇透水分。
4. 待萌发出新的枝茎后，再把老茎蔓剪掉，以促使植株健壮生长。

浇水

1. 天门冬喜欢潮湿，也能忍受干旱，但怕积水或干燥。积水太多容易令肉质根腐坏，过于干燥则容易令枝叶变黄，所以在料理时土壤以“半干半湿”为佳。
2. 在植株的生长期内，要为其供应足够的水分。
3. 春天每2～3天浇透水一次即可；夏天可每日浇透水一次，并要在气候干燥的时候向枝茎和植株四周地面喷水，以增加空气湿度，然而不可积聚太多的水。
4. 秋天则要适度少浇一些水。
5. 冬天植株进入室内后，可以每10～15天浇一次水，并需每隔2～3天用清澈的水喷洒枝茎一次。

光照

天门冬喜欢光照充足的环境，也能忍受半荫蔽，畏强烈的阳光直接照射以及久晒，可以长期置于房间里有充足的散射光的地方。

新手提示：花盆放在户外栽植的时候，夏天要在半荫蔽的地方料理，防止过度荫蔽或强烈的阳光久晒。

温度

天门冬喜欢温暖，不能抵御寒冷，冬天要将其搬进房间里料理，房间里的温度控制在5℃以上就能顺利过冬。

施肥

5-9月是植株生长的鼎盛期，这时需每隔15～20天施用低浓度的液肥一次，以氮肥和钾肥为主。在植株生长的后一阶段，可施2～3次腐熟的有机肥，以便于过冬和来年生长。秋天则不要再对植株追施肥料。

病虫防治

天门冬的病害主要是根块腐烂病和蚜虫危害。

1. 根块腐烂病大多是土壤太湿或块根被地下害虫咬伤等因素损伤造成的。一旦发生病害，应及时排除积水，并在病株四周撒施适量的生石灰粉。
2. 天门冬的虫害主要为蚜虫危害，在发病之初，可以喷洒40％的氧化乐果乳油1 000～1 500倍稀薄液或灭蚜灵1 000～1 500倍稀薄液来杀除。

新手提示：应特别留意的是，夏天要在清晨或黄昏温度比较低的时候喷洒药液，以防止产生药害。

修剪

1. 当植株的蔓茎生长至约50厘米长的时候，要搭设支架或支柱供其攀缘，便于生长。
2. 每次更换花盆的时候，要把一些枯老的根系及攀缘的老茎剪掉，以促使植株萌发新的根系及枝茎。

繁殖

天门冬可采用播种法及分株法进行繁殖。

摆放建议

天门冬适合盆栽吊挂在客厅、书房中光照较好的地方，还可被制成花篮、瓶插装点居室。但夏天应避免强光直射。

花烛 HUA ZHU

【花草名片】

◎ 学名：*Anthurium andraeanum*

◎ 别名：红鹤芋、火鹤花、烛台花、安祖花、红掌。

◎ 科属：天南星科花烛属，为多年生常绿草本植物。

◎ 原产地：最初产自中南美洲的热带雨林，如今世界各个地区都广为栽植。

◎ 习性：喜欢温暖、潮湿、半荫蔽及通气顺畅的环境，不能抵御寒冷，也不能忍受较高的温度、干旱及刮西北风，畏强烈的阳光直接照射久晒。

◎ 花期：2–7月。

◎ 花色：红、暗红、橙红、粉红和乳白色。

花言草语

花烛的花形很特别，颜色娇艳美丽，为世界有名的花卉，象征着热情与奔放。它的开花时间比较长，用花盆栽植时可以置于客厅及阳台等处，能尽显其华丽和珍贵。如果用它来装点茶室、橱窗及大堂，则更加柔媚可人，有非常高的欣赏价值。另外，花烛还能用做切花，用水可以培养一个月，切叶也能用做插花的配叶，十分好看。

净化功能

花烛可以吸收甲苯、二甲苯和存在于化纤、溶剂、油漆里的氨，具有很强的净化空气能力。

选盆

选用塑料盆即可。花盆口可以依照植株的大小及品种的需要而选用不一样的规格。

择土

花烛喜欢在有肥力、腐殖质丰富、土质松散、排水通畅的弱酸性土壤或沙质土壤中生长，不能忍受盐碱土壤。

新手提示：用花盆种植时可以用能很好地保持水分、有肥力且土质松散的腐叶土及水苔作为基质，也可以用腐叶土、河沙及树皮碎渣来混合调配成培养土。

栽培

1. 上盆前在盆底要铺放一些碎小的瓦片或粗沙粒，以便于排水。
2. 选取叶片多于3～4枚的子株，带着根和茎从母株上切割下来。
3. 用水苔包裹好移植到花盆中，20～30天后会萌生新的根系后再上盆定植。
4. 将生根后的幼苗从盆内扣出，定植于另一花盆内，并填入已经配置好的培养土。
5. 在条件适宜的情况下，花烛每年都可开花。但一般每隔2年还是要于春天更换一次花盆。

新手提示：开花时如果花茎向下低垂，可以沿着花盆插竹竿进行支撑、绑缚。

浇水

1. 花烛喜欢潮湿，不能忍受干旱，对水分的反应较为灵敏，尤其是空气相对湿度在80%～90%为宜。
2. 在生长季节，盆土要“见干见湿”，要维持潮湿状态，忌水涝。
3. 在夏天气候干燥的时候，每日要向植株的叶片表面及花盆四周地面喷洒2～3次清水，以增加空气湿度，促进茎叶生长及开花。
4. 进入秋天后要注意掌控浇水。
5. 冬天也不适宜浇太多水，令盆土维持略干燥状态就可以。

新手提示：浇水时不可把水喷洒到花上。在炎夏，也可以把盆花置于装着湿卵石或湿泥炭的浅碟里料理。

光照

花烛为耐荫性植物，喜欢半阴蔽的环境，怕强烈的阳光直接照射。春天和秋天可以把它置于房间里朝南的窗户周围料理；夏天在户外料理时要为它遮蔽50%的阳光，防止强烈的阳光久晒，也可以将其置于房间里背向阳光的一面或厅堂中有散射光照射处；冬天不用遮蔽阳光，而要让植株得到足够的阳光照射，可以将其置于房间里朝南的窗台上。

温度

花烛喜欢温暖，不能抵御寒冷，对温度有比较高的要求。它的生长适宜温度白天是25~30℃，晚上是20~25℃，可以忍受的最高温度是35℃，最低温度是15℃。

施肥

在植株的生长季节，可以每隔1～2周施用液肥一次，适宜把缓释肥与水溶性肥料结合一起使用，以促进植株长得更加繁茂。进入秋天后则不要再对植株施用肥料，以令其生长得健康壮实，便于过冬。

病虫防治

常见病害为叶斑病、花序腐烂病及炭疽病，可以用等量式波尔多液或65%的代森锌可湿性粉剂500倍液喷施来预防和治理。经常发生的虫害为红蜘蛛及介壳虫危害，可以喷施50%的马拉松乳油1 500倍液来灭除。

修剪

通常每2周摘一次叶片，令每一株留下3～4枚叶片，每个芽最少留下1枚叶片。当侧芽过多的时候则要采取疏芽措施，令每一株留下1～2个侧芽就可以。

新手提示：在植株带有花朵、带有腋芽或正在萌芽的时候不可摘掉叶片。

繁殖

花烛可采用播种法、分株法及分茎法进行繁殖。

摆放建议

大型花烛盆栽可以用来装饰卧室、客厅，小型盆栽可以摆放在书房、窗台上观赏，也可以与其他植物搭配种植。

石竹

SHI ZHU

【花草名片】

◎ 学名：*Dianthus Chinensis*

◎ 别名：中国石竹、五彩石竹、石菊、绣竹。

◎ 科属：石竹科石竹属，为多年生草本植物。

◎ 原产地：最初产自中国。摩纳哥把它定为国花。

◎ 习性：喜欢光照充足、干燥、通风顺畅和凉快的环境，能忍受寒冷和干旱，不能忍受炎热，畏多湿及积水。

◎ 花期：4–9月

◎ 花色：粉红、红、大红、紫红、紫、浅紫、蓝、黄、白或杂色。

花言草语

石竹在中国具有十分久远的栽植史，明朝《花史》中便有关于种植石竹的记录。宋朝诗人王安石非常喜欢石竹，又同情它不被人们所重视，于是赋诗道："春归幽谷始成丛，地面芬敷浅浅红。车马不临谁见赏，可怜亦解度春风。"石竹的全株可入药，具清除内热、促进排尿等功用。石竹的花语为纯洁的爱、热心、大胆及女性美。同一属的香石竹，也称做康乃馨，为赠给母亲之花。

净化功能

石竹可吸收二氧化硫、三氧化硫及氯化物，并可将高毒性的二氧化硫经氧化作用转化成没有毒性或毒性较低的硫酸盐化合物，对净化房间里的空气很有效果。此外，石竹所散发出的香味对葡萄球菌、肺炎球菌、结核杆菌的生长及繁殖还有显著的抑制作用。

选盆

选择泥盆、塑料盆、陶盆皆可，花盆的口径可以依照植株的大小来确定，每一盆最好种植2～3株，以便于存活及欣赏。

择土

石竹喜欢在有肥力、土质松散、排水通畅且石灰质丰富的土壤或沙质土壤中生长，也略能忍受贫瘠的土壤，不能在黏性土壤中生长。

新手提示：用花盆种植的时候，培养土可以用6份园土、2份沙土和2份堆肥来混合调配。

栽培

1. 播种繁殖通常于8–9月进行。
2. 把种子播种到盆中，播后盖上厚1厘米左右的土，浇足水并令土壤维持潮湿状态，温度控制在20~22℃。
3. 播种后5天便可萌芽，10～15天便可长出幼苗。
4. 苗期的生长适宜温度是10~20℃，当小苗生出4～5枚真叶的时候就能进行分盆定植，翌年春天便可开花。在南方地区常在春天播种，夏天或秋天便可开花。
5. 栽后通常每隔1～2年要更换一次花盆和盆土，多于春天进行。

新手提示：石竹分盆时，第一遍定根水必须浇透，以后隔2～3天，根据情况再浇水。

浇水

1. 石竹能忍受干旱，不能忍受多湿及积水，在生长季节令盆土维持潮湿状态就可以。
2. 石竹在两种情况下必须浇水，一次是初春植株刚返青时，一次是5月中旬盛花期时。
3. 夏天多雨时期要留意及时清除积水、翻松土壤，防止根部腐烂。
4. 冬天对植株要适度少浇一些水，令盆土保持"见干见湿"的状态就可以。

新手提示：雨季要留意防止发生涝害，以避免植株的根系腐烂。

光照

石竹喜欢光照充足的环境，能抵御寒冷，不能忍受炎热，在生长季节要置于朝阳且通风顺畅的地方料理。

温度

炎夏温度较高、天气酷热的时候，要留意为植株适当遮蔽阳光、降低温度，不然会生长不好或干枯萎缩。冬天要把它放在房间里朝阳的地方料理，房间里的温度控制在8~10℃就可以。

施肥

在植株的生长季节，可以大约每隔10天施用腐熟的浓度较低的液肥一次。

病虫防治

石竹的病害主要是锈病，用50%的萎锈灵可湿性粉剂1 500倍液喷施就能有效预防和治理。其虫害主要是红蜘蛛危害，用40%的氧化乐果乳油1 500倍液喷施即可杀除。

修剪

当植株生长至15厘米高的时候可以将顶芽摘掉，以促使其萌生更多的分枝。如果分枝太多，则要适度摘掉腋芽，以防止营养成分不集中，令花朵变小。在植株开花之前需尽早把一些叶腋部位的花蕾除去，以确保顶花蕾开得繁密茂盛、颜色鲜艳。

繁殖

石竹可采用播种法、扦插法及分株法进行繁殖。

摆放建议

石竹花颜色鲜艳，适合用来装饰客厅、书房和卧室，盆栽可以摆放在窗台、阳台、桌案和花架上。

G 龟背竹

GUI BEI ZHU

【花草名片】

◎ 学名：*Monstera deliciosa*

◎ 别名：蓬莱蕉、电线兰、铁丝兰、穿孔喜林芋。

◎ 科属：天南星科龟背竹属，为多年生木质藤本攀缘性常绿灌木。

◎ 原产地：最初产自墨西哥及中美洲的热带雨林。

◎ 习性：喜欢温暖、潮湿和半荫蔽的环境，不能抵御寒冷，不能忍受干旱和水涝，畏阳光直接照射以及久晒。

◎ 花期：11月。

◎ 花色：浅黄色。

花言草语

龟背竹的羽状平行叶脉非常清晰，同芭蕉十分相像，所以又叫做"蓬莱蕉"。它属于中国植物图谱数据库收录的有毒植物中的一种，其毒性是汁液具刺激及腐蚀的作用，若不慎触碰到，皮肤便会发痒、发红肿胀、疼痛及烧伤，若不慎误食则会出现恶心、呕吐、腹泻等中毒症状。

净化功能

龟背竹可以将房间里超过80%的有害气体吸收掉，对甲醛和二氧化碳则更是具有非常强的吸收作用。龟背竹无论白天还是晚上都可释放出氧气，使房间里的空气保持清新自然。龟背竹晚上吸收二氧化碳的量可达其他普通花木的6倍以上，因此被誉为"天然清道夫"。

选盆

可使用泥盆、塑料盆、瓷盆、陶土盆，花盆口径为植株冠径的一半左右时尤佳。

择土

龟背竹对土壤没有严格的要求，但在有肥力、腐殖质丰富、土质松散、吸水量大、保持水分的能力强的中性或弱酸性土壤中长得较好，以泥炭土或腐叶土最为适宜。

新手提示：培养土可以用等量的园土、腐叶土及河沙混合调配。

栽培

❶ 把种子在温度为40℃的水里浸泡10小时。

❷以素沙土作为播种土，播种后盖上厚0.2～0.8厘米的土，浇水，室温控制在20~25℃，湿度控制在高于80%，通常经过20～25天便可萌芽。

❸ 当小苗生出2枚真叶、有10厘米左右高的时候就能移植上盆料理。

❹ 上盆前在花盆底部铺一层粗煤渣块作为排水层，然后铺一层培养土，加入少许骨粉等作为底肥。

❺ 小盆通常每年要更换一次花盆；中大盆每3～5年更换一次花盆即可。换盆时间为4月中旬。

浇水

❶ 浇水要做到“宁湿勿干”，盆土要时常维持潮湿状态，忌水涝。

❷ 空气相对湿度最好控制在60%，当气候干燥的时候要时常向叶片表面喷洒清水。

❸ 春天和秋天可以每2～3天对植株浇一次水。

❹ 冬天可以适度少浇一些水，使盆土保持稍偏干燥就可以，同时要按时用既不冷也不烫的水清洗叶片表面，以免灰尘污染叶片表面，不利于植株进行光合作用及欣赏。

光照

龟背竹比较能忍受荫蔽，畏强光直射，能长期置于房间里有充足散射光照射的地方养护。在植株的生长期内要留意为其遮蔽阳光，遮阴度为50%即可。

新手提示：炎夏阳光强烈的时候，要把它放在半荫蔽的地方，不然容易导致叶片干枯发黄。

温度

龟背竹喜欢温暖，不能抵御寒冷，生长适宜温度是20~25℃。冬天要把它搬进房间里过冬。

施肥

龟背竹较为嗜肥。在4–9月生长鼎盛期内，可每月施低浓度的液肥两次。立秋以后要加施1～2次磷肥和钾肥。

新手提示：施肥时不可让肥液污染叶面，且不能施用未经发酵及过浓的肥料。

病虫防治

龟背竹易患褐斑病及炭疽病，可用50%的多菌灵可湿性粉剂800～1000倍液或75%的百菌清可湿性粉剂1000倍液来防治。

修剪

龟背竹茎粗叶大，容易倒伏，需插竹竿进行支撑，定型后再拆掉竹竿。平日要随时修剪干枯焦黄的叶片及老叶片。

繁殖

龟背竹可采用播种法、扦插法、分株法及压条法进行繁殖。

摆放建议

龟背竹叶形奇特，小型盆栽可摆放在客厅、书房、卧室的案几、书架或花架上观赏，大型盆栽可用来装饰客厅、阳台、庭院等处。

绿萝

LÜ LUO

【花草名片】

◎ 学名：*Scindapsus aureus*

◎ 别名：黄金葛、黄金藤、魔鬼藤。

◎ 科属：天南星科绿萝属，为多年生常绿藤本观叶植物。

◎ 原产地：最初产自中美、南美的热带雨林地区。

◎ 习性：喜欢温暖、潮湿及半荫蔽的环境，不能忍受寒冷及干旱，畏强烈的阳光直接照射。

◎ 花期：一般很少开花，大株在光照、水分、温度等皆合适的情况下才能开花。

◎ 花色：为佛焰苞花序，佛焰苞背面为翠绿色，里面为玫瑰红色，外部边缘为粉白色。

净化功能

绿萝具有较强的净化室内空气的能力，特别是对于氨气和甲醛的吸收能力极强。根据有关测定，每平方米绿萝的叶面积24小时便可除掉2.48毫克氨气和0.59毫克甲醛。另外，绿萝还可以净化洗涤剂及油烟的气味，可以很好地将空气里有害的化学物质吸收掉，将装修后遗留下来的气味化解掉，减少其对人们身体的伤害，有益于人们的身心健康。

选盆

可使用泥盆、塑料盆、瓷盆、陶土盆，花盆口径通常为14～34厘米。

择土

绿萝喜欢在土质松散、有肥力且排水通畅的土壤中生长，以有肥力的泥炭土或腐叶土为佳。

新手提示：培养土可以用相同量的园土、泥炭土或腐叶土、粗沙混合调配。

栽培

1. 剪下长15～30厘米的枝条作为插穗，将基部1～2节的叶片除去，需留意不可损伤到气根。
2. 之后用培养土直接上盆种植，插后浇足水并令基质维持潮湿状态。
3. 放在背阴、凉爽且通风顺畅的地方料理，温度控制在高于20℃，经过20～30天便可长出新根、萌生新芽，当年即可生长为能欣赏的植株。
4. 幼株通常每年要更换一次花盆，成龄植株则每1～2年更换一次花盆即可。

新手提示：因绿萝属于蔓性植物，而且藤蔓无法直竖，在生长季节要为其设置支柱，令茎叶能攀附着向上生长。

浇水

❶浇水应“见干见湿”。盆土过于干燥容易令叶片发黄，盆土过于潮湿，则容易令根系烂掉。

❷在夏天温度较高时，盆土应维持潮湿状态，并应时常向叶片表面喷洒清水。

❸冬季保持土壤湿润偏干即可。

光照

绿萝对光线照射的反应较为灵敏，不仅喜欢阳光，也比较能忍受荫蔽，但畏强烈的阳光直接照射，以每日接受8～10小时的间接光线照射或人工光线照射为好，能一年四季置于房间里朝阳的地方养护。

温度

绿萝喜欢温暖，不能抵御寒冷，生长适宜温度白天是21~27℃，晚上是15~18℃。在冬天要把它搬进房间里防御寒冷，房间里的温度控制在10℃以上就能顺利过冬。

施肥

绿萝需肥量不大，施肥时要谨记“薄肥勤施”。在植株的生长季节，可以每两周施用浓度较低的液肥一次，应多施用磷肥和钾肥，少施用氮肥。秋天和冬天要少施用肥料。

新手提示：若每月向叶片表面喷施一次0.2%的磷酸二氢钾溶液，能令叶片颜色更翠绿，叶片表面的斑纹也会更鲜明、艳丽。

病虫防治

绿萝常发生的病害为根腐病及叶斑病。根腐病可用3%的呋喃丹颗粒来治理；发生叶斑病后要马上剪下病叶并改善通风条件，同时喷洒50%的多菌灵可湿性粉剂500倍液或70%的托布津可湿性粉剂800～1 000倍液。

修剪

老化的植株茎干基部的叶片易干枯、焦黄、凋落，要尽早摘掉及适当修剪，以促进植株萌生出新的枝条和叶片。

繁殖

绿萝可采用扦插法、叶插法及水插法进行繁殖。

摆放建议

大型绿萝盆栽可摆放在客厅花架上或卧室一角，小型盆栽和吊盆可摆放在书架、书桌、餐桌等处，也可摆放在厨房和卫生间。

袖珍椰子

XIU ZHEN YE ZI

【花草名片】

◎ 学名：*Chamaedorea elegans*

◎ 别名：矮生椰子、矮棕、袖珍椰子葵、袖珍棕。

◎ 科属：棕榈科袖珍椰子属，为多年生常绿矮灌木或小乔木。

◎ 原产地：最初产自墨西哥及委内瑞拉。

◎ 习性：喜欢温暖、潮湿及半荫蔽的环境，不能抵御寒冷，然而可以忍受轻微的霜冻，不能忍受干旱，怕强烈的阳光直接照射久晒。

◎ 花期：3-4月。

◎ 花色：黄色。

净化功能

袖珍椰子对房间内的多种有毒物质都有比较强的净化作用，可以清除空气里的甲醛、苯及三氯乙烯，被叫做生物界的“高效空气净化器”，尤其适宜置于刚装潢完的房间内。另外，袖珍椰子具有很高的蒸腾效率，可以提高房间里的负离子浓度。

选盆

一般选用口径为14～20厘米的泥盆、塑料盆、瓷盆、陶土盆等。

择土

袖珍椰子喜欢在有肥力、土质松散且排水通畅的土壤中生长，不能在黏重土壤中生长，不然容易令根系腐烂。

新手提示：培养土可以用泥炭土、腐叶土加上1/4河沙，再加上少许腐熟的有机肥与少许过磷酸钙混合调配。

栽培

1. 把种子直接播在培养土中，令土壤维持潮湿状态，温度控制在24~26℃。
2. 通常经过3～6个月就可以萌芽长出幼苗，翌年春天即可分苗上盆栽种。
3. 上盆后要马上浇定根水，然后放在半荫蔽的地方料理，等到萌发出新的叶片后再进行正常料理。
4. 通常每隔2～3年要更换一次花盆，适合于春天3月中下旬进行。

新手提示：如果用小号花盆，每盆可以种植3株幼苗；如果用中号花盆，则每盆以种植5株为宜，以利于存活及观赏。

浇水

1. 袖珍椰子喜欢潮湿，不能忍受干旱，在生长季节要多浇一些水，令盆土时常维持潮湿状态即可，忌水涝。
2. 在夏天和秋天空气干燥的时候，除了要每日浇水之外，还要时常向植株的叶片表面喷洒清水，以增加空气湿度，促使植株健壮生长，同时可令叶片表面维持洁净、光鲜。
3. 冬天要适度减少浇水的量和次数，以便于植株顺利过冬。

光照

在幼苗培养期或生长季节，尤其是在夏天和秋天，要为植株遮蔽60%的阳光，不然会令叶片干枯焦黄或被灼伤。在冬天和春天，则需让植株接受比较充足的散射光的照射。

温度

袖珍椰子喜欢温暖，不能抵御寒冷，生长适宜温度是20~30℃，晚上温度需控制在12~14℃。从10月到翌年2月，植株具有一个相对休眠阶段，温度适宜控制在12~14℃。它的过冬温度是10℃，如果温度在10℃以下则容易受到冻害，令叶片变黄。

施肥

在植株的生长季节，可以每月施用浓度较低的液肥1～2次。暮秋要少施用或不施用肥料。从10月到翌年2月，不要再对其施用肥料。

新手提示：如果每隔10～15天喷洒0.2%的磷酸二氢钾溶液一次，能令植株长得健康壮实，叶片颜色深绿。

病虫防治

袖珍椰子经常发生的病害是黑斑病。发病时要马上改善通风透气条件，适度加施磷肥和钾肥，并用50%的托布津可湿性粉剂或50%的百菌清可湿性粉剂800～1000倍液喷洒。

袖珍椰子经常发生的虫害是介壳虫危害，可以人工刮掉或用25%的扑虱灵可湿粉1 500～2 000倍液或40%的氧化乐果乳油800～1 000倍液喷洒。

修剪

平日要及时将干枯的枝条和残破的叶片剪去，以维持优美的植株形态。

繁殖

袖珍椰子一般用播种法进行繁殖。

摆放建议

袖珍椰子小巧玲珑，株型优美，极富观赏性，加上它耐阴性强，因此很适宜作室内中小型盆栽，一般摆放在客厅、书房、卧室等处。

花言草语

袖珍椰子的叶片颜色深绿且有光泽，形姿优美高雅，其英文种名就是“优美”的意思。因它的形态很像热带的椰子树，植株娇小可爱、新奇好看，所以叫做“袖珍椰子”。它具有很强的忍受荫蔽的能力，为良好的室内中小型盆栽赏叶植物，尤其适合装扮会议室、客厅、书房、卧室等地方，不仅精致小巧，而且还可以令房间里显现出几分使人陶醉的热带风景。

C 彩苞凤梨

CAI BAO FENG LI

【花草名片】

◎ 学名：*Vriesea poelmannii*

◎ 别名：大鹦哥凤梨、大剑凤梨、火炬。

◎ 科属：凤梨科丽穗凤梨属，为多年生常绿草本植物。

◎ 原产地：最初产自中南美洲和西印度群岛。

◎ 习性：喜欢温暖、潮湿、光照充足的环境，不能抵御寒冷，比较能忍受荫蔽，怕强烈的阳光直接照射以及久晒。

◎ 花期：温度、光照合适时即开花，一般花期可持续几个月。

◎ 花色：花茎顶端生长着单一的或有比较多的分枝的复穗状花序，苞片多数呈鲜红色，也有深红、橙红等颜色，小花则呈黄色。

净化功能

彩苞凤梨夜间能够吸收大量二氧化碳，提高房间内的负离子浓度，令房间里的空气得到很好地净化，非常有利于人们的身体健康。

选盆

一般选用12～14厘米口径的泥盆、塑料盆、陶盆等，为了美观可外套瓷盆。

择土

彩苞凤梨喜欢在有肥力、腐殖质丰富、土质松散、排水通畅的腐叶土或沙质土壤中生长。

新手提示：培养土可以用相同量的腐叶土、泥炭土及河沙混合后，再加上合适量的腐熟的马粪调配。

栽培

❶ 每年母株的花朵凋落之后，皆会由基部萌发出小植株，当小植株生长至5～8厘米高的时候，把母株从花盆里磕出来。

❷ 用锋利的刀将两侧的子株切割下来另外栽种。

❸ 栽完后浇足水并放在半荫蔽的地方料理，温度控制在20~28℃，约经过一个月就能长出根来。

❹ 通常每两年要更换一次花盆。

新手提示：上盆的时候，要在花盆底部放几块颗粒状的碎瓦片或碎砖块等，以便于盆土排水通畅。

浇水

❶ 在春、夏、秋三季浇水要充足，并应时常朝叶片表面喷洒清水，以维持比较大的空气相对湿度，然而盆土也不能过于潮湿。

❷ 定期向植株的叶筒内添加水分，可以每2周更换一次水，以维持水质干净、清澈。

❸ 冬天要少浇一些水，令盆土维持稍干燥状态就可以。

新手提示：家庭栽培彩苞凤梨时容易出现叶片卷曲的现象。只要保证它的叶筒内一直存水就可避免上述现象的发生。

光照

彩苞凤梨喜欢充足的阳光，每日要接受足够的光照才能正常开花。从春天到秋天，中午阳光比较强烈的时候要为植株适度遮蔽阳光，防止强光直射；然而也不能过于荫蔽，不然会令花朵颜色变淡。冬天可以把它置于房间里光照充足的地方料理。

温度

彩苞凤梨喜欢温暖，不能抵御寒冷，生长适宜温度是20~27℃。在中国大部分地区，冬天气温较低，需要把它搬进房间里料理，保持室内温度在10℃以上（含10℃）即可安全过冬。

新手提示：气温低于5℃时，叶筒中不宜贮水，并应保持盆土偏干。

施肥

在春天、夏天和秋天要为彩苞凤梨供应必需的营养成分，宜每月施用液肥一次，并加施2～3次磷肥和钾肥，也可以向叶片表面喷施肥料，其浓度为根部施肥浓度的1/2即可。冬天则不要再对植株施用肥料。

病虫防治

彩苞凤梨经常发生的病害是叶斑病，用50%的托布津可湿性粉剂500倍液喷洒就能有效预防和治理。它的主要虫害是介壳虫及粉虱危害，可以用40%的氧化乐果乳油1 000倍液喷洒来杀除。

修剪

在更换花盆的时候，要把植株根颈部过于长的须根及干枯、萎缩、焦黄的叶片除去，以降低营养成分的损耗量，促使植株健壮生长，维持优美的植株形态。

繁殖

彩苞凤梨经常采用分株法、播种法进行繁殖，通常于春天结合更换花盆时进行。

摆放建议

彩叶凤梨是一种比较具有观赏价值的植物。盆栽可摆放在窗台、阳台、客厅、书房等光线较充足的地方，也可制成瓶插装点居室。

胡颓子

HU TUI ZI

【花草名片】

◎ 学名：*Elaeagnus pungens*

◎ 别名：卢都子、羊奶子、蒲颓子、甜棒槌。

◎ 科属：胡颓子科胡颓子属，为常绿灌木。

◎ 原产地：最初产自中国，主要分布在中国长江流域以南的各个地区。日本亦有分布。

◎ 习性：喜欢温暖、潮湿的气候，比较能抵御寒冷，怕较高的温度和炎热，能忍受干旱和多湿。喜欢阳光充足的环境，也能忍受半阴蔽。

◎ 花期：10–11月。

◎ 花色：银白色、黄褐色。

花言草语

胡颓子的叶片颜色较为特别，花朵具芬芳，红颜色的小果实如同一个个挂满枝梢的小红灯笼，十分优美别致，尤其适合搭配种植在树林边或道路旁。与此同时，它的果实不仅能吃，而且还能用来酿造酒，然而在污染地区栽植的则不要食用。另外，胡颓子的根、叶及果实皆可用做药物，有收敛、治疗腹泻、抑制咳嗽的功用。

净化功能

胡颓子具有非常强的抵抗与吸收二氧化硫的能力，具有比较强的抵抗氯气及氟化氢的能力，对净化房间里的空气很有效果。种在有污染源的工厂区内，也能起到很好的提高空气质量的作用。

选盆

栽种胡颓子适宜选用泥盆，因为它的透气性较好。另外，花盆的体型宜偏大些，尤其是植株长成后或换盆时，可选用木桶栽种。

择土

胡颓子对土壤没有严格的要求，在中性、酸性及石灰质土壤中皆可正常生长，也能忍受贫瘠，然而在土层较厚、有肥力、潮湿、排水通畅的沙质土壤中长得最好。

栽培

1. 选取一颗饱满的胡颓子种子，用温水浸泡约30分钟。
2. 将种子取出后再与粗沙混合促使其尽快萌芽，要令粗沙维持潮湿状态。
3. 经过30天左右，胡颓子便可萌芽。
4. 再过约一周的时候，便可将幼苗移栽至盆中了。

浇水

1. 盆土以“见干见湿”为佳，不能长时间过于潮湿，以防止根部烂掉。
2. 新种植的植株在春天要多浇一些水。
3. 存活后在5–7月浇2～3次水就可以。
4. 雨季要留意及时排除积水，防止植株遭受涝害。

光照

胡颓子喜欢阳光充足的环境，能忍受阳光久晒，也有比较强的忍受荫蔽的能力。

温度

胡颓子喜欢温暖，生长适宜温度是24~34℃。与此同时，它还有比较强的抵御寒冷的能力，在我国华北南部地区能露地过冬，能忍受－8℃上下的绝对低温。

新手提示：用花盆种植时，冬天要把它搬进房间里过冬，房间里的温度不可低于5℃。

施肥

在植株的生长季节，要每半个月施一次肥，在炎夏到来之前还要施用3～4次液肥。

新手提示：在秋天应接着追施肥料，以令植株多结果实。

病虫防治

1. 胡颓子经常发生的病害是叶斑病，可以用75%的多菌灵可湿性粉剂100倍液喷洒来预防和治理。
2. 它的虫害主要是蚜虫危害，用40%的氧化乐果乳油1 000倍液喷洒就能有效杀除。

修剪

1. 在植株的生长季节，为了防止枝条长得过高，要在合适的时候对其采取摘心措施。
2. 花谢后要将一些老枝剪掉，以促进植株分化花芽。
3. 冬天适度疏除稠密枝，以改善通风透光效果。春天萌发前适度修剪干枯枝及老枝，但尽量保留两年生枝条。

繁殖

胡颓子可采用播种法、扦插法及嫁接法进行繁殖。

摆放建议

家庭用花盆种植时，可以长期把胡颓子置于房间里光线充足的地方养护，如阳台、窗台、天台等处。

H 海桐 HAI TONG

【花草名片】

◎ 学名：*Pittosporum tobira*

◎ 别名：山矾花、七里香。

◎ 科属：海桐花科海桐花属，为常绿灌木或小乔木。

◎ 原产地：最初产自中国江苏南部、浙江、福建、台湾、广东等地区。朝鲜和日本亦有分布。

◎ 习性：喜欢温暖、潮湿的气候，不能抵御极度的寒冷，具一定程度的抵抗干旱的能力。喜欢阳光充足的环境，也比较能忍受荫蔽。具有很强的萌发新芽的能力，长得较为迅速。

◎ 花期：5–6月。

◎ 花色：白、黄绿色。

净化功能

海桐抵抗与吸收二氧化硫及氟化氢的能力非常强，抵抗氯气、氯化氢、硫化氢及臭氧的能力也比较强。据测算，1千克海桐干叶可吸收1.7克硫，而叶片不会受到损害。另外，海桐吸滞粉尘的能力也非常强，在距离污染源比较近的地方，每平方米海桐叶片可吸滞1.8克的粉尘。

另外，海桐枝繁叶茂，有比较强的隔声作用，可以作为灌木种植在隔声林中。

选盆

可使用泥盆、塑料盆、瓷盆、陶土盆，花盆口径通常为16～25厘米。

择土

海桐适应能力比较强，对土壤没有严格的要求，在黏重土壤、沙土和弱碱性土壤中皆可生长，然而在土质松散、有肥力、排水通畅的酸性土壤或中性土壤中长得最好。

新手提示：培养土可以用1/3的腐叶土与2/3的壤土或黏土混合调配。

栽培

1. 在10–11月将种子播种在培养土里。
2. 播后盖上厚10厘米左右的土，翌年春天便可萌芽。
3. 一般于3月前后开始移栽，移栽时要带着土坨。
4. 通常每年春天更换一次花盆，成龄植株每2～3年更换一次花盆。

新手提示：种植前应在土壤里施进适量的腐熟的厩肥作为底肥。

浇水

1. 对于新种植的植株，要使其土壤维持潮湿状态，不能过于干燥或过于潮湿。
2. 春天和秋天要每日浇一次水，令盆土维持“见干见湿”的状态即可。
3. 夏天则要于每日清晨和傍晚分别浇一次水，并要时常向叶片表面喷洒清水，以增加空气湿度。
4. 冬天要控制浇水，以每周浇一次水为宜。

光照

海桐喜欢充足的光照，也比较能忍受荫蔽，能长期置于房间里向南窗口光照充足的地方。夏天可放在户外背阴凉爽的地方，防止强烈的阳光久晒。

新手提示：不能长时间把它放在过度荫蔽的地方，以防止植株徒长或发生病虫害。

温度

海桐喜欢温暖，生长适宜温度是15~30℃，也具一定程度的抵御寒冷的能力，能忍受较短时间的0℃的低温，然而不能抵御极度的寒冷，晚上最低温度要控制在13℃以上，以利于其生长和发育。

新手提示：在寒露之前将其搬进房间里过冬，房间里的温度不可低于5℃。

施肥

海桐长得比较迅速，在生长季节可以每月施用1～2次肥料。在植株的花期前后，要分别施用浓度较低的饼肥水一次。在冬天则不要再对植株施用肥料。

病虫防治

海桐经常发生的虫害为红蜘蛛及介壳虫危害，可以分别用20%的三氯杀螨醇及40%的氧化乐果乳油1 000倍液喷施来预防和治理。

修剪

从幼苗期便应进行修剪整形，对植株打顶，促使其萌生侧枝，经常把树冠修剪为圆球形供欣赏。春天要将纤弱枝、稠密枝、徒长枝、病虫枝及干枯枝等剪掉，以令植株形态整齐匀称，改善通风透光效果，降低病虫害的发生率。

繁殖

海桐可采用播种法及扦插法进行繁殖。

摆放建议

海桐可以被修剪成圆形或其他好看的形状，因此可直接种植在庭院里观赏，也可以作为盆栽装饰客厅、阳台、天台等地方。

发财树

FA CAI SHU

【花草名片】

◎ **学名**：*Pachira aquatica*

◎ **别名**：巴拉马栗、美国花生树、瓜栗。

◎ **科属**：木棉科瓜栗属，为常绿乔木。

◎ **原产地**：最初产自热带美洲。

◎ **习性**：喜欢温暖、潮湿及光照充足的环境，不能抵御寒冷，略能忍受干旱，比较能忍受荫蔽。具有很强的适应能力，生命力旺盛。

◎ **花期**：4–5月。

◎ **花色**：红、白或浅黄色。

花言草语

发财树由于其名字而备受人们的喜欢，尤其是在商贸行业更受青睐。每当节日来临，很多宾馆、饭店、商人和寻常市民就会竞相购买发财树，并经常用钱币、彩色丝带、中国结等对其进行装扮，象征着招财添喜，以求吉利幸运、遂心顺意，且其株形柔美、气势不凡，很惹人喜欢。另外，发财树也很有经济价值，其种子成熟之后可以吃，木材还可以用来做木浆，可谓是“一举多得”。

净化功能

发财树可以很好地将甲醛、氨气、氮氧化合物等有害气体吸收掉。根据有关测算，每平方米发财树的叶面积24小时便可消除掉0.48毫克的甲醛及2.37毫克的氨气，堪称净化房间内空气的高手。

选盆

为了益于根系的生长和发育，花盆最少要有40厘米深，而且以选择使用透气性良好的泥瓦盆最为合适。

新手提示：为了使外形好看，在房间里摆设时可以在泥瓦盆的外面套上一个大一个型号的瓷盆或塑料盆。

择土

发财树喜欢在有肥力、有机质丰富、土质松散、排水通畅的中性至弱酸性土壤中生长，不能在黏重土壤或碱性土壤中生长。

新手提示：培养土经常用6份园土、2份粗沙和2份腐熟的有机肥，或8份腐叶土和2份煤渣混合调配。

栽培

1. 截下长15～30厘米健康壮实的木质化枝条作为插穗。
2. 把它插进扦插介质中或直接插到盆栽土上，插后浇足水并固定好插穗，之后放在背阴、凉爽且通风顺畅的地方料理，比较容易存活。
3. 上盆之前要在盆底铺放一层碎小的砖瓦片作为排水层，以便于排水通畅。
4. 一般每2年要更换一次花盆，以春天进行为好。

浇水

1. 平日不宜浇太多的水，忌水涝。
2. 春天和秋天可以每2～3天浇一次水。
3. 夏天可每日浇一次水，并时常向叶片喷洒清水，以令叶片颜色碧绿、光鲜。
4. 冬天要少浇水，令盆土维持略潮湿状态即可。

光照

发财树对阳光的要求不太严格。在室内光线昏暗处能接连观赏2～4周，在全日照、半日照或荫蔽的环境中也可以生长。所以它可以长期摆放在房间里的任何地方，但要时常转动花盆，以令整个植株接受匀称的光照。冬天则要把它置于室内光照充足的地方。

温度

发财树喜欢温暖，不能抵御寒冷，生长适宜温度是20~30℃。

新手提示：幼苗不能忍受霜冻，成年植株则能忍受轻霜和长时间的5~6℃的低温。

施肥

在植株的生长季节，要每月施用浓度较低的液肥一次，并适当加施2～3次磷肥和钾肥。在生长旺盛期内，要少施用氮肥，以免植株徒长。夏天温度较高时和植株开花时应少施用肥料。冬天则不要再对植株施用肥料。

病虫防治

1 发财树常发生的病害为叶斑病。发病时每隔15天用75%的百菌清可湿性粉剂1 000倍液喷洒一次。

2 发财树常发生的虫害为红蜘蛛及介壳虫。红蜘蛛可用螨虫清治理，介壳虫可用刷子蘸酒精刷掉。

修剪

在春天要留意对枝条进行修剪，以促进茎基部萌发新的枝条，令生出的新枝条利于编辫成型。当植株生长至80～100厘米高的时候，经常把3～6株加工编辫后种植到一个花盆里，造型新奇独特，具有比较高的欣赏价值。

繁殖

发财树可采用播种法及扦插法进行繁殖。

摆放建议

发财树茎干编辫造型后显得落落大方、气派非凡，可用于装点客厅、阳台、书房、门厅等处。

香龙血树

XIANG LONG XUE SHU

【花草名片】

◎ 学名：*Dracaena fragrans*

◎ 别名：巴西木、巴西铁树、巴西千年木、香千年木。

◎ 科属：百合科龙血树属，为多年生常绿灌木或小乔木。

◎ 原产地：最初产自亚洲热带地区及非洲，在中国云南、广西南部皆有分布。

◎ 习性：喜欢温暖、潮湿及光照充足的环境，不能抵御寒冷，能忍受干旱，不能忍受水涝，具有比较强的忍受荫蔽的能力，畏强烈的阳光直接照射。

◎ 花期：3月。

◎ 花色：乳黄、乳白色。

净化功能

香龙血树的叶片及根部可以将甲醛、苯、甲苯、二甲苯，还有激光打印机、复印机及洗涤剂所释放出来的三氯乙烯吸收掉，并可以把上述有害气体转化分解成没有毒的物质，能很好地净化房间里的空气。

选盆

可使用泥盆、塑料盆、瓷盆、陶盆栽培，幼株的花盆口径为12～20厘米，成株的花盆口径为24～34厘米，盆体尽可能深一些。

择土

香龙血树生命力旺盛，喜欢在有肥力、腐殖质丰富、土质松散且排水通畅的沙质土壤或弱酸性土壤中生长，不能忍受贫瘠的土壤。

新手提示：培养土可以用相同量的河沙、腐叶土及珍珠岩来混合调配，并加入少许有机肥作为底肥。

栽培

❶ 5-6月时，剪下长5～10厘米的成熟且健康壮实的茎干作为插穗。

❷ 把它插到培养土中，使空气相对湿度控制在约80%，室内温度控制在25~30℃，插后经过30～40天即可长出根来，约经过50天就能上盆种植。

❸ 上盆的时候要在花盆底部铺放一些碎小的石块，便于排水通畅并使重心下降，以免植株不稳固。

❹ 新植株每年要更换一次花盆，老植株则可每两年更换一次花盆，适宜于春天进行。

新手提示：种植深度需根据茎干的高度来确定，通常埋入30厘米深，令茎干不容易歪斜就可以。

浇水

❶ 香龙血树喜欢潮湿，比较能忍受干旱，也畏积水，在生长季节浇水要做到“见干见湿”。

❷ 在叶片生长的鼎盛期，要令盆土维持潮湿状态，空气相对湿度要保持在70%～80%。

❸ 夏天可以每日浇一次水，并要时常向叶片表面喷洒清水。

❹ 秋末至冬初要少浇水，并向叶片喷施0.2%～0.5%磷酸二氢钾，以增强植株抵御寒冷的能力。冬天要注意控制浇水，令盆土维持略干燥状态。

光照

香龙血树对光线具有比较强的适应能力，在光照充足或半荫蔽的情况下，茎叶皆可正常生长，然而要防止强烈的阳光直接照射，不然会烧伤叶片或使叶片表面的斑纹颜色变淡。

新手提示：初春及立秋以后植株可以承受全日照，夏天要遮蔽约50%的阳光，冬天则可以置于房间里接近向南窗口的地方。

温度

香龙血树喜欢温暖，不能抵御寒冷，生长适宜温度是20~30℃，其中在3–9月是24~30℃，9月到翌年3月是13~20℃。

施肥

香龙血树较嗜肥，以“薄肥勤施”为原则。在4–9月植株的生长季节，每2～3周施用浓度较低的腐熟的液肥一次，主要施用磷肥和钾肥，不可施用太多氮肥。9月之后要少施用肥料。冬天则不要再施肥。

病虫防治

❶ 香龙血树经常发生的病害为炭疽病及叶斑病，用70%的甲基托布津可湿性粉剂1 000倍液喷施就能预防和治理。

❷ 它经常发生的虫害为介壳虫、蚜虫危害。发生介壳虫及蚜虫危害时，可以用40%的氧化乐果乳油1 000倍液或40%的三氯杀螨醇乳油1 000～1 500倍液喷洒来杀除。

修剪

平日要尽早把叶丛下部已经老化、干枯、萎缩的叶片剪掉。

新手提示：为了掌控植株的高度及塑型，可以把顶部剪掉，以促使其下部萌生新枝。

繁殖

香龙血树经常采用扦插法进行繁殖，用土插法或水插法均可。

摆放建议

香龙血树是一种观叶类植物，盆栽可用来装饰客厅、书房或摆放在卧室一角。

花言草语

香龙血树由于其伤口或切口可以分泌出暗红色的汁液，也就是所说的“龙血”而得此名称。它的树姿直立而高耸，十分美观，非常具有热带情趣，为室内极佳的赏叶植物。用大型花盆种植的时候，可以把它置于客厅及大堂中，显得既端正庄重，又朴素大方；用小型花盆种植的时候，则可以用它来装点居室中的窗台、书房及卧室，更增添了几分清新及美丽。尤其是高低有致栽种的香龙血树柱，其枝叶长得层次清晰，给人以不断上升的感觉，因此一直备受人们的喜欢。另外，香龙血树的茎、枝及叶片基部还可以制取中药，具有止血的功效。

黄杨

HUANG YANG

【花草名片】

◎ 学名：*Buxus sinica*

◎ 别名：瓜子黄杨、小叶黄杨、千年矮、乌龙木。

◎ 科属：黄杨科黄杨属，为常绿灌木或小乔木。

◎ 原产地：最初产自中国华北、华东和华中等地区。

◎ 习性：喜欢温暖、潮湿和光照充足的环境，不能抵御寒冷，能忍受干旱，怕水涝，比较能忍受半荫蔽。为浅根性植物，根系生长得旺盛，长得较慢，具有很强的发芽力，经得住修剪，寿命较长。

◎ 花期：3 4月。

◎ 花色：黄绿色。

净化功能

黄杨能够净化空气，抵抗及吸收二氧化硫、氟化氢，抵抗氯气、硫化氢和氯化氢的能力也较强，为名实相副的“常绿净化器”。另外，因枝叶繁茂，它还具有一定的隔声作用，不仅可以作为大气污染区域优良的绿化树种，也可以配植在隔声林中的灌木层之中。

选盆

栽种黄杨适宜选用透气性良好的泥盆或陶盆。

择土

黄杨具有很强的适应能力，在酸性、中性或弱碱性土壤中皆可生长，也能忍受贫瘠的土壤，但在有肥力、土质松散且排水通畅的沙质土壤中长得最良好。

新手提示：用花盆种植的时候，培养土经常用田土、泥炭土、腐叶土、河沙及有机肥等混合调配。

栽培

❶ 取黄杨幼苗，把长得太长、太密的根系剪掉，并对其根部进行适度修剪，令根系在花盆里能够自然伸展。

❷ 将幼苗植入盆土中，种植的时候不适宜种得太深，种好后要浇足水，放在半荫蔽的地方料理。

❸ 要令盆土维持潮湿状态，经常向叶片表面喷洒清水，待一个月后植株的生长势头恢复之后再常料理。

浇水

❶ 黄杨喜欢潮湿，如果缺少水分容易导致其基部的叶片凋落，但它也畏积水。

❷ 在植株的生长季节要令土壤维持潮湿状态，但不可积聚太多的水。

❸ 夏天干旱时，除了要时常对植株浇水令土壤维持潮湿状态之外，还要每日向叶片表面喷洒清水，以降低温度和保持一定的湿度，促使植株健壮生长。

❹ 冬天要掌控浇水的量和次数，令土壤维持略干燥状态就可以。

光照

黄杨喜欢光照充足的环境，也能忍受半荫蔽，可以长期置于房间里光照充足的地方，如果长时间光照不充足，新长出来的茎叶就会变得柔弱，还容易发生病虫害。

新手提示：夏天阳光比较强烈的时候要留意为植株遮蔽阳光，防止强烈的阳光直接照射，不然叶片容易变黄，导致生长不好。

温度

黄杨喜欢温暖，不能抵御寒冷，用花盆栽培的植株冬天要移入室内过冬。

施肥

黄杨需肥量不大，在生长季节每月施用浓度较低的液肥一次就可以，如果轮流施用饼肥水和化肥则效果更好。

病虫防治

❶ 黄杨经常发生的病害是煤烟病，平日时常向叶片表面喷洒清水和及时将叶片表面的灰尘冲去便能很好地预防和治理。

❷ 它经常发生的虫害为介壳虫和卷叶蛾的幼虫造成的危害，可以喷施80%的敌敌畏1 500倍液来杀除。

修剪

❶ 黄杨萌生侧枝的能力很强，能自然长成圆头冠形，要注意控制高度，可于春天、秋天及梅雨季节适当进行修剪。

❷ 平日要及时对徒长枝、重叠枝和影响植株形态的多余枝条进行修剪。

❸ 在植株结出果实之后，要尽早把果实摘掉，以免损耗过多的营养。

❹ 更换花盆时可同时将老根剪掉，并换上新培养土。

繁殖

黄杨经常采用播种法及扦插法进行繁殖。播种繁殖在冬天或春天都能进行，种子的萌芽率比较高。

摆放建议

黄杨叶片翠绿，株形柔美，可以摆放在阳台、窗台等光线比较充足的地方，也可以用来装饰卧室、客厅、书房，还可以制作成盆景装点居室等。

G 枸骨 GOU GU

【花草名片】

◎ 学名：*Ilex cornuta Lindl.*

◎ 别名：枸骨冬青、老虎刺、八角刺、鸟不宿。

◎ 科属：冬青科冬青属，为常绿灌木或小乔木。

◎ 原产地：最初产自中国长江中下游地区。

◎ 习性：喜欢温暖、潮湿的气候，比较能抵御寒冷，具有一定的耐旱性，不能忍受积水，忍受荫蔽的能力比较强。具有很强的适应能力，萌生新芽的能力和种子的发芽力都很强，经得住修剪，然而长得较慢。

◎ 花期：4-5月。

◎ 花色：黄绿、白色。

净化功能

枸骨抵抗二氧化硫和氯气污染的能力比较强，为净化、美化工矿区和居民区院落的良好植物。

选盆

选用排水性、透气性好的泥盆，尽量使用浅盆，盆底加碎盆片。

择土

枸骨对土质要求不严，弱酸性土或中性土均可，但适于生长在疏松肥沃、土层深厚、排水良好的沙质土壤中。

新手提示：培养土经常用腐叶土或腐熟的田园土再加上合适量的沙土来混合调配。

栽培

❶ 梅雨季节时，先剪下长10～15厘米的当年生的半木质化枝条作为插穗，留下4～6枚叶片。

❷ 将插穗插到培养土里，插后留意遮蔽阳光和保持一定的湿度，经过30天左右便可长出根来，栽培1～2年后便能进行移栽。

❸ 移植可于春天植株发芽前或立秋以后进行，最好是在春天进行。

❹ 种植后需浇足水，并在半荫蔽的地方摆放2~3周缓苗，等到植株的生长势头恢复后再转入正常的环境条件下料理。

❺ 通常每2～3年要更换一次花盆，多于春天2~3月进行。更换花盆时可修去部分长势不佳的老根，填土时需保留一半的旧土。

新手提示：移植的时候要带着土坨，并留意将植株的侧根及须根保护好，防止造成损伤，同时要把一些枝叶剪掉，以降低水分的损耗量，便于存活。

花言草语

枸骨的根、树皮、叶及果实皆可入药，具补益肝肾、滋养气血、滋补阴虚、消除风湿、清除风热及益精活络的功用。枸骨的种子含有油，能用来制造肥皂；它的树皮能用来做染料；它的嫩叶能制作枸骨茶及苦丁茶，经常饮用则可以预防疾病、保护健康。

浇水

❶ 在植株的生长季节，要令盆土时常维持潮湿状态，然而不能积聚太多的水。

❷ 夏天气候干燥的时候，除了要每日上午浇一次水之外，还要时常向植株的叶片表面喷洒清水，以降低温度和保持一定的湿度，促使其健壮生长，令叶片干净、有光泽。

❸ 春天和秋天可以每2～3天浇一次水，令盆土维持潮湿状态就可以。

❹ 冬天需掌控浇水的量和次数，做到“干透浇透”，令盆土维持偏干燥状态就可以。

光照

枸骨喜欢光照充足的环境，也比较能忍受荫蔽的环境，可以长期置于房间里光线充足的地方。

新手提示：夏天和秋天阳光比较强烈的时候则要为植株适度遮蔽阳光，防止强烈的阳光久晒。

温度

枸骨喜欢温暖，也具一定的抵御寒冷的能力。它可以忍受较短时间的－5℃的低温。晚上温度不适宜在3℃以下，白天温度最好不要超过25℃。

施肥

在植株的生长季节，可以大约每隔15天施用浓度较低的腐熟的饼肥水一次。冬天仅需施用一次有机肥作为底肥，以后则不要再对植株追施肥料。

病虫防治

❶ 枸骨的病害主要是根腐病及煤污病。发生根腐病后要马上把病株拔掉，并用50％的退菌特可湿性粉剂500倍液全面喷施；发生煤污病后只要每10天用波尔多液或石硫合剂喷施一次即可。

❷ 枸骨常遇虫害是介壳虫及木虱。介壳虫可用毛刷刷掉；初春时每周喷施一次50％的氧化乐果乳油2 000倍液，接连喷施3次就能杀灭过冬的木虱。

修剪

每年夏天和秋天要分别对植株进行一次适度的修剪，把稠密枝、徒长枝、干枯枝和病虫枝剪掉，对长得太长的枝条进行短截，以维持一定的植株形态。

繁殖

枸骨经常采用播种法及扦插法进行繁殖。

摆放建议

枸骨四季常绿，可直接栽种在庭院里，可盆栽用来装饰客厅，也可制作成盆景摆放在书房、客厅等处。

贴梗海棠

TIE GENG HAI TANG

【花草名片】

◎ 学名：*Chaenomeles speciosa*

◎ 别名：铁杆海棠、皱皮木瓜、川木瓜、宣木瓜。

◎ 科属：蔷薇科木瓜属，为落叶灌木。

◎ 原产地：中国中部长江流域诸省。

◎ 习性：喜光，较耐寒，不耐水淹，耐旱、忌湿，耐修剪，萌生根蘖能力强。

◎ 花期：2-4月。

◎ 花色：花色多样，有朱红、桃红、月白等颜色，还有一些品种的颜色粉白相间。

净化功能

贴梗海棠能够强效抵抗及吸收二氧化硫和氨等气体。同时，它在臭氧环境下曝露半小时就会出现伤害反应，受到侵害的叶片会失去光泽，接着出现褐色的小斑点，严重的会出现大片的褐色斑块甚至叶片脱落，因而它也是监测臭氧的好帮手。

选盆

盆栽贴梗海棠时宜选用较深的紫砂陶盆或釉陶盆，其他质地也可。

择土

贴梗海棠对土质要求不高，弱酸性土或中性土均可，但适于生长在疏松肥沃、土层深厚、排水良好的沙质土壤中。

栽培

1. 在花盆底部垫一层沙土或蛭石，以利于排水。
2. 在沙土上面放入少量的培养土。
3. 将贴梗海棠幼苗置入花盆中，一手扶正，一手向花盆里填土。
4. 填好土壤后，用手轻轻压实，浇透水分，放置荫蔽处1～2周，再移至光照充足处正常料理。

新手提示：贴梗海棠通常在种植后2～3年才开花。

浇水

1. 平时浇水不宜过多，如果土壤不过分干燥则不必经常浇水，一般5～6天浇一次。
2. 生长季节和夏天干旱时可适量增加浇水次数。
3. 入秋后要控制浇水，以免新生枝条在冬季遭受冻害。

光照

贴梗海棠喜欢阳光，因此要多让其接受日照，放置在阳光充足的地方。如果光照不足，易引起枝叶徒长，影响开花。

温度

贴梗海棠是一种喜冷凉气候的木本花卉，生长适温为15~20℃。

新手提示：在冬季气温低于-20℃的地区需将花盆移至室内过冬。

施肥

贴梗海棠喜肥，通常一年可施3次肥，春季开花后施肥以氮肥为主，夏季施肥以磷钾复合肥为主，入冬前结合浇水施一些基肥即可。对于已开花的植株，每年宜追施3～4次液肥，开花前宜多施些磷肥。

花言草语

贴梗海棠的果实叫皱皮木瓜，是十分稀有的水果，其药用价值和食用价值都很高。皱皮木瓜营养十分丰富，富含维生素、蛋白质、酒石酸、磷、铁和钙等，是水果中的佳品。皱皮木瓜的药用价值同样非常高，具有祛风活血、镇痛、平肝、和脾、化湿舒筋的功效，可以用来治疗中暑、霍乱转筋、脚气水肿、湿痹等症；皱皮木瓜泡酒口服，还可以治疗风湿性关节痛。

病虫防治

贴梗海棠易患锈病和各种虫害。

1. 当贴梗海棠患上锈病时，可用50%退菌特可湿性粉剂800倍液进行喷施，每隔10天喷一次，连续喷3至4次即可有效控制住病情。
2. 贴梗海棠的常见虫害有介壳虫、蚜虫、红蜘蛛、黄刺蛾等，治理时可以用速介杀杀灭介壳虫，用铲蚜杀灭蚜虫，用敌敌畏喷杀黄刺蛾。

修剪

1. 贴梗海棠生长茂盛，故要适时修剪，以改善透光环境。
2. 要控制一年生枝干顶端的继续生长，剪下过于密集的枝干，否则不能形成花芽。
3. 每年落叶后到萌芽前，需剪掉部分细弱枝，同时将全部新枝留剪去1/3至1/2枝梢。
4. 冬季可将重叠枝、病虫枝剪去，并将徒长枝剪短。

繁殖

贴梗海棠可用分株法、扦插法及压条法进行繁殖。

摆放建议

贴梗海棠喜阳，因此适宜放置在阳台、露台或客厅的窗台附近。

风信子

FENG XIN ZI

【花草名片】

- 学名：*Hyacinthus orientalis*
- 别名：洋水仙、西洋水仙、五色水仙、时样锦。
- 科属：风信子科风信子属，多年生草本植物。
- 原产地：南欧地中海沿岸及小亚细亚一带。
- 习性：喜冬季温暖湿润、夏季凉爽稍干燥，喜阳，也适宜在半阴的环境中生长。
- 花期：3月。
- 花色：紫色、白色、红色、黄色、粉色和蓝色。

净化功能

风信子能够吸收空气中的二氧化碳，释放氧气，还能消除异味，抑制细菌生长，从而起到清新空气的作用。风信子的花香还可使人神清气爽，缓解精神疲劳。另外，风信子能够从污水中吸收金、银、汞、铅和镉等重金属，可用来净化水中的有害金属。

选盆

盆栽时宜选用泥盆，避免使用瓷盆或塑料盆，也可用玻璃瓶进行水栽。

择土

风信子喜欢土壤肥沃、有机质含量高的碱性土壤。

新手提示：盆栽时可用5份腐叶土、3份园土、1份粗沙和半份骨粉配制培养土。

栽培

❶ 将种头种入盆内，然后盖上培养土，栽植深度一般为5～7厘米。

❷ 栽种后要浇透水分，保持土壤湿润，同时要注意增施磷、钾肥。

❸ 经过4个月左右即可开花，此后正常料理即可。

新手提示：盆栽一般在9月或10月份进行。另外，风信子也可水养，即将种头放在玻璃瓶里，注入水，加入少许木炭，使其种头仅浸至球底便可。然后放置到阴暗的地方，用黑布遮住瓶子，约一个月后即可拿出室外让它接受阳光照射。

浇水

❶ 在生长期需要不断浇水，每天浇一次。

❷ 平时每3～4天浇一次水，要经常保持盆土湿润。

新手提示：每一次浇过水后等待土壤基本变干之后再次浇水即可，浇水过多会导致球茎腐烂。

光照

风信子喜阳，如果光照过弱，会导致植株瘦弱、茎过长、花苞小、花早谢、叶发黄等情况发生，此时可用白炽灯在1米远处补光；但光照过强也会引起叶片和花瓣灼伤或花期缩短。

花言草语

风信子原本是希腊神话中深受太阳神阿波罗所爱的一位俊男，即宙斯的外孙阿信特斯。他是希腊的植物神，与太阳神阿波罗和西风神泽费罗斯都十分要好，但与阿波罗更为亲近。他们经常一同去捕鱼、打猎及进行各种活动，因此遭到了西风神的妒忌。一次，阿波罗与阿信特斯一起掷铁饼，阿波罗掷的时候，西风神趁机改变了铁饼的轨迹，将铁饼吹向了阿信特斯，打破了阿信特斯的前额。阿信特斯顿时血流如注，并很快死去。抱着阿信特斯的尸体，阿波罗悲痛欲绝，不住叹气。不久，在阿信特斯死去的地方，长出了一株绿油油的小草，开出了紫色的小花。为表达自己对朋友永远的怀念，阿波罗便用阿信特斯的名字为它命名，翻译过来就是“风信子”。因此，欧洲人对风信子有一种特殊的感情。在英国，蓝色的风信子是婚礼中新娘手中不可或缺的花束，象征着美好幸福。

温度

风信子在生长过程中的适宜温度为5~10℃，开花期以15~18℃最为适宜。如果温度高于35℃，植株会出现花芽分化受抑制，畸形生长，盲花率增高的现象；如果温度过低，又会使花芽受到冻害。

施肥

风信子不喜肥，盆栽风信子只需于开花前后各施1～2次稀薄液肥即可。

病虫防治

风信子易患花叶病，通常是由蚜虫侵害所至。该病表现为初期叶片产生条斑和斑块，严重时叶子黄化、扭曲，植株矮小，种球变小。防治时应加强对蚜虫等媒介昆虫的防治，效果才会好。

繁殖

繁殖风信子以分球繁殖为主，育种时用种子繁殖。

摆放建议

风信子适宜摆放在阳台、庭院等既通风，光照又好的地方。

PART 5

Flowers & Plants

20种 化毒为宝的“毒花毒草”

虽然很多花草有净化空气的功能，但是房间里放置的植物并不是越多越好，因为很多植物对身体是有伤害的，比如一些植物的香气、棱刺、汁液等，都可能具有一定的“毒性”。所以，我们不仅要谨慎挑选花草并小心培育，而且需格外留意其放置的位置，防止它们对健康造成损害。掌握了这些有毒花草的正确养护方法、了解其适宜的摆放环境，就能轻轻松松地“化毒为宝”。

醉鱼草

ZUI YU CAO

【花草名片】

◎学名：*Buddleja lindleyana*

◎别名：鱼尾草、槐木、闹鱼花、痒见消、光子、四方麻、鱼鳞子、药杆子、驴尾草、毒鱼藤、野巴豆、土蒙花、花玉成、红鱼波、四季青及鱼泡草等。

◎科属：玄参科醉鱼草属，为多年生落叶小灌木。

◎原产地：热带和亚热带地区。

◎习性：喜欢温暖、湿润的环境，适应性强，喜光，耐修剪，稍耐寒，耐阴，耐旱，但不耐水湿。

◎花期：6–8月。

◎花色：紫色、白色、黄色或橙色。

花言草语

醉鱼草可使鱼类麻醉，因此得名醉鱼草。其主要分布在我国长江流域以南各省、华北地区的河南、山东等省。醉鱼草枝繁叶茂，小花密集，色彩艳丽，可丛植于自家庭院的墙角等处增添景色。

醉鱼草常见的品种有大叶醉鱼草和互叶醉鱼草，大叶醉鱼草，高可达5米，花色丰富，花味芬芳；互叶醉鱼草，高可达3米，枝条细弱，披散下垂，花冠紫蓝色，花味芬芳。

在我国山西、河北、西北地区都有分布。二者都极具观赏价值。

《全国中草药汇编》中记载，醉鱼草味微辛、苦，性温，带根全草及叶、花可以入药。具有祛风除湿、止咳化痰、散淤、杀虫的功效，可治疗支气管炎、咳嗽、哮喘、风湿性关节炎、跌打损伤等病症；根及全草全年都可采集，洗净晒干后即可入药；花、叶于夏秋醉鱼草花盛开时采集，晒干入药。捣烂或研粉外敷可治创伤出血、烧烫伤等。孕妇忌服。谨记药用的时候一定要遵从医嘱，不可自己尝试，以免引起中毒。

毒性解码

醉鱼草叶含醉鱼草苷等多种黄酮类，含有的醉鱼草黄酮苷及醉鱼草糖苷对鱼类有毒害作用，人畜误食过多将会引起呕吐、呼吸困难、四肢震颤等中毒症状。

化毒攻略

远离鱼缸放置。防止枝叶浸入水中，毒害鱼类。也应将其放在儿童和动物不宜接触的地方，严防小孩和动物误食。一旦误食醉鱼草，可采用洗胃、导泻、服大量糖水或静脉注射葡萄糖盐水、肌注维生素B_1等方式解除中毒症状。

选盆

适宜选择透气性较好的泥盆或缸瓦盆。

择土

醉鱼草具有很强的适应能力，对土壤没有严格的要求，在沙质土壤、轻碱性土壤及经过改良的盐碱地中都可长得较好，然而在排水良好、润湿肥沃的土壤上生长最为旺盛，开花最为繁茂。

栽培

1. 将当年收取的种子在常温水中浸泡1小时后均匀撒在花土表面。
2. 在种子上面均匀铺一层薄薄的花土。
3. 浇透水后放在向阳的或半向阳的地方，每天浇水保持土壤湿润，不久即可发芽。

新手提示：在种植前需在土壤中施入充足的底肥，以促使植株枝叶繁茂。

浇水

1. 在植株的生长期内要令土壤维持潮湿状态，每2～3天浇一次水即可。
2. 夏天气候干旱的时候要适度加大浇水的量。

光照

醉鱼草喜欢充足的阳光，可将其放置在光线良好的场所，每日让它接受足够的阳光照射。

温度

醉鱼草生长最佳适宜温度为25~30℃，也可耐39℃的高温。

新手提示：冬天需移入有保暖设施的房内。

施肥

在植株生长的旺盛期，大约需每隔半个月施用以氮肥为主的复合肥一次，施完肥后应马上浇水，以免肥料损伤根系。

病虫防治

醉鱼草易得的病虫害为锈病、白粉虱和蚜虫。

❶ 锈病发病初期可用25%粉锈宁可湿性粉剂1 000 ~ 1 500倍、天达裕丰2 000 ~ 2 500倍液、天达2116粮食专用型600倍液混合喷杀，连续喷2次，每次间隔5 ~ 7天。

❷ 虫害可用10%吡虫啉可湿性粉剂4 000 ~ 6 000倍液喷雾，或可用5%吡虫啉乳油2 000 ~ 3 000倍液喷雾防治。

修剪

入冬前或早春时可对醉鱼草进行修剪、整形，以促使其萌发更多的新枝，一年修剪一次即可。

繁殖

繁殖方式主要有播种、分株、扦插、压条几种。

摆放建议

最适宜种植在庭院里欣赏，也可摆放在客厅、卧室、书房、阳台等向阳的地方，切忌不要摆放在鱼缸旁。

水仙花

SHUI XIAN HUA

【花草名片】

◎学名：*Narcissus tazetta var.chinensis*

◎别名：凌波仙子、玉玲珑、中国水仙、金盏银台。

◎科属：石蒜科水仙花属，为多年生草本植物。

◎原产地：最初产自中国。柬埔寨把它定为国花。

◎习性：喜欢温暖、潮湿和光照充足的环境，不能抵御寒冷，怕长时间的水涝。水仙花与别的多年生草本植物有些不一样，有秋天开始生长、冬天花朵开放、春天储藏营养成分、夏天休眠的特殊之处。

◎花期：1–3月。

◎花色：乳白、鹅黄、鲜黄色。

毒性解码

水仙花的全株都有毒，其鳞茎的浆汁中含有拉可丁毒素，毒性比较大，误食之后会使人出现呕吐、腹部疼痛的症状。叶片及花朵的汁液也有毒，接触皮肤后会导致皮肤红肿，进入眼睛后会导致眼睛发炎，如果不慎被误食则会使人出现呕吐、腹疼、腹泻、手脚发冷、脉搏快且微弱、呼吸不规律、体温升高、昏睡和虚脱等症状，严重的还会出现痉挛、中枢神经麻痹甚至死亡。

化毒攻略

水仙花抵抗空气里的污染物的能力非常强。它可以把一氧化碳、二氧化碳、二氧化硫等吸收掉，还可以把氮氧化物转化成植物细胞蛋白质，并被其自身所用。此外，水仙花清淡的花香可以调节情绪，使人精神愉悦，并可以减少房间里的异味。在种植期间，要尽可能地防止过多接触，在接触水仙花后需马上清洗双手。家里有儿童的更要多加留意，防止其不小心误食。

选盆

各种盆都适合，不漏水即可。花盆的大小根据种植的球茎数来定，比如16厘米口径的一般可放2～3个球茎。

择土

水仙花喜欢在土层较厚、土质松散、保持水分能力强、排水通畅的土壤中或冲积土中生长。用水栽法种植的时候最适宜用雨水或池塘水，若用自来水，则要储存一天再用。

栽培

❶ 把老茎片与老根剥除干净，之后放到花盆里，加水到水仙头下鳞茎约1厘米处。

❷ 盆里要用鹅卵石、石英砂等把鳞茎固定好。

❸ 放在背阴、凉爽的地方料理，当鳞茎盘生出新的根系后再移至有阳光的地方，直到植株开花。

新手提示：由于水仙花的叶片是向两侧扩展的，因此在栽种的时候要留意查看叶片的生长方向，按照以后叶片一致朝行间扩展的要求栽种，以令其有足够的生长空间。

浇水

❶ 在刚上盆之后适宜每日更换新水.

❷ 在花苞长出来后可以每周更换一次水，而且需保证水质洁净，不可使用不干净的水、硬水或杂有油质的水，避免由于水变质而导致植株的根系腐烂，而且还可以令生长出来的根系纯白洁净，观赏价值更高。

光照

水仙花为短日照植物，每日仅需接受6小时的阳光照射便可正常生长和发育。在种植水仙花期间，可以把其长时间摆放在房间里光照充足的地方料理，夏天阳光比较强烈的时候则需为其适度遮蔽阳光。

温度

水仙花在生长的前一个阶段喜欢凉爽的气候，在生长的后一个阶段喜欢温暖的气候，其生长适宜温度是10~20℃，能够忍受0℃的低温。

施肥

用水栽法种植的水仙花，通常不用施用肥料，如果条件允许，也可以在花期内略施用适量的速效磷肥，以令花朵开得更加硕大、花色更加娇艳。

病虫防治

水仙花经常发生的病害为线虫病、叶枯病及褐斑病等。

❶ 在种植前用40℃的0.5%的福尔马林液将鳞茎浸泡3~4小时就能预防线虫病的发生。

❷ 叶枯病在发病之初，用60%的代森锌可湿性粉剂1 500倍水溶液喷施就能进行治理。

❸ 在褐斑病发病之初可以用75%的百菌清可湿性粉剂600~700倍水溶液进行喷施，每隔5~7天喷施一次，接连喷施几次就能有效治理。

新手提示：种植前将膜质的鳞片剥掉，把鳞茎放进0.5%的福尔马林溶液里或50%的多菌灵可湿性粉剂500倍水溶液里浸泡半个小时，也能避免发生褐斑病。

修剪

在阉割鳞茎的时候，如果有未剥除干净的侧芽萌生出来，就要马上采取1~2次拔芽的措施。

繁殖

水仙花一般用侧球、侧芽及双鳞片进行繁殖。

摆放建议

水仙花清香怡人，一般水养栽培，可以摆放在客厅、餐厅或书房的桌案上。

马蹄莲

MA TI LIAN

【花草名片】

◎学名：*Zantedeschia aethiopica*

◎别名：观音莲、水芋马、慈姑花。

◎科属：天南星科马蹄莲属，为多年生宿根草本植物。

◎原产地：产自非洲南部的河流或沼泽地里。

◎习性：喜欢温暖和光照充足的环境，不能抵御寒冷，也不能忍受较高的温度，略能忍受荫蔽，常在温室内用花盆种植。喜欢潮湿，不能忍受干旱，然而也不能忍受长时间的水涝。在冬天不寒冷、夏天不酷热的区域，能一年四季开花。

◎花期：11月–翌年6月。

◎花色：白、黄、粉、红和紫等颜色。

毒性解码

马蹄莲的块茎、佛焰苞和肉穗花序都有毒，里面含有很多草酸钙结晶及生物碱等，不慎误食后就会出现舌喉烧伤、恶心、呕吐、昏迷和感觉神经功能障碍等中毒的症状。

化毒攻略

马蹄莲的颜色繁多艳丽，造型独特，为居家花卉的首选，十分适宜用花盆种植，也可以作为瓶插置于餐桌上供欣赏。然而家庭栽植的时候切不可损伤马蹄莲的植株，也不可随意触碰花茎的切口，更不可让儿童触碰马蹄莲的花，以免其毒素经由被污染的手进入口造成中毒。严重中毒一般是由于不小心误食所导致的，不过误食的可能性比较小。

选盆

可选用泥盆、塑料盆、瓷盆、陶盆，花盆口径23～33厘米，盆体应较深。

择土

马蹄莲喜欢在土质松散、有肥力、腐殖质丰富、排水通畅的沙质土壤及黏重土壤中生长。

新手提示：盆土经常用2份园土、1份砻糠灰再加上适量的骨粉或有机肥混合调配，也可以用2份细碎的塘泥、1份腐叶土再加上适量的过磷酸钙及腐熟的牛粪混合调配。

栽培

1 种植时间最好是在8月下旬到9月上旬，种植前用蒸汽法对土壤消毒，并使用杀菌剂对土壤进行处理。

2 每一盆可以栽种2～3个大球，1～2个小球，需留意不可种植得过浅，移植的时候尽可能地不伤害植株及块茎。

3 种好后浇足水并放在半荫蔽的地方料理，等到发芽后再搬到阳光下。

新手提示：马蹄莲容易受到烟害，如果经常受到烟熏就会导致叶片变黄，不易开花，所以在种植期间要留意保证空气流通顺畅，避免烟熏。

温度

马蹄莲的生长适宜温度是20℃上下，晚上温度高于10℃的时候生长和开花都会较好，也能忍受4℃的低温，然而当温度降低到0℃的时候就会令其根茎受到冻害死去。

施肥

马蹄莲比较嗜肥，在生长季节，可以每隔10～15天施用腐熟的液肥一次。在开花之前，主要施用磷肥。

新手提示：不可施用太多氮肥，不然容易使植株发生病害。在施用肥料的时候不可让肥水流进叶柄里，以防止植株烂掉。

病虫防治

1 马蹄莲经常发生的病害是软腐病。发生病害时，要马上把病株拔掉，并喷施波尔多液。

2 它的虫害主要是红蜘蛛危害，用三硫磷3 000倍液喷施就能杀除。

浇水

1 在植株抽芽之前要令盆土维持潮湿状态，浇水量要随着叶片逐渐变多而渐渐加大。

2 在植株的生长季节，浇水一定要充足，要令盆土维持潮湿状态，并要时常朝叶片表面和植株四周地面喷洒清水。

3 5月下旬天气变热之后，要少浇一些水。

4 冬天要适度少浇一些水。

光照

马蹄莲在冬天要接受充足的阳光照射，如果阳光充足就会花多色艳。在夏天阳光过于强烈的时候，要适度遮蔽阳光，防止直接久晒，灼伤植株。

修剪

在植株的生长季节，要尽早把外部衰老的叶片摘掉，促使其尽快抽生出花梗。

繁殖

马蹄莲主要采用分株法进行繁殖，也可以采用播种法来繁殖。

摆放建议

盆栽马蹄莲可摆放在阳台、客厅和卧室。马蹄莲还可以作为切花装饰餐桌、茶几、窗台等处。

百合花

BAI HE HUA

【花草名片】

◎学名：*Lilium brownii var. viridulum*

◎别名：强瞿、番韭、山丹、倒仙。

◎科属：百合科百合属，为多年生球根草本植物。

◎原产地：最初产自中国、欧洲和北美等地区，日本亦有分布。梵蒂冈把它定为国花。

◎习性：喜欢温暖、潮湿及光照充足的环境，比较能抵御寒冷，不能忍受较高的温度和酷热，畏水涝，能忍受半荫蔽。

◎花期：5-8月。

◎花色：白、粉、红、黄、橙和复色等。

毒性解码

百合花所释放出来的芳香比较浓厚，若闻的时间太长，会令人的中枢神经过于兴奋，从而导致失眠。

化毒攻略

百合花有明显的消除有害气体的功能，可以将空气里的一氧化碳及二氧化硫消除掉。此外，它所散发出来的挥发性油类，还有明显的杀死细菌和消毒的作用。家庭栽种百合花，不可将其置于卧室内，白天可以把它置于房间里通风顺畅的地方，黄昏时分则要搬到房间外面。

选盆

泥盆、塑料盆、瓷盆、陶土盆皆可，经常选择筒深为12～15厘米的花盆，每一盆可以栽种1个鳞茎，或用筒深为15～18厘米的花盆，每一盆栽种3个鳞茎。

择土

百合花喜欢通风顺畅的环境，畏连作。喜欢在土质松散、有肥力、腐殖质丰富、排水通畅的沙质土壤、中性土壤或弱酸性土壤中生长，土壤酸碱度最好在5.5～6.5范围内，不能在黏土及石灰土中生长。

新手提示：栽植百合花适宜用培养土、腐叶土及粗沙的混合土。

栽培

❶ 将成熟茎切为小段，埋进培养土中，令叶面露在土壤外面。

❷ 经过30天便会由叶腋间生出球芽来，经过培育就可以生长为小的鳞茎，此后便可上盆。

❸ 上盆时，花盆底部要多铺放一些碎小的瓦片，以便于排水通畅，之后加入土壤，令鳞茎的顶芽距离盆口2厘米，顶芽上盖上厚约1厘米的土。

❹ 一般于秋天进行种植，每3～4年可以分栽一次。

浇水

1 百合花喜欢潮湿，在生长期间要令盆土维持潮湿状态，浇水量要随着植株的生长而渐渐加大。

2 在春天发芽期、植株的生长期、花莛抽生期及开花期内，皆要为植株供给足够的水分。

3 在植株开花之后要少浇一些水，当地上部分干枯萎缩后则不要再浇水。

光照

百合花喜欢温和的阳光照射，也能忍受半荫蔽，畏强烈的阳光直接照射。夏天阳光比较强烈的时候要留意遮蔽阳光，防止强烈的阳光久晒，遮蔽50%的阳光就可以。

新手提示：不能过于荫蔽，不然会导致花茎徒长及花蕾脱落。

温度

百合花喜欢温暖，生长适宜温度是15~25℃，在生长期间，以白天温度在21~23℃、夜间温度在15~17℃最合适。冬天要把植株搬进房间里过冬。

施肥

在植株的生长季节可以追施1～2次磷肥和钾肥，少施用氮肥。从植株分化花芽至现蕾开花，除了要施用氮肥之外，还要补施磷肥和钾肥，可以每隔10～15天施用一次。在植株开花之后则要少施用肥料。

花言草语

百合花端正庄重、素雅大方、形姿美丽，向来有“云裳仙子”的美称。其花语是“纯洁”，天主教把它视为圣母玛利亚的象征。12世纪时，智利及法国都把它作为国徽的图样。另外，百合花与“百年好合”谐音，故在婚礼上经常被用来作为新娘的捧花。

病虫防治

1 百合常见病为灰霉病、锈病及黑斑病，用25%的多菌灵可湿性粉剂500倍液可防治。

2 50%敌敌畏乳油1 000倍液可杀灭主要虫害蚜虫和蛴螬。

修剪

常修剪干枯的叶片。在植株生长至60厘米高的时候搭设支架或拉网来支撑茎的生长。

繁殖

百合花经常采用播种法、扦插法及分株法进行繁殖。

摆放建议

百合花可地栽在庭院中，也可盆栽或作切花装饰客厅、书房。但它的香味会导致失眠，所以不宜摆放在卧室内。

夹竹桃

JIA ZHU TAO

【花草名片】

◎**学名**：*Nerium indicum*

◎**别名**：红花夹竹桃、柳叶桃、半年红、柳桃。

◎**科属**：夹竹桃科夹竹桃属，为常绿大灌木或小乔木。

◎**原产地**：最初产自印度、伊朗及阿富汗，分布在全世界热带和亚热带地区，在温带区域亦有少量分布。

◎**习性**：喜欢温暖、潮湿和阳光充足的环境，略能抵御寒冷，具一定程度的抵抗干旱的能力，不能忍受积水，能忍受半荫蔽。

◎**花期**：6–10月。

◎**花色**：桃红、粉红、白色。

毒性解码

夹竹桃整株皆有毒，毒性主要存在于树皮、叶片、根、茎、花和伤口淌出的汁液里，新鲜的叶和树皮含有剧毒，干燥后毒性会变弱，花朵的毒性则比较弱。如果误食中毒，就会出现恶心、呕吐、腹泻、腹痛、心悸、头晕目眩、嗜睡及四肢麻木等症状，严重的则会抽搐、休克，甚至死亡。

夹竹桃花朵的香味闻久了会令人昏昏欲睡，还会导致智力降低。

化毒攻略

夹竹桃抵抗二氧化碳、二氧化硫、氯气及氟化氢等气体的能力非常强，还可吸纳、滞留烟雾和尘埃，适合栽种在工矿区、道路旁和草坪边缘等地方。若不慎误食而中毒，可用15克甘草和30克绿豆水煎，分两次服下，或用9克人参、9克麦冬和6克五味子水煎两次，混合之后再分两次服下解毒。

选盆

选用透气性好、排水良好的泥盆，盆体稍深为好，花盆口径为25～34厘米。

择土

夹竹桃生命力旺盛，对土壤没有严格的要求，然而在土质松散、有肥力且排水通畅的土壤中长得最好。

栽培

❶ 春天或夏天时，剪下长15～20厘米的枝条作为插穗。

❷ 把枝条的基部在清澈的水里浸泡10～20天，时常更换新水以维持水质洁净。

❸ 等到切口发黏的时候再取出来插到培养土中，或等到长出新根后再取出来进行扦插，皆比较容易存活。

❹ 在盆土里施入充足的底肥，以促使植株健壮生长。

❺ 移植后要一次浇足定根水，忌水涝。

新手提示：移植最好在春天植株刚萌动时进行，如果在秋天或冬天移植则要带着土坨，并要修剪掉一些枝叶，以便于存活。

浇水

❶ 在植株的生长季节令土壤维持潮湿状态即可，浇水太多或太少皆会令叶片发黄、凋落。

❷ 在夏天气候干燥的时候，浇水的量和次数可适当多一些，并要时常向叶片表面喷洒清水。

❸ 冬天少浇水，只要保持土壤湿润偏干即可。

光照

夹竹桃喜欢光照充足的环境，也能忍受半荫蔽，可以种植在室外朝阳的地方，也可以置于房间里光照充足的地方。夏天阳光比较强烈的时候要为植株适度遮蔽阳光，防止久晒。

温度

夹竹桃喜欢温暖，略能抵御寒冷，在我国北方家庭用花盆种植的时候，要于11月将其搬进房间里，温度控制在5℃以上就能顺利过冬，翌年春天3月方可搬到室外。

新手提示：当气温高于15℃的时候，植株能接连开花。

施肥

夹竹桃比较嗜肥，在开花之前要大约每隔15天进行一次追肥。冬天要对植株施用1～2次肥料。

病虫防治

夹竹桃的病虫害比较少，常见的为介壳虫及蚜虫危害，平日要留意保证通风顺畅，一旦发生虫害就要马上用刷子刷掉，并用40％的氧化乐果乳油1000～1500倍液喷施来治理。

修剪

平日要留意疏除枝孽，尽早把干枯枝、朽烂枝、稠密枝、徒长枝、纤弱枝及病虫枝剪掉，以改善通风透光效果，降低营养的损耗量，维持优美的植株形态。

繁殖

夹竹桃主要采用扦插法进行繁殖，也可以采用播种法和压条法进行繁殖。

摆放建议

南方多露地栽种在庭院里，北方则多栽种在大型花盆里装饰客厅、阳台，也可以瓶插摆放在桌案、书架上。

C 长春花
CHANG CHUN HUA

【花草名片】

◎ 学名：*Catharanthus roseus*

◎ 别名：三万花、四时春、雁来红、五瓣梅。

◎ 科属：夹竹桃科长春花属，为多年生常绿宿根草本植物。

◎ 原产地：最初产自非洲东部地区。

◎ 习性：喜欢温暖、略干燥和光照充足的环境，不能抵御寒冷，不能忍受潮湿和水涝，稍能忍受荫蔽。

◎ 花期：5–11月。

◎ 花色：紫红、深桃红、桃红、粉红、黄、白或白花红心。

毒性解码

长春花的毒性成分为吲哚类生物碱，共有70余种，主要是长春花碱、长春新碱和异长春碱。长春花碱能压制白细胞，令白细胞变少；长春新碱能毒害神经系统，导致四肢麻痹、虚弱乏力等中毒症状；异长春碱则具诱变及导致胎儿畸形的作用。这3种生物碱在其花朵中的含量较多，因此花朵毒性最强，如不小心误食会出现肌肉萎缩、白细胞减少、血小板减少、肌肉无力气及四肢麻痹等中毒症状。

化毒攻略

长春花整株都能入药，能够很好地预防和治疗癌症，是使用最多的抗癌植物药源，通常误食的概率比较小，大部分中毒是由于药用时服用的剂量太大而导致的。因此，在房间里欣赏的时候，尽可能地不让儿童触碰到，以防止误食；药用的时候要遵从医生的指导和要求，防止由于服用的剂量太大而造成中毒。

选盆

可使用泥盆、塑料盆、瓷盆、陶土盆，花盆口径以10厘米为宜。

择土

盆土适宜选择使用土质松散、透气性好、富含腐殖质且排水通畅的沙质土壤，并施入合适量的底肥。

栽培

❶ 一般于春天4月播种。

❷ 播完后要覆盖上一层较薄的细土，并令土壤维持潮湿状态，经过10～20天左右就能萌芽。

❸ 当小苗生长出3～4枚真叶的时候即可移植上盆，每一盆可以栽种3株，以便于存活及欣赏。

❹ 定植之后浇水不宜太多。

❺ 栽后通常每2年要更换一次花盆，以在春天进行为宜。

新手提示：种植前宜在花盆底部垫放一些碎小的砖瓦块，以便于排水通畅。

浇水

❶ 平日不宜对植株浇太多的水，令盆土维持潮湿或略干燥状态就可以。

❷ 夏天温度较高和干旱的时候，可以适度增加浇水的量和次数，但在雨季要及时排除积水。

❸ 冬天将植株搬进室内后要控制浇水的量和次数，盆土宜保持偏干燥的状态，否则容易遭受冻害。

光照

在生长季节，植株要获得足够的阳光照射，这样能令叶片碧绿且具光亮，花朵颜色鲜艳。夏天阳光比较强烈的时候可以为植株适度遮蔽阳光，不可长时间放置在荫蔽的地方。

温度

长春花喜欢温暖，生长适宜温度在3-9月期间是18~24℃，在9月到翌年3月期间是13~18℃，萌芽的适宜温度是20~25℃。冬天要把它搬进房间里料理，房间里的温度不可低于10℃。

施肥

在植株的生长季节可以每半个月施用一次肥料，要多施用氮肥。在孕蕾期内则要加施磷肥和钾肥，可以促使植株开花繁多，令花朵颜色纯正而艳丽。

新手提示：如果时常向叶片表面喷洒0.5%的磷酸二氢钾液，能令叶片颜色更深绿且具光亮。

病虫防治

❶ 长春花经常发生的病害为锈病及叶腐病，用50%的萎锈灵可湿性粉剂2 000倍液喷施能有效预防和治理锈病，用65%的代森锌可湿性粉剂500倍液喷施则能治理叶腐病。

❷ 长春花的虫害主要是根疣线虫危害，用80%的二溴氯丙烷乳油50倍液喷施即可杀除。

修剪

当小苗生长至7～8厘米高的时候可以进行一次摘心，此后可以再进行2次摘心，以促使其多萌生新枝和开花繁多。

新手提示：在开花期间要及时把未落尽的花摘掉，以防止其霉烂，对植株的生长发育及欣赏造成不良影响。

繁殖

长春花经常采用播种法及扦插法进行繁殖。

摆放建议

长春花既适合在庭院里栽种也适合盆栽摆放在室内观赏，但要注意不要放在儿童容易接触的地方，防止儿童误食中毒。

凤仙花

FENG XIAN HUA

【花草名片】

◎学名：*Impatiens balsamina*

◎别名：金凤花、指甲花、好女儿花。

◎科属：凤仙花科凤仙花属，为一年生草本植物。

◎原产地：最初产自印度、中国南部和马来西亚地区。如今世界各个地区皆广泛栽植。

◎习性：喜欢温暖、潮湿和光照充足的环境，能忍受盛夏时炎热的气候，不能抵御寒冷，不能忍受干旱，也怕水涝，略能忍受荫蔽。具有比较强的适应能力，生长得很快。

◎花期：6–10月。

◎花色：白、粉、水红、玫瑰红、大红、洋红、茄紫、紫及黄等。

花言草语

凤仙花被通俗地叫做“指甲花”，这是由于把红色的凤仙花瓣捣烂之后再加上少许明矾，便可用于染指甲，颜色能几个月不变淡。元朝的杨维桢在一首名为《凤仙花》的诗里有“弹筝乱落桃花瓣”的诗句，就是形容染着红指甲的女子弹奏筝的时候，其手指上下拨动，好似纷纷随风而落的桃花瓣。

毒性解码

尽管凤仙花花粉中所含的促癌物质不会直接导致癌症，但会增加人罹患癌症的风险。另外，虽然这种促癌物质不会直接散发出来，但它会渗进土壤里。所以，长期食用栽种在这种土壤里的蔬菜瓜果也是非常危险的。

化毒攻略

凤仙花的种子及茎皆可入药，具清热解毒、活血散淤、促进排尿、通经透骨的功用。将鲜草捣烂涂敷在体表病患处，则能医治疮疖肿痛和毒虫咬伤。另外，凤仙花有一定的抵抗空气里的二氧化硫、二氧化氮等有毒气体的能力，还可以将空气里的二氧化硫吸收掉。家庭栽种凤仙花，不可将其置于密不通风的房间里，也不可长期与其共处一室，以减轻其花粉对人体的伤害。可把凤仙花种植在花坛中或草坪里，但如果家里有癌症的患者，则不适宜种植此花。

选盆

可选用泥盆、塑料盆、瓷盆、陶土盆，花盆口径为20厘米。

择土

凤仙花喜欢在土层较厚、有肥力、土质松散且排水通畅的弱酸性土壤中生长，在比较瘠薄的土壤中也可以生长。

栽培

1. 4月间播种。
2. 播种后适宜先盖上厚3～4毫米的土后再浇水，留意遮蔽阳光，约经过10天就能长出幼苗。
3. 当幼苗生长出3～4枚叶片之后便可进行移植。
4. 种植前要在土壤里施入合适量的底肥，以促使植株健壮生长。
5. 通常要于每年春天更换一次花盆。

新手提示：播种之前先对土壤浇足水，以令其维持潮湿状态，便于种子萌芽。

浇水

1. 凤仙花喜欢潮湿，忌干旱，但也怕水涝。
2. 夏天气候干燥的时候可以适度多浇一些水，并要时常向植株的叶片表面喷洒清水。
3. 雨季要尽早排除积水，防止涝害和病虫害。
4. 冬天对植株要适度少浇一些水。

病虫防治

❶ 凤仙花经常发生的病害为叶斑病。如果发病，可以用50％的多菌灵可湿性粉500倍液喷施治理。

❷ 凤仙花的虫害主要为红天蛾危害，只要看到害虫，就要马上人工捕杀，或用40％的氧化乐果乳油2 000倍液喷施进行杀除。

修剪

定植之后当植株生长至约10厘米高的时候，要及时对主茎采取打顶措施，以促使其萌生新的枝条。

新手提示：在植株开花期间要及时把基部的花朵摘掉，以使各个枝条顶端能够相继开花。

摆放建议

凤仙花盆栽可摆放在阳台、窗台、露台等通风处，也可作为切花制成瓶插装饰客厅、书房、餐厅等处。

光照

凤仙花喜欢阳光充足的环境，也略能忍受荫蔽，夏天阳光太强烈的时候要为其适度遮蔽阳光，防止日光直接照射久晒。

温度

凤仙花喜欢温暖，不能抵御寒冷，生长的适宜温度是15~32℃，萌芽的适宜温度是22~30℃，冬天要移入房间里过冬，房间里的温度适宜控制在10~15℃。

施肥

凤仙花的料理比较简单，在移植后约10天要对其施用液肥一次，此后每隔一周施用液肥一次就可以。

Y 郁金香

U JIN XIANG

【花草名片】

◎ 学名：*Tulipa gesneriana*

◎ 别名：郁香、金香、草麝香、洋荷花。

◎ 科属：百合科郁金香属，为多年生草本植物。

◎ 原产地：最初产自伊朗及土耳其的高山地带，以及地中海沿岸和中国新疆等地区。荷兰把它定为国花。

◎ 习性：喜欢冬天不冷不热且潮湿、夏天凉快且干燥的气候，抵御寒冷的能力非常强，不能忍受炎热。喜欢光照充足的环境，也能忍受半荫蔽。鳞茎的寿命只有一年，在当年开完花且分生出新球和子球之后就会渐渐干枯死去。

◎ 花期：3-5月。

◎ 花色：白、红、粉红、洋红、紫、褐、黄、橙和粉等颜色，单色、复色均有，有的时候花瓣上带有黄色的条纹或斑点，基部经常是黑紫色的。

毒性解码

郁金香的花朵中含毒碱，久闻其花香会出现头脑眩晕、昏沉发胀等症状，其散播出来的微粒还有可能引起皮肤过敏、发痒，严重的则会造成毛发脱掉。

郁金香的鳞茎也有一定的毒性，若不慎误食，就会出现呕吐、腹泻等症。接触郁金香的叶片也有可能使一些人出现皮肤过敏反应。

化毒攻略

郁金香能够检测出环境中是否有氟化氢，若有氟化氢，其花朵就会枯萎，叶片就会发黄。卧室里不宜种植郁金香，鲜切花也尽量不要置于卧室中，以减少其与人体接触的机会，防止中毒。

选盆

可选用泥盆、塑料盆、瓷盆、陶土盆，花盆口径为30厘米，一个盆可栽种3～5个鳞茎。

择土

郁金香喜欢在土层较厚、腐殖质丰富的沙质土中生长。

栽培

❶ 将栽培一年的母球鳞茎基部的小球掘出来，剔除泥土并晾干。

❷ 将子球放在温度为5～10℃的干燥且通风顺畅的地方储藏。

❸ 等到秋天9-10月的时候再种植，种植后盖上厚5～7厘米的土，浇足水并令土壤维持潮湿状态，翌年春天开始进行正常的肥水料理，栽培2～3年便能开花。

浇水

❶ 在种植后要浇足水，以令土壤与鳞茎充分结合，便于萌生新根。

❷ 萌芽后要适当少浇水，但不能任其干旱。

❸ 在植株的生长季节要令土壤维持潮湿状态。

❹ 在抽生花莛期及现蕾期内要为植株供给足够的水分，但忌水涝。

❺ 冬天可以对植株少浇一些水或不浇水。

光照

郁金香为长日照植物，喜欢接受充足的阳光照射。

新手提示：对新种植上盆的植株，要为其适度遮阳约半个月，以便于鳞茎萌生新的根系。

温度

郁金香在生长季节的适宜温度是8~20℃，最适宜的温度是15~18℃，分化花芽时的适宜温度是17~23℃。

新手提示：冬天如果温度控制在10~25℃，则可以促使植株加快生长，令花期提前。

施肥

在鳞茎萌生出2枚叶片后，要及时对其追施1~2次浓度较低的液肥。在植株的生长旺盛期，则要每月施用3~4次氮、磷、钾平衡的复合肥，需留意不可施用太多氮肥。在植株开花期间不要施用肥料。

新手提示：在植株现蕾到开花之前，可以每隔10天喷洒浓度2‰~3‰的磷酸二氢钾液一次，以令花朵硕大、花色艳丽、花茎直竖且健壮结实。

病虫防治

❶ 郁金香经常发生的病害为灰霉病、碎色花瓣病及腐朽菌核病。一旦发现病害就要马上将染病的鳞茎和植株烧毁，之后每隔15天用50%的苯来特可湿性粉剂2 500倍液喷洒一次，连喷几次就能有效治理。

❷ 郁金香常发生的虫害为蚜虫及根螨危害，蚜虫可以用40%的氧化乐果乳油1 000倍液喷洒来预防和治理，根螨则可以用40%的三氯杀螨醇乳油1 000倍液喷洒鳞茎来预防和治理。

修剪

要尽早把干枯焦黄的叶片剪掉，以降低营养的损耗量，维持优美的植株形态。

繁殖

郁金香经常采用播种法及分球法进行繁殖。

摆放建议

郁金香适合地栽和盆栽，盆栽可摆放在客厅、阳台，也可以制作成盆景或瓶插装点居室。但要注意不要在卧室内摆放郁金香，以免引起中毒。

滴水观音

DI SHUI GUAN YIN

【花草名片】

◎学名：*Alocasia macrorrhiza*

◎别名：海芋、广东狼毒、老虎芋、滴水莲。

◎科属：天南星科海芋属，为多年生常绿草本植物。

◎原产地：最初产自中国南部及西南部地区。

◎习性：喜欢温暖、潮湿和半荫蔽的环境，不能抵御寒冷，略能忍受干旱，开花期间需接受足够的阳光照射，夏天不能忍受强烈的阳光久晒。在温暖、湿润及土壤中的水分足够的环境条件下，会由叶片的尖部或边缘朝下滴水；如果空气湿度比较小，则水分会立刻被蒸发完，因此通常水滴皆是在清晨的时候比较多，被叫做“吐水”现象。

◎花期：4–7月。

◎花色：粉绿、绿黄色。

毒性解码

滴水观音整株皆有毒，滴下的水也有毒。如果皮肤接触它的汁液会出现瘙痒或强刺激感，眼睛接触后则会引发严重的结膜炎或失明；如果不慎误食茎或叶片，则会出现喉舌发痒、恶心、呕吐、肠胃烧痛、腹泻、出汗及惊厥等中毒的症状，严重的还会导致呼吸困难甚至停止，使心脏麻痹而死亡。

化毒攻略

滴水观音的根状茎有杀虫、解毒、祛风的作用，科学合理应用可以医治感冒、肺结核、伤寒、蛇（虫）咬伤等病症。但接触、误食或入药时服用的剂量太大皆会导致中毒，所以在对其进行采摘、加工、更换花盆或分株的时候要戴上手套操作，防止接触根叶里的汁液，与此同时还要防止误食，家里有儿童的需格外留意防备，以不栽植为宜。

选盆

可选用泥盆、塑料盆、瓷盆、陶土盆，花盆口径为20厘米左右。

择土

滴水观音对土壤没有严格的要求，然而在有肥力、腐殖质丰富、土质松散且排水通畅的沙质土壤中长得最好。

新手提示：可以用有肥力的园土作为培养土，也可以用泥炭土、腐叶土、河沙再加上少许沤透的饼肥混合调配。

栽培

❶ 在春天、夏天和秋天的时候可截下长约15厘米的茎干作为插穗，扦插到由6份沙土和4份园土混合而成的基质上。

❷ 插完后需留意令基质维持潮湿状态并提高空气湿度，经过7～10天便可长出根来。

❸ 之后分苗上盆，在上盆的时候，要在花盆底部铺放一层粗沙等作为排水层，以便于排水通畅。

❹ 通常每年春天更换一次花盆。

新手提示：栽种存活后，要每月翻松一次盆土，以令盆土维持良好的通透性，促进植株健壮生长。

浇水

❶ 在生长期内，要令盆土和空气保持潮湿。

❷ 夏天时常向叶片和植株四周喷洒清水。秋冬低于15℃时可每周喷一次水。温度较低时可不浇水。

光照

滴水观音喜欢半荫蔽的环境，可以摆放在遮蔽阳光、通风顺畅的环境中，在花期内则要获得足够的阳光照射。

新手提示：在6-9月阳光比较强烈的时候，要防止强烈的阳光久晒，不然会令植株被灼伤。

温度

滴水观音的生长适宜温度是20~30℃，能够忍受的最低温度是8℃，冬天要把其搬进房间里过冬，房间里的温度以控制在15℃以上为宜。

施肥

滴水观音生长迅速，在生长季节要每月施用1～2次含有氮、磷、钾的稀释的液肥。

新手提示：不可把肥水浇进叶鞘里，防止其烂掉。

病虫防治

❶ 滴水观音的病害是叶斑病。可用百菌清可湿性粉剂或多菌灵可湿性粉剂800倍液叶面喷雾，每次隔7天。

❷ 滴水观音的虫害主要是红蜘蛛，可用40％的三氯杀螨醇乳油1000倍液喷洒来防治。

修剪

要及时把干枯的、老化的或变黄的叶片剪掉。当栽植数年的植株丧失顶端优势的时候，要从植株基部距离出土面5厘米左右的地方采取截干措施，以令营养积聚在基部，促进根部和茎基尽快萌发新芽，令植株获得更新。

繁殖

滴水观音常采用播种法、扦插法及分株法进行繁殖。

摆放建议

滴水观音形态优美，是典型的观叶类植物，可以盆栽摆放在客厅、书房，也可以直接栽种在庭院里欣赏。但是有小孩的家庭慎选，因为滴水观音开花后结出的红果颜色鲜艳，容易引起儿童误食而导致中毒。

Z紫荆花
I JING HUA

【花草名片】

◎学名：*Cercis chinensis*

◎别名：紫荆、紫珠、满条红。

◎科属：豆科紫荆属，为落叶灌木或小乔木。

◎原产地：最初产自中国，印度、越南亦有分布。

◎习性：喜欢温暖、潮湿的气候，能忍受炎热，也略能抵御寒冷，能忍受干旱，怕积水。喜欢光照充足的环境，略能忍受荫蔽。生命力强，易于存活，长得比较迅速，经得住修剪。

◎花期：4–5月。

◎花色：紫红、红、粉红色。

毒性解码

紫荆花所释放出来的花粉，若人接触时间太长，则会导致哮喘或令咳嗽症状变得更加严重。

化毒攻略

紫荆花能够较好地抵抗二氧化硫、氯气、氟化氢、烟雾和尘埃，有净化空气的作用。但有一定的毒性，不宜摆放在室内，可种植在庭院中、绿地上或道路两边。

选盆

一般选用较深的釉陶盆或紫砂陶盆，以正方形、圆形和椭圆形较为常见，有时也用浅长方形盆。盆的色彩以浅黄或青色为佳，以映衬满枝紫红色的花朵。

择土

紫荆花喜欢在土质松散、有肥力、排水通畅的酸性土壤中生长，能忍受贫瘠，在轻度盐碱土壤中也可以生长。

新手提示：盆栽宜用肥沃疏松、透水性好的腐叶土或塘河泥风化后掺拌沙土及糠灰培养。

栽培

❶ 在春末或夏初，剪下长约10厘米的1～2年生健康壮实的枝条作为插穗，下口需斜着剪，上口需剪得平正整齐，并把枝条上的小花除掉。

❷ 将插穗插入培养土，浇足水，将温度控制在25℃左右，放在半荫蔽的地方，很快就会长出根来。

❸ 移植时要适度带上土坨，以便于存活。

❹ 种植前要在土壤里施进适量的底肥，种好后要及时浇水。

新手提示：紫荆花的根系比较柔韧，而且生长得不太旺盛，有比较多的长根，在掘苗的时候要留意将根系保护好，尽量不要造成损伤。

浇水

❶ 新种植的植株存活之后，在5–7月气候干旱的时候要对其浇2～3次水。

❷ 秋天要控制浇水的量和次数。

❸ 在雨季要留意尽早排除积水，防止植株遭受涝害。

光照

紫荆花喜光照。在植株的生长季节，要令其获得足够的阳光照射，在夏天阳光过于强烈的时候则可以适度遮蔽阳光。

温度

紫荆花耐暑热，秋、冬季稍干燥，越冬温度不宜低于10℃。适宜生长温度为25℃左右。

施肥

在植株的生长季节要追施1～2次浓度较低的液肥，在开花之后则可以对其补施液肥一次。

病虫防治

❶ 紫荆花的幼苗容易患立枯病，用硫酸铜液喷洒就能有效预防和治理。

❷ 紫荆花经常发生的虫害是蚜虫及刺蛾危害。一旦发生蚜虫危害，可以用40%的氧化乐果乳油1 000倍液喷洒进行治理；一旦发生刺蛾危害，则可以用石硫合剂进行治理或用1 000倍敌敌畏喷洒来杀除。

修剪

定植之后，在春天植株发芽之前可以适度进行修剪。夏天要及时对侧枝采取摘心整形措施，以令植株形态不松散。在植株开花之后可以进行轻度修剪，修整植株形态，剪掉一些枯老的枝条，以促使其尽快分化花芽。

新手提示：紫荆花的花朵生长在超过2年生的老枝上面，所以不能对老枝进行疏剪，应尽可能地留下2年生的枝条。

繁殖

紫荆花可采用播种法、扦插法、分株法及压条法进行繁殖，主要采用的是播种法及扦插法。

摆放建议

紫荆花具有比较顽强的生命力，既可地栽也可盆栽。盆栽紫荆花一般摆放在书房、客厅和门厅等处。但要注意紫荆花的花粉会诱发或加重哮喘症，所以紫荆花不宜摆放在卧室，有哮喘病患者的家庭需慎养。

花言草语

在我国古代，紫荆经常被用于比拟亲情，是兄弟融洽友好、家族繁荣兴盛的象征。在抒发和描写兄弟亲情的诗歌里，紫荆就代表着想念亲人之意。例如，唐代著名诗人杜甫在《得舍弟消息》一诗中写道：“风吹紫荆树，色与春庭暮。花落辞故枝，风回返无处。骨肉恩书重，漂泊难相遇。犹有泪成河，经天复东注。”通过此诗，诗人抒发了对亲人想念、牵挂的感情。被选为香港特别行政区区花的紫荆和此处所提及的紫荆不一样，而是人们经常所说的“洋紫荆”，其图样已经被印在香港区徽、区旗和硬币上面。

霸王鞭

BA WANG BIAN

【花草名片】

◎学名：*Euphorbia antiquorum*

◎别名：金刚杵、刺金刚、冷水金丹。

◎科属：大戟科大戟属，为多年生常绿肉质植物。

◎原产地：最初产自印度东部地区。

◎习性：喜欢温暖、干燥和光照充足的环境，不能抵御寒冷，能忍受较高的温度及干旱，怕水涝。

◎花期：春季和夏季。

◎花色：黄色。

花言草语

霸王鞭在中医里是一味良药。据《全国中草药汇编》记载，霸王鞭可祛风消炎，治疗疮疡肿毒和皮癣等病。但它毒性剧烈，用时宜慎。《昆明民间常用草药》也记载：“霸王鞭，全株有毒，供外用，忌内服。”

毒性解码

霸王鞭肉质茎中的白色乳状汁液有毒，接触后会令皮肤发炎、起水泡，进入眼睛里会令眼睛发红肿胀；若不慎误食，则会导致口和喉咙不适，甚至引起腹泻。

化毒攻略

霸王鞭多为盆栽，用于室内观赏。家庭种植霸王鞭的时候要把它置于孩童及老人不容易碰到的地方，以防止他们被尖锐的刺扎伤而导致中毒。

选盆

栽种霸王鞭适宜使用透气性比较良好的土瓦盆。

择土

霸王鞭喜欢在土质松散、有肥力且排水通畅的沙质土壤中生长。

栽培

❶ 剪下长约10厘米的当年生健壮的茎段，用草木灰涂抹剪口，以免汁液流出。

❷ 待剪口略干燥后，将其插到素沙土上，插后放在半荫蔽的地方料理，时常喷雾以令沙土维持潮湿状态。

❸ 一周后可少量浇水，将温度保持在20~25℃，40~50天后便可长出根来。

❹ 茎段长出根后即可移栽入盆，为了便于排水通畅，宜在花盆底部铺放一些碎小的砖瓦片等作为排水层。

新手提示：移栽前要在盆土内施入合适量的底肥，以促使植株健壮生长。

浇水

❶ 在植株的生长季节不宜浇太多的水，千万不可令盆土过于潮湿。春天和秋天对植株浇水时，要做到“见干见湿”。

❷ 夏天气候干旱时可以适度加大浇水量，令盆土维持潮湿状态便可。

❸ 冬天要注意控制浇水的量和次数，令盆土维持稍干燥状态就可以。

新手提示：雨季要留意尽早排除积水，防止发生涝害，如果积聚太多的水则容易导致植株的根系腐烂或令全株死去。

光照

夏天阳光比较强烈的时候要为植株适度遮蔽阳光，防止阳光直接照射久晒。春天和秋天则可以让植株获得直接的阳光照射，不用为其遮蔽阳光。

温度

当气温降至15℃以下时，要把盆花移到房间里朝阳的地方料理。冬天房间里的温度不可低于10℃，因为室内温度太低容易令叶片凋落、主茎烂掉，等到春天气温稳定之后再把它移到室外。

施肥

在植株的生长季节可以每隔两周施用经过腐熟发酵的麻酱渣水一次，在秋末及冬天则可以不必施用肥料。

病虫防治

霸王鞭经常发生的虫害是介壳虫及红蜘蛛危害，害虫比较少、虫害比较轻的时候可以用清澈的水冲掉或用毛刷刷掉，害虫比较多、虫害比较严重的时候则可以用40%氧化乐果乳油2 000倍液喷洒来杀除。

修剪

❶ 更换花盆的时候要把干枯老化的根系及茎干剪掉，以促使植株萌生新根系、新茎干。

❷ 当植株生长至约50厘米高的时候，要尽早搭设支架进行绑扎，以免发生歪倒，影响植株形态。

繁殖

霸王鞭用扦插法来繁殖，在春、夏和秋季都能进行，以5-6月进行最容易存活。

摆放建议

盆栽霸王鞭可摆放在窗台、书柜、案几上，但应注意避免儿童触碰，防止刺伤。

五色梅

WU SE MEI

【花草名片】

◎学名：*Common Lantana Leaf*

◎别名：七变花、马缨丹、如意花、红彩花。

◎科属：马鞭草科马缨丹属，为常绿半藤本灌木。

◎原产地：最初产自美洲热带地区。

◎习性：喜欢温暖、潮湿和光照充足的环境，能忍受较高的温度及干燥炎热的气候，不能抵御寒冷，不能忍受冰雪，能忍受干旱。具有很强的萌生新芽的能力，长得很快。

◎花期：5-10月。

◎花色：最初开放的时候是黄色或粉红色，然后变成橘黄色或橘红色，最后则会变成红色或白色，在同一个花序里经常会红黄相间。

花言草语

五色梅为良好的赏花灌木，其开花时间比较长，花朵颜色丰富且鲜艳美丽。与此同时，它还有比较强的抵抗粉尘和污染的能力，在我国华南地区可以种植在公园里或庭院内做花篱、花丛，也可以作为绿化覆盖植被种植在道路两边或空旷的原野上，在北方地区则通常用花盆种植，也可以构成花坛供人们欣赏。

毒性解码

五色梅的花朵及叶片皆含有较低的毒性，不小心误食后就会出现腹泻、发热等中毒症状。另外，有一部分人还会对五色梅产生过敏反应。

化毒攻略

五色梅花色美丽，观花期长，嫩枝柔软，适合制作多种形式的盆景。在栽植期间要留意进行自我保护，并防止误食，尤其是有小孩的家庭更要格外防备。对五色梅会产生过敏反应的人，则不适宜在家里种植。

选盆

选用泥盆为佳，盆的大小根据植株大小来确定。

择土

五色梅对土壤没有严格的要求，具有很强的适应能力，能忍受贫瘠，然而在有肥力、土质松散且排水通畅的沙质土壤中长得最好。

新手提示：培养土通常用腐叶土来调配，并要施入合适量的有机肥作为底肥。

栽培

1 5月的时候，剪下一年生的健康壮实的枝条作为插穗，使每一段含有两节，留下上部一节的两片叶子，并把叶子剪掉一半。

2 把下部一节插进素沙土里，插好后浇足水，并留意遮蔽阳光、保持温度和一定的湿度，插后大约经过30天便可长出新根及萌生新枝。

3 种好后要留意及时浇水，以促使植株生长，等到存活且生长势头变强之后，则可以少浇一些水。

4 每年4月中、下旬更换一次花盆和盆土。

浇水

1 在植株的生长季节要令盆土维持潮湿状态，防止过度干燥，特别是在花期内，不然容易令茎叶出现萎缩现象，不利于开花。

2 夏天除了要每日浇水之外，还要时常向叶片表面喷洒清水，以增加空气湿度，促使植株健壮生长。

3 冬天植株进入室内后要注意掌控浇水的量和次数，令盆土维持稍干燥状态就可以。

光照

五色梅喜欢光照充足的环境，从春天至秋天皆可放在房间外面朝阳的地方料理，在炎夏也不用遮蔽阳光，但要保证通风顺畅。

新手提示：如果阳光不充足则会造成植株徒长，令茎枝纤长柔弱、开花很少。

温度

五色梅的生长适宜温度是20~25℃。

新手提示：在北方种植的时候要于10月末把盆花搬到房间里朝阳的地方料理。

施肥

在植株的生长季节要每隔7～10天施用饼肥水或人粪尿稀释液一次，以令枝叶茂盛、花朵繁多、花色艳丽。在开花之前大约每15天施用以磷肥和钾肥为主的稀释液肥一次，能令植株开花更加繁多。

新手提示：在开花之后马上追施肥料，则能令植株连续开花。

病虫防治

❶ 五色梅易患灰霉病，发病之初可每两周喷洒一次50%的速克灵可湿性粉剂2 000倍液，接连喷洒2～3次就有效果，并留意增强通风效果。

❷ 五色梅常被叶枯线虫危害，可向叶片表面喷洒50%的杀螟松乳油1 000倍液。

修剪

当小苗生长至约10厘米时要进行摘心处理，仅留下3～5个枝条作为主枝，当主枝生长至一定长度的时候再进行摘心处理，以令主枝生长平衡。植株定型之后，要时常疏剪枝条及短截。

繁殖

五色梅可采用播种法、扦插法及压条法进行繁殖，而主要是采用扦插法来繁殖。

摆放建议

五色梅花姿柔美，可露地种植，矮性品种多作盆栽或盆景，可以摆放在书房、客厅等处。但要注意避免儿童触碰误食。

虎刺梅

HU CI MEI

【花草名片】

◎学名：*Euphorbia milii*

◎别名：虎刺、麒麟刺、麒麟花、铁海棠。

◎科属：大戟科大戟属，为多年生常绿灌木状多浆植物。

◎原产地：最初产自非洲的马达加斯加岛，如今世界各个国家都有栽植。

◎习性：喜欢温暖、潮湿和光照充足的环境，能忍受较高的温度，不能抵御寒冷，能忍受干旱，畏积水。生长得较为缓慢，每年仅生长约10厘米，然而寿命很长，用花盆种植时可以超过30年。

◎花期：自然开花时间是冬季和春季，如果光照和温度都合适，能一年四季开花。

◎花色：红色、黄色。

毒性解码

虎刺梅茎中所含的白色乳状汁液有毒，会对人的皮肤和黏膜产生刺激作用，皮肤接触后会发红肿胀、发痒难受，若不小心误食会出现恶心、呕吐、腹泻、眩晕等症状，如果不小心进入眼睛，情况严重的会造成失明。另有研究显示，虎刺梅的乳状汁液中含有促癌物质，如果长时间触及其汁液，则可能导致细胞癌变。

化毒攻略

虎刺梅栽培容易，开花期长，适合造型，是具有观赏价值的盆栽植物。虎刺梅所含的有毒成分是苷类，主要散布于根、茎、叶片及汁液内，毒性比较小。由于它的整株都披生着浓密的利刺，被误食的概率非常小，如果偶尔不慎被其刺扎到，通常也不会导致中毒，大多是在操作过程中皮肤触及汁液而造成中毒。因此，若家庭中有儿童及癌症患者则不适宜种植。如果在家里种植，也要置于儿童不容易碰到的地方，宜置于房间外面，以避免孩童被利刺扎到或中毒。在日常料理时，需留意别触及其汁液。

选盆

各种盆皆可，盆的口径以25～35厘米为宜。

择土

虎刺梅对土壤没有严格的要求，能忍受贫瘠，然而在有肥力、土质松散、排水通畅的腐叶土或沙质土壤中长得最好。

新手提示：培养土可以用相同量的园土、腐叶土和河沙混合调配，也可以用3份草炭土和2份细沙混合调配。

栽培

❶ 剪下长6～10厘米的上一年发育良好的顶部侧枝作为插穗，用温水冲洗剪口部位后晾干或涂抹上草木灰晾干。

❷ 把插穗叶片及顶端的花朵摘掉，之后插到培养土中，插后浇足水并放在荫蔽的地方料理，经过30～60天左右便可长出根来。

❸ 待新叶长出后即可将它转移到阳光下。

❹ 每年春天更换一次花盆和盆土。

新手提示：种植前要在培养土里加上合适量的蹄角片作为底肥，以促进植株生长。

浇水

❶ 虎刺梅能忍受干旱，在春天和秋天浇水要做到“见干见湿”。

❷ 夏天可以每日浇一次水，令盆土维持潮湿状态，然而不能积聚太多的水。

❸ 在植株开花期间要注意控制浇水的量和次数。

❹ 冬天植株会进入休眠状态，浇水宜“不干不浇”，令盆土维持略干燥状态就可以。

新手提示：雨季要留意尽早排除积水，防止植株遭受涝害。

光照

虎刺梅喜欢阳光充足的环境，不畏炎热和强烈的阳光，一年四季皆要使其接受足够的阳光照射。

新手提示：在开花之前如果让植株接受足够的阳光照射，能令花朵颜色更鲜艳美丽，开花时间更长.

温度

虎刺梅喜欢温暖，不能抵御寒冷，生长适宜温度是18~25℃，当白天温度在22℃上下，晚上温度在15℃上下的时候长得最好。

新手提示：如果温度控制在15~20℃，则植株能全年连续开花。

施肥

在植株的生长季节要每半个月施一次复合肥或有机液肥，肥料不宜带油脂，不然会腐烂根系。入秋后不宜施肥。

病虫防治

❶ 腐烂病及茎枯病可每半月喷施50%克菌丹可湿性粉剂800倍液。

❷ 对介壳虫及粉虱，可喷施50%杀螟松乳油1 500倍液。

修剪

开花后或萌生新叶前要剪去稠密枝、纤弱枝、枯老枝和病虫枝等，并修剪枝条顶端。

繁殖

虎刺梅常用扦插法繁殖，在全部生长期内皆可进行，但以5-6月扦插较易存活。

摆放建议

虎刺梅适合盆栽摆放在窗台、阳台、案几上，也可栽植在庭院中。它全身长有利刺，宜放在儿童接触不到的地方。

含羞草

HAN XIU CAO

【花草名片】

◎学名：*Mimosa pudica*

◎别名：感应草、知羞草、怕痒花、见笑草。

◎科属：豆科含羞草属，为多年生披散亚灌木状草本植物。

◎原产地：最初产自南美洲热带及亚热带地区。

◎习性：喜欢温暖、潮湿和光照充足的环境，不能抵御寒冷，稍能忍受半荫蔽。具有很强的适应能力，生长得强壮健康，长得很快。

◎花期：3-10月。

◎花色：浅红、粉红、桃红色。

花言草语

含羞草又叫做“感应草”，只要轻轻地触碰一下，其羽状的小叶便会立刻左右闭合，如果力量略大一些，则整个羽片及叶柄皆会向下悬垂，仿佛一位低首不语、妩媚含羞的少女。在植物学上，含羞草的这种特殊反应被叫做“感震运动”，其产生有一定的历史原因。

含羞草最初产自南美洲热带及亚热带地区，那里经常有暴风骤雨，每当雨水滴溅在小叶片上或暴风刮动小叶片的时候其便会马上把叶片闭合起来，以免遭受风雨的侵害。这是含羞草对外部环境条件发生改变时的一种适应，是其自我护卫能力的一种表现。

毒性解码

含羞草含有的含羞草碱是一种有毒物质，毒性较小，但如果接触太多则会令眉毛变稀、毛发发黄，严重的会引起头发脱落或全身不适。研究表明，马、驴等动物食用过多含羞草会使毛掉落甚至令其停止生长。

化毒攻略

含羞草除可供观赏外，还可入药，科学利用可达到清热利尿、化痰止咳、安神止痛、解毒散淤、止血收敛等功效。有关研究证明，当人体口服含羞草干品超过30克的时候会出现中毒症状，所以人们在栽植期间不可时常用手触碰或摆弄含羞草，更要防止误食，以避免中毒。

选盆

可使用泥盆、塑料盆、瓷盆、陶土盆，定植花盆为15～20厘米口径的中型花盆。

择土

含羞草对土壤没有严格的要求，但在土层较厚、土质松散、有肥力且排水通畅的土壤中生长得最好。

新手提示：培养土可以用5份细黄沙、3份园土和2份腐叶土过筛之后混合调配，并加入适量的底肥。

温度

含羞草喜欢温暖，不能抵御寒冷，生长适宜温度是20~28℃。冬天要把它搬进房间里养护，房间里的温度控制在高于10℃便可顺利过冬。

施肥

当小苗生长出4枚叶片的时候要开始对其施用液肥，通常每7~10天施用腐熟的且浓度较低的液肥一次就可以。

新手提示：需留意肥料不宜施用太多，不然容易导致植株徒长。

病虫防治

含羞草的病虫害非常少，如果发生蛞蝓危害，可以在清晨撒施新鲜的石灰粉来治理。

修剪

平日要尽早将干枯焦黄的枝叶剪掉，更换花盆的时候要留意适度修剪干枯老化的根系，以促进植株生长和保持株形美观。

繁殖

含羞草用播种法进行繁殖，在春天和秋天均可进行。

摆放建议

含羞草适合盆栽摆放在案头、窗台、桌几上观赏，但要避免经常用手触碰玩弄其叶片，以防中毒。

栽培

1. 播种前宜先用温度为35℃的水将种子浸泡24小时，之后再进行播种，以便于萌芽。
2. 如果在小号花盆内直接播种，每一盆可以播入1~2颗种子，播完后盖上厚1.5~2厘米的土。
3. 播种后要令盆土维持潮湿状态，温度控制在15~20℃，经过7~10天便可萌芽长出幼苗。
4. 小苗生长至3厘米高的时候，带上土坨移植到中型花盆中。

新手提示：新种植上盆的小苗在浇足水后，需先放在半荫蔽的地方料理，等到其恢复生长势头后再搬至光照充足的地方料理。

浇水

1. 在阳光充足的环境中，要每日浇水。
2. 夏天酷热干旱时要于每日清晨和傍晚分别浇水一次，如果缺少水分叶片会向下低垂或变黄，受到触碰的时候也不会闭合，但也不可积聚太多的水。

光照

它喜欢光照充足的环境，也略能忍受半荫蔽，在生长季节可以置于阳台上或院落中，冬天则要放在房间里朝阳的地方。

Y 一品红

I PIN HONG

【花草名片】

◎学名：*Euphorbia pulcherrima*

◎别名：圣诞花、象牙红、老来娇、猩猩木。

◎科属：大戟科大戟属，为多年生常绿或半常绿灌木。

◎原产地：最初产自墨西哥及中美洲地区。

◎习性：喜欢温暖、潮湿和光照充足的环境，不能抵御寒冷，不能忍受干旱，也不能忍受水涝。为典型的短日照植物，强烈的阳光直接照射和阳光不充足都会影响正常生长。

◎花期：11月–翌年3月。

◎花色：黄色。

毒性解码

一品红整株皆有毒，其根、茎及叶片断裂后流出的白色乳状汁液含有毒，人体触及后就会对皮肤产生刺激作用，令皮肤发红肿胀，出现过敏反应；如果人们不小心误食它的茎和叶片，则会呈现口舌灼烧、呕吐、腹部疼痛、下泻等中毒症状，严重的还会导致死亡。

化毒攻略

一品红花期长，盆栽可用于美化室内环境。其性凉，有调经止血、活血化瘀、接骨消肿的药用价值。在栽植培育一品红期间，要防止一品红的枝条和叶片发生断裂，在采取摘心、扦插等操作的时候务必不要触及其汁液，也尽可能地别触及残破损坏的一品红，以防止使皮肤出现不适或造成中毒。家庭栽植的时候，只要格外留意，通常不会损害人们的身体健康，但有儿童的家庭要倍加留意，不可让其摆弄或误食一品红的茎和叶片。

选盆

宜选用不透明塑料盆、瓷盆、陶土盆，花盆口径为18～22厘米。

择土

一品红对土壤没有严格的要求，能忍受贫瘠的土壤，然而喜欢在土质松散、有肥力、排水通畅的沙壤土或弱酸性土壤中生长，土壤酸碱度在5.5～6范围内最为适宜。

栽培

1 剪取一段10厘米左右一年生的健壮枝条，并剪掉2～3枚下端的叶片，用草木灰涂抹剪口。

2 插穗略晾干后插到培养土中，浇足水后适度蔽光，温度控制在20℃左右，半个多月后可长出根。

3 当小苗长至10～12厘米高时便能移植上盆。

4 通常在每年春天更换一次花盆和盆土。

浇水

❶ 一品红对水分的反应较为灵敏，既不能忍受干旱，又不能忍受积水。

❷ 在植株的生长季节，浇水一定要充足，要令土壤时常维持潮湿而润泽的状态。

❸ 夏天气候干旱的时候，要适度加大浇水的量，然而不可积聚太多的水。

❹ 在植株的开花繁盛期和开花之后则要少浇一些水。

新手提示：雨季要留意尽早清除积聚的水，防止植株遭受涝害。

光照

一品红属典型的短日照植物，在短日照条件下方可分化花芽，全年皆要获得足够的阳光照射，在苞片变色期间、分化花芽期间和开花期间更要获得足够的阳光照射。

新手提示：如果长时间摆放在昏暗的地方，则会导致植株不能开花，或令叶片脱落。

温度

一品红喜欢温暖，不能抵御寒冷，生长适宜温度是18~25℃，其中在4–9月期间是18~25℃，在9月到翌年4月期间是13~16℃。

施肥

在生长鼎盛的4–9月期间，要每隔7～10天对其施用腐熟的且浓度较低的液肥一次，注意不可施用过浓的肥料。在植株现蕾之后到开花之前要每周加施磷肥和钾肥一次，连施3～4次。

病虫防治

❶ 一品红经常发生的病害为茎腐病、叶斑病及灰霉病，可以喷施70%的甲基托布津可湿性粉剂1000倍液来预防和治理。

❷ 一品红经常发生的虫害为介壳虫。可以用90%的敌百虫乳油或20%的菊杀乳油2500倍液喷洒来预防和治理。

修剪

在植株的生长季节，可以在6月下旬及8月中旬分别摘心一次。每年开花之后要采取短剪措施。

新手提示：当枝条长至20～30厘米高时可对其进行绑缚作弯处理，以令株形优美。

繁殖

一品红常采用扦插法进行繁殖，用嫩枝扦插或休眠枝扦插皆可，可于春分之后进行。

摆放建议

一品红适合种植在庭院中，也可盆栽摆放在客厅、书房、卧室或窗台上，注意摆放时远离儿童活动区域，防止其汁液接触儿童皮肤引起不适。

紫茉莉

ZI MO LI

【花草名片】

◎学名：*Mirabilis jalapa*

◎别名：地雷花、胭脂花、官粉花、夜晚花。

◎科属：紫茉莉科紫茉莉属，为多年生草本植物。

◎原产地：最初产自南美洲的热带地区。

◎习性：喜欢温暖的气候，不能抵御寒冷，不能忍受霜冻。喜欢潮湿、光照充足及通风顺畅的环境，略能忍受半荫蔽，畏强烈的阳光久晒。生长得强壮健康，且长得很快。

◎花期：6–10月。

◎花色：紫、红、橙、黄、白等单色，也有具条纹或斑点的复色。

花言草语

紫茉莉一般傍晚开放、次日中午前凋谢。其花朵鲜艳美丽，芬芳四溢，别具一番韵味。紫茉莉是一种优良的院落栽植花卉，可以成丛栽植在房屋前后、篱笆旁边或道路两侧，也可以作为盆栽置于房间内欣赏。另外，紫茉莉的根、叶片及花朵皆能入药，叶片及胚乳还能用来制造化妆用的香粉。

毒性解码

紫茉莉的块根及种子皆有毒，如果不小心误食或药用时服用的剂量太大则会出现下泻、眩晕、耳鸣、疼痛、触觉反应迟缓及听力下降等中毒症状。

化毒攻略

紫茉莉的根、叶、花皆可入药，主要用于治下痢。另外，紫茉莉抵抗二氧化硫污染的能力比较强，为非常优良的环保植物。成年人通常不会误食，然而由于它的种子的形状很像地雷，较为特别，易引起儿童的注意而可能发生误食。在把它用做药物来医治疾病的时候，如果服用的剂量太大也会造成中毒。所以，在栽植期间，当植株开完花结出果实之后，要留意别让儿童误食其种子，以防止中毒。如果把它用做药物来医治疾病，则要遵从医生的指导和要求按照剂量来服用，不能服用太大的剂量。

选盆

可使用泥盆、塑料盆、瓷盆、陶土盆，对盆的大小无特殊要求。

择土

紫茉莉对土壤没有严格的要求，然而在有肥力、腐殖质丰富、土层较厚、土质松散且排水通畅的土壤中长得最好。

新手提示：培养土宜用有肥力、腐殖质丰富、土质松散、土层较厚、排水通畅的土壤。

栽培

❶ 种植前要在培养土中施入合适量的底肥，以促进植株生长。

❷ 播种后盖上厚3～5厘米的土，温度控制在15~20℃，经过6～10天便可萌芽。

新手提示：紫茉莉属直根性植物，须根比较少，不能忍受移栽。

浇水

❶ 在植株的生长期内要令土壤维持潮湿状态，每2～3天浇一次水即可。

❷ 夏天气候干旱的时候要适度加大浇水的量，并时常向植株的叶片表面和四周地面喷洒清水。

光照

紫茉莉喜欢光照充足的环境，然而不能忍受强烈的阳光照射，在略荫蔽的地方长得最好。

新手提示：夏天阳光比较强烈的时候要把它放在遮阳的地方，防止强烈的阳光直接照射久晒，不然容易导致叶片脱落。

温度

紫茉莉喜欢温暖的气候，不能抵御寒冷，生长适宜温度是22~30℃。

施肥

在植株的生长期内，可于每周黄昏时分施用1～2次浓度较低的液肥，以促使其健壮生长。

病虫防治

病虫害较少，天气干燥易长蚜虫，平时注意保湿可预防蚜虫。

修剪

平日要留意尽早把干枯焦黄的枝叶剪掉，并对生长得过于稠密的枝叶进行疏除处理。

繁殖

紫茉莉经常采用播种法进行繁殖，通常于4月中下旬进行。

摆放建议

紫茉莉既可直接种植在庭院，也可盆栽用于装饰室内，但要注意开花结实后，避免儿童接触其种子，避免引起误食中毒。

使君子

SHI JUN ZI

【花草名片】

◎学名：*Quisqualis indica*

◎别名：史君子、留球子、五棱子、索子果。

◎科属：使君子科使君子属，为多年生常绿木质藤本植物。

◎原产地：最初产自马来西亚、印度、缅甸、菲律宾，以及中国的四川、云南、福建、广东、广西、海南岛和台湾等地区。

◎习性：喜欢温暖、潮湿和光照充足的环境，不能抵御寒冷和霜冻，比较能忍受干旱。为直根性植物，不能忍受移栽。生长得强壮健康，具有非常强的萌生新芽和抵抗污染的能力。

◎花期：5-9月。

◎花色：最初是白色的，之后则会变成浅红色。

毒性解码

使君子的种仁有毒，但毒性比较小，生吃或服用的剂量太大就会出现头疼、头晕目眩、恶心、呕吐、下泻、出冷汗及四肢发冷等中毒症状，情况严重的则会出现抽搐、惊厥、呼吸困难、血压降低等症状。

化毒攻略

使君子可入药，具有杀虫消积的作用。它在许多地方的结实率皆不太高，所以误食其种子的概率较小，通常中毒是在药用时服用剂量太大而造成的。因此，不误食种子，药用的时候按照规定的用量服用，即可防止中毒。

选盆

选择排水性良好的泥盆为佳，盆的大小根据植株多少而定。

择土

适宜土质松散、有肥力、排水通畅的沙质土壤或黏重土。

栽培

❶ 稍破坏果壳，并泡在45℃的水里24小时。

❷ 把种子种到培养土中3厘米处，令尖端向上，然后浇足水，小苗长至15厘米高时即可上盆移栽。

浇水

① 在植株的生长季节要令土壤维持潮湿状态。

② 气候比较干燥的时候可以适度加大浇水的量。

③ 冬天则要减少浇水的量及次数。

光照

使君子喜欢光照充足的环境，无论是在全日照还是半日照的条件下，都能长得较好。

新手提示：使君子喜欢光照，全日照或每天阳光直射4小时以上对开花有利，荫蔽处植株不开花。

温度

使君子幼苗的生长适温是18~20℃，最高不可高于25℃，不然容易导致徒长，令叶片薄且纤长。植株定型后的生长适温则是20~30℃，不能忍受极度的寒冷。

施肥

使君子的需肥量适中，每年春天对其补充少许长效肥，并在生长季节施用1～2次浓度较低的液肥就可以。冬天则不要再对植株施用肥料。

新手提示：施用完肥料后3～4小时要浇透水一次，以促进营养成分的溶解，便于根系吸收。

修剪

在春芽萌发之前要把干枯枝、病弱枝、稠密枝等剪掉，以降低营养的损耗量，增强通风透光条件，促使植株健壮生长。

新手提示：如果周围无天然的可供攀缘的物体，则需人工为植株搭建棚架，以维持其优美的形态。

繁殖

使君子可采用播种法、扦插法、分株法及压条法进行繁殖。

摆放建议

使君子既适合在庭院内直接种植，也适合盆栽。盆栽一般用于装饰阳台、天台、客厅。

苏铁

S U TIE

【花草名片】

◎学名：*Cycas revoluta*

◎别名：铁树、凤尾树、凤尾蕉、避火蕉。

◎科属：苏铁科苏铁属，为常绿棕榈状木本植物。

◎原产地：最初产自中国、日本、印度尼西亚和菲律宾等地区，如今世界各个地区都有栽植。

◎习性：喜欢温暖、潮湿的环境，不能抵御极度的寒冷，能忍受干旱，不能忍受水涝。为阳性树种，喜欢光照充足的环境，也能忍受半荫蔽。长得比较慢，在原产地生长超过10年的植株可以开花，且每年都可以结出果实。

◎花期：6–8月。

◎花色：黄色。

花言草语

苏铁科植物为地球上目前存在的最原始的裸子植物中的一种，被叫做“植物活化石”、“植物界大熊猫”，为我国重点保护野生植物。在我国云南的植物园中有三棵极大的苏铁，树龄接近一千年，为云南省至今所发现的最为古老的苏铁，被中外游客赞为“铁树王”，可以称得上是世上少有的珍宝。

人们时常用“千年铁树开花”或“铁树开花马长角”等来比喻事情的漫长、难以办成、不可能实现或非常罕见的奇闻轶事。实际上，在热带地区，生长超过10年的苏铁经常开花，有些还可以年年开花。

毒性解码

苏铁的种子及茎顶部树心有小毒，毒素主要是葫芦巴碱及非常少量的砷。人如果不小心误食，就会出现眩晕、呕吐、腹痛、腹泻等症状，情况严重的则会死亡。

化毒攻略

苏铁对家电设备、塑料制品、装潢材料所释放出来的甲醛、二甲苯等有毒气体有比较强的抵抗及吸收能力，可以减轻以上这些有毒气体对人体的侵害。在栽植苏铁期间不可将其果实吃掉，以防止中毒。苏铁可以置于中心花坛及广场等公共地方，幼年植株与园林变种的苏铁也可以置于房间里欣赏。

选盆

可使用泥盆、瓷盆、陶土盆，一般使用大号花盆或大型木桶种植。

择土

喜欢在土层较厚、有肥力、排水通畅的弱酸性沙质土壤中生长。不能用黏重土壤，不然会由于排水不通畅而造成根系腐烂。

新手提示：培养土可以用45%的腐叶土、30%的河沙、20%的菌根土及5%的钙镁磷肥混合调配，或用泥炭土、腐殖土再加上合适量的底肥混合调配。

栽培

❶ 把苏铁的茎干切为15～20厘米长的块片，埋进沙质土壤里，待其四周萌生新芽之后再分别栽种培育。

❷ 通常每隔2～3年要更换一次花盆，适宜于春天3–4月进行。

新手提示：更换花盆的时候要把干枯朽烂的根系剪掉，并剔除1/2～2/3的宿土，换为土质松散且有肥力的新的培养土，以促使植株长得健壮繁茂，与此同时还要留意将花盆底部垫空，以便于透气良好、排水通畅。

浇水

❶ 在植株的生长期内不适宜浇太多的水，要做到“见干见湿”。

❷ 夏天可以适度加大浇水的量，并要时常向叶片表面喷洒清水，忌水涝。

❸ 秋天要注意掌控浇水的量和次数，令盆土维持略干燥状态就可以。

❹ 冬天少浇水。

光照

苏铁喜欢光照充足的环境，用花盆种植的时候可以一年四季置于光照充足的地方。

新手提示：在植株抽生新叶片的时候要保障足够的阳光照射，不然会令叶片生长不好，影响整体美观。

温度

苏铁喜欢温暖的环境，不能抵御寒冷，生长适宜温度是20~30℃。

施肥

在植株的生长鼎盛期，要做到“薄肥勤施”，经常追施氮肥和钾肥。在秋天和冬天，植株长得比较慢或会停止生长，要对其少施用或停止施用肥料。

新手提示：为了维持土壤的酸性，可以每半个月浇施硫酸亚铁500倍液一次。

病虫防治

❶ 苏铁经常发生的病害为白斑病。一旦发病，在发病之初可以每隔10天用75%的百菌清可湿性粉剂600倍液喷洒一次，接连喷洒3～4次就能有效治理。

❷ 苏铁经常发生的虫害是介壳虫危害，可以人工刷掉，也可以用40%的氧化乐果乳油1 000倍液喷洒来杀除。

修剪

在栽植期间，要适度疏剪生长得过于稠密或太长的叶片，剪掉干枯焦黄的叶片，以令植株保持均匀优美的形态。

繁殖

苏铁可采用播种法、分株法及埋插法进行繁殖。

摆放建议

苏铁喜欢光照充足的环境，可以直接栽种在庭院观赏，也可以盆栽摆放在客厅、阳台等光线良好的地方，其幼株盆栽也可以摆放在窗台、案几上。

石蒜

SHI SUAN

【花草名片】

◎学名：*Lycoris radiata*

◎别名：蟑螂花、龙爪花、彼岸花、曼珠沙华。

◎科属：石蒜科石蒜属，为多年生草本植物。

◎原产地：最初产自中国，分布在长江流域和西南各省。

◎习性：喜欢光照充足的环境，能忍受半荫蔽，也能忍受强烈的阳光久晒。喜欢潮湿，也能忍受干旱，略能抵御寒冷。抗逆性比较强，长得健康壮实。

◎花期：8–9月。

◎花色：鲜红色或具白色的边缘、白、黄色等。

毒性解码

石蒜的体内含石蒜生物碱，整株皆有毒，而以花朵的毒性比较大，鳞茎次之。如果不小心误食，经常会出现恶心、呕吐、心情烦躁、眩晕、下泻、舌硬直、手脚发冷、心跳过缓、惊厥及血压降低等症状，严重的还会造成中枢神经系统麻痹，出现语言障碍、口鼻出血、四肢乏力、虚脱等中毒症状，甚至死亡。

化毒攻略

石蒜的鳞茎可以用做药物，具催吐、祛痰、消除肿胀、止痛及解毒的功效，然而要遵从医生的指导和要求，千万不能擅自服用，以防止中毒。如今，石蒜中毒大多是因误食或药用时服用的剂量太大而造成的。所以必须特别留意，家庭中有儿童的更要格外防备，要将石蒜的鳞茎及花朵收藏好，防止其误食。

选盆

可使用泥盆、塑料盆、瓷盆、陶土盆，花盆口径为16～24厘米。

择土

石蒜对土壤没有严格的要求，能忍受弱碱性土壤，然而在有肥力、腐殖质丰富、土质松散、排水通畅的石灰质和沙质土壤中长得最好。

栽培

1 在春天植株的叶片刚干枯萎缩后或秋天开花之后将鳞茎掘出来，把小鳞茎分离开另外栽种就可以。

2 种植的时候种植深度以土壤把球顶部覆盖住为度。

3 通常栽种后每隔3～4年便可再进行分球。

浇水

1 平日要令土壤维持潮湿状态，要做到“见干见湿”。

2 夏天植株开花前如果土壤过于干燥，则要浇入足够的水，以便于抽生出花茎。

3 当植株临近休眠期的时候，则要渐渐减少浇水的量和次数。

光照

石蒜喜欢光照充足的环境，也能忍受半荫蔽，不畏强烈的阳光久晒，可以长期放在光照充足的地方料理。

新手提示：不能长时间放在过度荫蔽的地方，不然容易导致生长不好。

温度

石蒜能够忍受的最高温度是日平均温度为24℃。它略能抵御寒冷，冬天要搬入房中过冬。

施肥

在植株的生长季节要施用2～3次浓度较低的液肥。

新手提示：在植株抽生花茎之前要施用一次追肥，在秋天嫩叶萌生出来后还要再施用一次肥料，这样能令叶丛更齐整碧绿。

病虫防治

石蒜常见的病虫害是炭疽病，每半月喷50%多菌灵可湿性粉剂500倍液可防治。发病初期可喷洒50%苯来特可湿性粉剂2 500倍液。

修剪

栽植期间，要尽早把干枯焦黄的叶片剪掉，以免影响植株的生长发育及优美的形态。

繁殖

石蒜经常采用分球法进行繁殖，在春天和秋天皆可进行。

摆放建议

石蒜花适合盆栽装饰客厅、阳台、天台、庭院，要注意石蒜结实后避免儿童接触鳞茎，避免引起误食中毒。

曼陀罗

MAN TUO LUO

【花草名片】

◎学名：*Datura stramonium Linn*

◎别名：醉心花、闹羊花。

◎科属：茄科曼陀罗属，为一年生草本植物，在低纬度地区可以生长为亚灌木。

◎原产地：最初产自印度。

◎习性：喜欢温暖、潮湿和光照充足的环境，不能抵御寒冷，不能忍受水涝。

◎花期：6-10月。

◎花色：最初为白色，之后渐渐变成黄色，偶尔为紫色或浅黄色。

花言草语

我国东汉末年的著名医生华佗曾经发明一种叫做“麻沸散”的药，并用这种药成功地给病人施行麻醉，进行整个身体的大手术。根据考查验证，麻沸散的重要原料便是曼陀罗花。我国民间小说《七侠五义》里的迷魂汤及《水浒传》里的蒙汗药皆为曼陀罗。根据《本草纲目》所载，如果用酒吞下曼陀罗的花朵，会产生麻醉效果。从20世纪70年代直到现在，以曼陀罗为主的中药麻醉剂重新大放光彩，受到了国际医学界的普遍关注，对世界医学作出了突出的贡献。

毒性解码

曼陀罗整株皆有毒，以果实及种子的毒性最厉害。曼陀罗中的东莨菪碱有麻醉功能，可用做外科手术的麻醉剂及止痛剂。如果不小心误食，会出现口舌干燥、心跳加速、周身潮红燥热、视线模糊、嗜睡、产生幻觉及神志错乱等症状，情况严重的则会令神经中枢过于兴奋而忽然逆转为抑制作用，造成呼吸停止而死亡。另外，外敷曼陀罗也会出现周身性的中毒症状。

化毒攻略

曼陀罗可供药用，但在家庭里最好不要种植这种花。如果不小心中毒，要马上把患者送到医院里接受治疗，在具有经验的急诊或毒物科医师的监测及控制下使用解毒剂解毒。

选盆

各种材质的花盆皆可，大小以中型为佳。

择土

曼陀罗具有比较强的适应能力，对土壤没有严格的要求，普通土壤皆可栽植，然而在有肥力、腐殖质丰富、土质松散、排水通畅的沙质土壤中长得最好。

栽培

1. 于春天3月下旬到4月中旬进行直接播种。
2. 播完后盖上厚约1厘米的土，略压紧实，并留意使土壤维持潮湿状态，比较容易萌芽。
3. 当小苗生长至8～10厘米高的时候采取间苗措施，把纤弱的小苗除去，令每盆仅留下2株。
4. 当植株约生长至15厘米高的时候进行分盆定苗。

新手提示：种植时要在茎干的基部垒土，以免茎干歪倒。

浇水

1. 曼陀罗喜欢潮湿，但不能忍受积水，平日令土壤维持潮湿状态就可以。
2. 夏天气候干旱的时候，可以适度加大对植株的浇水量。
3. 雨季要留意尽早排除积水。

光照

在植株的生长季节，要使其接受足够的阳光照射，以令其生长得健康壮实，如果阳光不充足则会导致生长不好，不利于欣赏。

温度

曼陀罗喜欢温暖的环境，不能忍受极度的寒冷，萌芽的适宜温度在15℃上下，霜后其地上部分会干枯萎缩。

新手提示：当温度低于2~3℃的时候，植株就会死掉。

施肥

在植株生长的鼎盛期，要适度施用2～3次过磷酸钙或钾肥。

新手提示：在植株开花之前追施一次肥料，能令花朵硕大、花色纯正。

病虫防治

曼陀罗常遇到病害是黑斑病。发病之初可每周喷洒一次50%的退菌特可湿性粉剂1 000倍液或65%的代森锌可湿性粉剂500倍液。对于蚜虫危害，可喷洒40%的氧化乐果乳油2 000倍液。

修剪

在植株的生长季节，要尽早把干枯焦黄的枝条和叶片剪掉，以降低营养的损耗量，维持优美的植株形态。

繁殖

曼陀罗采用播种法进行繁殖。

摆放建议

曼陀罗作为观花植物可盆栽摆放在窗台、阳台、案几、花架上，但应注意远离儿童，防止其误食中毒。

PART 6

Flowers & Plants

养护花草

必知的5大关键词

在植物的生长过程中，土壤、水分、光照、肥料等都是必须具备的条件，植物也唯独在合适的环境中才能够茁壮地生长。除此之外，人们在种养花草时还会碰到如何挑选花盆等实际的问题。我们只有掌握了上述几方面的基本知识，才能养好花草，让花草长得更健康、更美丽。

1 土壤

TU RANG

花草的品种不一样，对土壤的要求也自然不一样。在种养花草的时候，我们一定要依照花草的不同生长习性，选用对它们的生长发育最为适宜的土壤。

品种不一样的花草与相同品种花草的不同生长时期，其对土壤的要求都不一样。普通花草经常使用的土壤主要包括下列8种类型：

❶ **素面沙土：**大多是从河滩等地方取来的。素面沙土的质地非常洁净，只含有少量的黏沙，酸碱度呈中性，且具有很好的透气性及排水性，缺点是无肥力，而且很难保水。基于上述特点，这类土壤很适合播种育苗、扦插育苗和直接栽植仙人掌与多浆植物。

❷ **田园土：**也简称为园土，通常是菜园、果园、竹园等表层熟化的土壤，酸碱度为中性、弱酸性或弱碱性。这类土壤中有一些腐殖质，较有肥力，可是干燥后易板结，透水性较差，通常不单独使用，多用于栽植适应性比较强的花草或培养土的调配。

❸ **腐殖土：**也称做厩肥土，是由家禽家畜的粪尿、饲料残渣及污水等堆积沤成的，孔隙较多、土质疏松，酸碱度为酸性或弱酸性，含有丰富的腐殖质及多种有机质，还含有氮、磷、钾等，有较强的保水性和较大的肥力，可是排水性不好。这类土壤适用于栽植、培养各种喜欢酸性土壤的花草，也是调配培养土的主要材料。

❹ **腐叶土：**通常是由树叶、菜叶和枯草等经过堆积、发酵及腐熟形成的。这类土壤为酸性或弱酸性，富含腐殖质，孔隙较多、土质疏松，有较强的保水性和较好的透气性及排水性，能单独用于栽植兰花、君子兰和仙客来等喜欢酸性土壤的花草。

❺ **山泥：**俗称兰花土，是由山间树木落叶经过数年的堆积、腐败而成的，可分为黑山泥、黄山泥两种，均为酸性，然而黑山泥含有大量的腐殖质，黄山泥却只含有很少的腐殖质。山泥的质地疏松，有较强的保水性及保肥性，也有较好的透气性及排水性，通常用来栽植兰花，也能用其调配培养土来栽植杜鹃、茶花等。

❻ **泥炭土：**也叫做草炭土，是由芦苇等水生植物，通过泥炭藓的作用炭化成的。北方通常用褐色的草炭来调制营养土。这类土壤的酸碱度为酸性或中性，含有一些腐殖质，质地细软松透，有很好的排水性及透气性，适合栽植生长较慢的常绿花木。

❼ **针叶土：**是由山区森林里的松科、柏科针叶树残落的枝叶及苔藓类植物经过数年的堆积、腐败而成的。这类土壤为灰褐色，含有大量的腐殖质，肥力较大，有良好的透气性及排水性，酸碱度为强酸性，适宜栽植茶花、杜鹃及栀子花等喜欢酸性土壤的花卉。

❽ **广东塘泥：**即肥力较大的池塘泥坨，土质坚硬，含有丰富的有机质，属于弱酸性土壤。由于这种土壤有较强的抗旱性和耐涝性，所以在我国华南地区通常用其栽植盆花。

2 花盆

HUA PEN

花盆的选择和花草的生长有着紧密的联系。通常来讲，我们应当依照花草的株型、植株的大小、根系的长短及多少等来选择适宜的花盆。

❶ 泥盆：也称做素烧盆、瓦盆，是用黏土烧制成的，是栽植花草时经常使用的一种花盆，分为红色与灰黑色两种。这种花盆较便宜，有极好的透气性及排水性，可缓和肥料的效力，而且吸热、散热都很迅速，对土壤里营养成分的分解很有利，能令花草生根多、长得旺，适合植物生长。它的弊端是质地较粗、颜色单一，不够美观，而且易碎，不方便搬挪。

❷ 陶瓷盆：可分为两种，一种叫做素陶盆，是由陶泥烧制成的；另一种则是在素陶盆的上面加一层彩色的釉制成的。前者有一些透气性；后者与前者相比质地更为坚实，价位也稍高，经常被用于栽植耐湿的花草，比如马蹄莲、旱伞草等。然而后一种花盆的排水性及透气性都不好，令人难以得知盆土里的干湿状况，尤其是当花草处于冬季的休眠期内，时常会由于浇水太多而导致其烂根死掉。

❸ 紫砂盆：透气性及排水性不如泥盆，可是稍好于陶瓷盆，价位也比较高。紫砂盆有很多品种，形态万千，有圆形、椭圆形、盘形、方形、矩形、多边形、舟形及签筒形等。它的颜色众多，有海棠红、葵黄、朱紫、水碧、墨绿、青灰及漆黑等多种，有些还加进去一些金粉或银粉。盆体上还可刻书法、字画，制作出云纹、玉雕、青铜器等样式的立体图画。这种花盆大方淡雅，有着古朴之美，而且略有透气性，可是比较重，容易破损。

❹ 塑料盆：这种花盆造型美观，质量较轻、质料薄软，不容易破损，而且盆的颜色和品种都很多，适合栽植观赏植物。尤其是塑料吊盆，能吊挂起来使用，很适合栽植吊兰、垂盆草及天冬草等。这种盆的不足之处是不透气、不渗水，浇完水后土壤较难干燥，比较适合栽植耐水湿的花草。

❺ 水盆：是指盆的底部没有排水孔，盆里能储存水的盆。这种盆有陶质的、瓷质的，也有石质的，盆面比较宽，样式繁多，深盆、浅盆都有，精巧细致，甚是好看。

❻ 兰盆：此类花盆是专门用做培育气生兰和附生蕨类植物的。它的盆壁上有形状各异的孔洞，以利于空气的流通。

❼ 木桶：它由于质量比大型花缸轻，方便搬挪，而且不容易破碎，所以常用于布置会场和花展。木桶具有良好的排水性和透气性，可是易腐朽，因而家庭栽植花草时较少使用。

3

水分

SHUI FEN

水是植物生长过程中不可或缺的条件，也是绿色植物进行光合作用的原料。通常情况下，花草的含水量需维持在70%～85%才能进行正常的生命活动。假如没有水，花草所有的代谢活动都不能进行。

怎样判断盆花是否缺水

在种养花草的过程中，为花草浇水是一件时常需要做的事情，因此了解盆花是否缺少水分是非常必要的，主要有下面几种方法来判断：

❶ **敲击法**：就是以木棒或手指的关节轻敲花盆上中部的盆壁，如果声音较清脆悦耳，就说明盆土已经干燥，需马上浇水；如果声音低且沉闷，那么就说明盆土还较为湿润，可以暂时不用浇水。

❷ **目测法**：就是通过眼睛来察看盆土表面的颜色有没有变化，如果颜色变淡或为灰白色，就说明盆土已经干燥，应当给其浇水；如果颜色深或为褐色，那么就说明盆土仍比较潮湿，可以暂时不必浇水。

❸ **指测法**：就是把手指轻插进盆土2厘米左右深的地方感觉一下，如果觉得较为干燥或土质粗糙且坚硬，就说明盆土已经干燥，应马上浇水；如果稍觉得有点湿润、细腻、疏松，那么就说明盆土还较为潮湿，短时间内可以不用浇水。

❹ **捏捻法**：就是以手指略捻一下花盆内的土，如果土壤呈现粉末状，就说明盆土已经干燥，需马上浇水；如果土壤呈现片状或团粒状，那么就说明盆土还较湿润，短时间内可以不必浇水。

❺ **掂重法**：就是用手掂量一下花盆，如果比正常情况下轻许多，就说明盆土干了，需马上浇水。

❻ **观察花卉法**：如果花草缺少水分，植株看上去就会了无生机，新生的枝叶会蔫垂，叶色比平常暗淡，或出现黄叶；如果恰处于花期，可能还会出现花朵凋落、萎蔫的情况。若花卉出现上面的情况，就说明盆花已缺少水分，需马上浇水。

上述几种方法只可判断出盆土干湿的大致状况，如果要精准得知盆土的干湿程度，可以买一支土壤湿度计。测试的时候，把湿度计插进盆土里，便能见到刻度上呈现出“干燥”或“湿润”等字样，这样就可以很清楚地知道什么时候应该给花卉浇水了。

浇花用什么样的水好

❶ 根据所含盐类的多少，可以把水分成硬水与软水。硬水含有比较多的盐类，若用其浇灌花草，常常会令花草的叶片表面出现褐斑，影响美观，因此浇花适宜用软水。

❷ 在软水里，用雨水来浇灌花草最好。这是由于雨水是一种近于中性的水，不含有矿物质，且含有很多空气，非常适合用于浇花。如果条件允许，可以在雨季用雨水来浇花，这样有利于促进花草的同化作用，能延长花草的生长年限、增强花草的观赏性。特别是喜爱酸

性土壤的花草，更适合用雨水浇灌。所以，在雨季应当多储备一些雨水用来浇花。

③ 在我国东北地区可以用雪水来浇花，效果也较好。可是应当留心的是，冰雪融化后应该放置到水温与室温接近的时候才能使用。

④ 若无雨水或雪水，可以用河水或池塘中的水来浇花；如果没有河水或池水，也可以使用自来水，但必须先用桶或缸把自来水敞口存放一两天，待水里的氯气挥发后再浇花，这样做有利于花卉的生长。

⑤ 不能用含有肥皂或洗衣粉的洗衣水来浇花，也不可使用有油渍的洗碗水。

⑥ 仙人掌类等喜欢弱碱性土壤的花草，不适合使用弱酸性的剩茶水等来浇灌。

⑦ 浇花水的水温也很重要。不管是夏天还是冬天，如果浇花水的温度和气温的温差大于5℃，就极易伤到花卉的根系。因此，应先把浇花用的水放在桶里或缸里晾晒一天，待水温与气温接近时再用为宜。

家中无人给花草浇水怎么办

若在种养花草期间碰上出差或外出旅行，家里没有人给其浇水时，该怎么办？夏天可以把盆花搬到室内，且浇够水；冬天可以把盆花搬到背阴且没有风的地方，以降低水分的蒸发量，还可以把盆花上的花及花芽（不管正开放还是没有开放）剪掉，以降低盆花营养的消耗量，同时在出行前浇足水。

此外，如果外出的时间比较久，我们可以用套盆法。这种方法常用于泥盆，如果花盆较小，可以把花盆置于大花盆里管理，在两个盆壁之间放进一些湿沙土，使水分经由沙土及小花盆的盆壁接连渗进盆里，以供给盆花水分。

也可先把盆花都放在塑料袋里，然后浇足水，再在塑料袋里放置两杯水，最后扎紧塑料袋的封口，便能15～20天不用浇水。然而需要注意的是，应该把大塑料袋放在有阳光的地方，同时忌阳光直射，以免袋里温度过高，造成茎叶烂掉。

4 光照

GUANG ZHAO

花草在生长发育过程中，光照是一个必不可少的主要条件，是其制造营养物质的能量来源。如果没有光照，花草就无法进行光合作用，从而导致营养成分及能量的缺失，影响其正常、健康地生长。

如何判断花草是否缺少光照

通常来讲，假如光照不充足，那么花草在形态上及生理上皆会产生某些变化，我们根据这些变化就能够判断出花草是不是缺乏光照。

在光照不充足的条件下，花草的叶片就会又小又薄，叶片颜色也会变淡、发黄，还会出现茎节间变长、枝条纤弱、花芽变黄且早落、花小色淡及花香不浓等现象，花草的抗旱性和抗寒性也会下降，且容易遭受病虫的侵害，导致出现开花延迟或不开花等症状。若花草出现上面这些现象，那么我们便大致能判断出花草的光照不足。

冬天在室内养护花草时，若光照不充足就会使花草的生长及观赏价值受到影响，所以应时常在白天气温较高的时候把盆花搬至房间外接受光照。如果采光条件不好，也可以采取荧光灯照射法，即在日常的照明灯上安装反光器，或使用镜子、锡纸等反光材料对光照进行补充。

家庭养花应怎样调节光照

1 将盆花摆设在恰当的地方。当花木处于生长期的时候，我们可把栽植的每一种花木分成几个层次摆设在房间外面通风的地方。摆设原则为把喜欢光照的植物从低到高置于向阳的地方，之后在其后面摆设喜欢荫蔽的花木。例如，把喜欢光照的橡皮树、石榴、苏铁及无花果等比较高大的花木摆设于向阳的地方，然后在上述花木的后面摆设喜欢荫蔽的杜鹃、茶花等，而在比较高大的花木前面则可摆设比较矮小的喜欢光照的花木，比如盆栽月季、米兰及茉莉等。

2 注意遮阳。在炎热的夏天应立刻把喜欢荫蔽的或忌烈日暴晒的花木搬到荫棚下面或别的荫蔽的地方，以避免强光直接照射。像杜鹃、仙客来、秋海棠、茶花、兰花、君子兰及倒挂金钟等花卉都较怕炎热，在夏天必须要对其适当遮阳，或把其放在房间内光线较充足的地方，春秋两季时应置于室外荫蔽处，而在冬天把其放在房间内光线较充足的地方即可。

3 调整光周期。就是采取加光与遮光两种方式来调整光照时间的长短。通常情况下，若想延长光照的时间，就可以在夜晚利用电灯照射来补充光照；若想缩短光照的时间，则可以在白天把盆花置于暗室内或把盆花用黑色的塑料布罩严。

肥料

FEI LIAO

花草在生长发育的过程中，最好能有数量适宜的肥料供应。适量的肥料相当于“营养添加剂”，可以改善花草的生长条件，促进其枝叶繁茂、花多色艳，使花草的品质与观赏性大大增强。

家庭养花常用什么肥

家庭种养花草时经常使用的肥料一般可以分成有机肥与无机肥两大类别。

❶ **有机肥：** 一般分为动物性有机肥与植物性有机肥。

动物性有机肥包含人类的粪尿，禽畜类的羽毛、蹄角及骨粉，鱼、肉、蛋类的抛弃不用部分等。

植物性有机肥包含豆饼和其他饼肥、芝麻酱的渣滓、中草药的残渣、酒糟、树木的叶子、各种野草、草木灰及绿肥等。

有机肥的长处是营养成分比较齐全，肥的效力持续时间较长，可以改善土壤结构，增强土壤的保水性、保肥性及透气性；其欠缺之处是肥的效力发挥比较缓慢，为迟效性肥料，且无法直接被根系摄取，一定要完全发酵腐熟之后才可以使用。在发酵期间，有机肥会产生很多热能，会损伤到植物的根系；与此同时，它还会放出氨气等有害气体，其恶臭的气味容易引来蝇蛆，使环境受到污染。如果沤制时没有充分腐熟，其中的各种细菌、病毒和寄生虫等都容易危害人体的健康。有机肥里的氮、磷、钾的含量和比例不能确定是否可以满足花草的生长所需，也不可用于无土培育的所有观赏花草。

❷ **无机肥：** 准确地说应当叫做化学肥，是指使用化学合成的方法制成的或由天然矿石经过加工而成的含有丰富的矿物质营养元素的肥料，通俗的叫法是化肥。

无机肥分为氮肥、磷肥及钾肥。氮肥包括尿素、碳酸铵、氨水、氯化铵、碳酸氢铵及硝酸钙等，能促使花草的枝叶生长旺盛；磷肥包括过磷酸钙、钙镁磷等，经常被用来做基肥添加剂，其肥效较为缓慢，而磷酸二氢钾和磷酸铵则是浓度较高的速效肥，而且含有氮及钾肥，能用来做追肥，可促使花艳果大；钾肥包括氯化钾、硫酸钾、硝酸钾、磷酸二氢钾等，其肥效都比较迅速，能用来做追肥，可令花木的枝干和根系生长得健康、茁壮。

无机肥的优点是营养成分含量较高、肥效比较迅速、干净卫生、便于施用等。但由于无机肥的肥分单一、肥性较猛、肥效的持续时间短暂，所以除了磷肥之外，通常都把无机肥用做追肥。尽管无机肥的效力发挥比较迅速，可是长时间施用易导致土壤板结，因而把无机肥和有机肥结合起来施用比较适宜，其效果也更好。

花肥的施用原则

❶ 家庭种养花草施肥的时候，在时期上和用量上都要合适，还需把握好季节与时间。通常来讲，在花卉

的生长期内可以施用肥料，特别是叶色变淡变黄、植株纤弱的时候施肥最好；在苗期可以施用全素肥料，在花果期主要施用磷肥；而当花草处在休眠期时，则应该停止施用肥料。

❷ 冬天温度较低，植物生长减缓，大部分花草的生长受到阻碍，通常不必施肥；春秋两季恰是花草生长旺盛的时期，根系、茎、叶的生长，花芽的分化，幼果的充实，都需很多肥料，应该适度增施追肥；夏天温度较高，水分蒸发迅速，且是花草生长的鼎盛期，施用的追肥的浓度宜小，可多追施几次。

❸ 户外栽植的植物光合作用较强，对营养的需求量较大，故需要较多的肥料，而生长在荫蔽处的植物所需要的肥料则相对较少；生长迅速、长势较强的植株需要的肥料较多，而长势较弱的植株需要的肥料较少。此外，应当根据各种花草要求的浓度，准确地调配肥料。

❹ 要薄肥勤施。如果施肥过多或过浓，就会产生肥害，令花草的枝叶变枯发黄，严重时还会导致全株死亡。尤其是呈粉状的化学肥料，注水稀释的倍数应当正好合适，防止造成肥害。

❺ 通常在傍晚施肥，正午前后不要施肥，避免由于正午土温较高而伤害根系。

❻ 把握“四多、四少、四不”原则，就是：植株黄且弱多施，萌芽之前多施，孕蕾多施，开花后多施；植株健壮少施，出芽时少施，开花时少施，雨季少施；植株徒长不施，新植不施，酷暑不施，休眠时不施。

怎样判断花草营养不良

缺钾 主要体现在老叶上。当双子叶植物缺少钾的时候，叶片上就会呈现出色彩相杂的缺绿区，之后沿叶片边缘及叶尖形成坏死区，叶片卷皱，最终变黑、焦枯。

缺钙 表现为顶芽受到损伤，致使根尖坏死、鲜嫩的叶片褪绿、叶片边缘卷皱焦枯，还会导致不能结果实或结实很少。

缺铁 症状是新生叶首先发黄，之后扩展至全株，且植株根茎的生长也遭到抑制。

缺硫 表现为植株叶片的颜色变浅，叶脉首先褪绿，叶片变得又细又长，植株低矮、弱小，开花延后，根部变长。

缺镁 症状和缺铁类似，但先由老叶的叶脉间发黄，逐渐扩展至新叶，新叶叶肉发黄，但叶脉依然为绿色，花朵变白。

缺硼 表现为鲜嫩的叶片褪绿，叶片肥大宽厚且皱缩，根系生长不良，顶芽及幼根生长点死亡，而且花朵和果实均过早凋落。

缺锰 症状是叶片褪绿，出现坏死斑。但应先排除细菌性斑点病、褐斑病等情况。